著者／陈爱平

图说 孝道

日常点滴间的孝心与孝行（全彩典藏图本）

辑录：孝经语录　孝义词解　孝子故事

子曰。夫孝德之本也教之所由生也復坐吾語汝身體髮膚。受之父母不敢毀傷孝至始也立身行道揚名於後世以顯父母孝之終也夫孝始於事親中於事君終於立身

孔子說：孝，是道德的根本，對民眾的教化都是從這裏產生出來的。你坐下，我講給你聽。人的身體、毛髮、皮膚都是來自於父母，因此，做兒女的千萬不敢使其受到傷害。這是孝道的起點。在社會上立足，成就一番事業，推行治理天下之道，爲后世留下一個好名聲，從而彰顯父母之德，爲他們增添榮耀，這就是孝道的終結。孝道，從侍奉父母開始，中年出仕，侍奉君主，老年時實現自己修身立世的志向。

子曰孝子之事親也居則致其敬養則致其樂病則致其憂喪則致其哀祭則致其嚴五者備矣然後能事親

孔子說：孝子侍奉自己的父母親，在照料父母起居時要盡力表達出對父母的崇敬，在贍養父母時要表現出愉悅的表情，當父母生病時，要懷着憂慮的心情，父母去世時，要非常悲

国学精读：汉人美丽的精神世界

重慶出版集團　重慶出版社

图书在版编目（CIP）数据

图说孝道 / 陈爱平著 . —重庆：重庆出版社，2008.7
ISBN 978-7-5366-9573-3

Ⅰ. 图… Ⅱ. ①陈… Ⅲ. 孝— 传统文化 — 中国—通俗读物
Ⅳ. B823.1-49

中国版本图书馆 CIP 数据核字（2008）第 037476 号

图 说 孝 道
TUSHUO XIAODAO

陈爱平 著

出 版 人：罗小卫
策　　划：刘太亨　陈 慧
责任编辑：陈 慧　陈红兵
责任校对：杨 婧
装帧设计：日日新文化

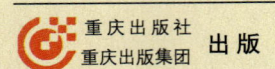

重庆出版社
重庆出版集团　出版

重庆长江二路 205 号　邮编：400016　http://www.cqph.com
重庆海阔特彩色数码分色有限公司制版
重庆长虹印务有限公司印刷
（重庆市长江一路 69 号　邮编：400014）
重庆出版集团图书发行有限公司发行
E-MAIL: fxchu@cqph.com　邮购电话：023-68809452
全国新华书店经销

开本：787mm × 1092mm　1/16　印张：20　字数：394 千
2008 年 7 月第 1 版　2008 年 7 月第 1 次印刷
印数：10 000
书号：ISBN 978-7-5366-9573-3
定价：58.00 元

如有印装质量问题，请向本集团图书发行有限公司调换：023-68809955 转 8005

版权所有，侵权必究

前 言

中国有着世界上独一无二的孝文化，然而，今天的中国人对中国古代孝文化的了解已经不多了。

《孝经》是中国历史上最为伟大的著作之一。自曾子著述《孝经》以来，这本在十三经中字数最少的经文，影响了中国两千多年的历史。《孝经》是中国古人初识字时首读的书，即使是皇太子，读书识字也得先从《孝经》开始；它不只是起着简单的蒙学作用，而且还担负着教化社会、将整个社会塑造成一个孝的社会的重任的作用。

汉朝时，朝廷开始了以孝治天下，将孝作为治国的工具，孝成了中国古代政治生活的一个重要组成部分。为了鼓励国民尽孝、讲孝，汉朝开始设置专为孝子做的官，这就是孝悌。这一官制一直延续到清朝，贯穿了整个中国中央集权制社会近两千年的历史。唐朝玄宗天宝三年，曾下诏书，要求国人家藏《孝经》一部，乡学之中也得以《孝经》作为教本。实际上，自科举制开始，《孝经》就成为了必考的内容之一。

在中国六百多个大小皇帝中，有五个皇帝曾经给《孝经》做过注释，他们是：晋元帝、晋孝武帝、梁武帝、唐玄宗和清顺治帝。不过，我们今天能够见到的御注，只有唐玄宗和顺治帝的。其中唐玄宗所注的《孝经》，是十三经注疏中唯一的皇帝注本。宋朝的皇帝多以书法著称，他们也御书《孝经》，其中的宋太祖、宋高宗就御书过《孝经》，宋高宗的御书《孝经》尤其著名。宋高宗的御书《孝经》是应秦桧的再三要求，时间是在绍兴二年（1132年），书成之后，刊石于太学，后由宋孝宗建光尧石经阁专藏。朱熹在重修白鹿书院时，曾奏请孝宗皇帝御书，其范本就是高宗皇帝所书的石经本。宋高宗的御书《孝经》碑，在当时许多州的学校中都曾刊刻过，有关的资料，我们今天能够从地方志中见到。

《孝经》自出现以来，中国人就从未停止过对它的注疏。清初著名的文学家、藏书家朱彝尊，根据自己的收藏，著《经义考》一书，其中就列举了历代对《孝经》作注的著作，总数285部。显然这不是全部，因为朱彝尊的藏书比起朝廷的藏书，实在是差得太远。不过，朱彝尊将最为重要的注家的注释基本上都收集到了。要说最为著名的，是清朝产生的《孝经衍义》。是书从顺治帝开始编修，直到康熙二十一年才完成，康熙帝亲为作序。《孝经衍义》可以说是中国古代对《孝经》注疏的一次大的总结，全书共一百卷，五十多万字，而《孝经》仅一千七百九十九字，字数上扩充了三百多倍。

　　《孝经》从一开始，它的意义就通过历代注家的不断注释而不断丰富，仅仅注疏是不够的，从《孝经》中又分化出了《忠经》、《女孝经》。《忠经》、《女孝经》的产生，是对孝的进一步细分，无疑更加丰富了孝的思想内容。对国家的孝，称为忠，这就是《忠经》所要规范的内容。其实，中国古人对忠孝是不分的，忠即是孝，孝即是忠，故有求忠臣于孝子之门的说法。一般认为，《忠经》的作者可能是汉朝的马融，不过，今人更多的认为是书产生于宋朝，但作者无考。《孝经》中虽然没有明确地说是规范男孝、女孝的，但它实质上还是调整孝子（男孝）的书，它更多地是强调治国、孝养父母、调整社会的。《女孝经》是仿照《孝经》而作的，作者是唐朝王妃郑氏。显然，《女孝经》所调整的范围与《孝经》有所不同，它主要谈治家、侍奉公婆、调整家族。

　　自宋朝开始，中国孝文化进入了登峰造极的时代，孝的思想深入到了中国政治、社会生活的每一个角落，孝文化有了愚孝的一面。明清时期，基本上继承了宋朝以来的孝文化传统。

　　本书从不同的角度叙述中国古代的孝文化及其特征。读者通过对本书的阅读，从中可以领略到中国古代孝文化的独特之处。在叙述的过程中，本书主要做到将古代的孝文化特有之处及与孝文化相关的典故解释清楚，尤其是重在对历史上一些由孝演变而成的风俗习惯、历史名人进行详细阐述，使其可读性强，雅俗共赏。本书的写作，尽可能地从原始资料中梳理出有价值的内容，读者可以从中了解到中国古代史上一些鲜为人知的孝的风俗。另外，本书对孝的研究，还涉及到一些学术界至今尚未涉及到的地方。

　　解读中国、了解古代的中国，孝是最为重要的窗口之一。从孝开始，我们可以知道古代中国社会生活的具体、细微的一面；从孝文化中，可以看到古代中国活生生的人及其生活；只有理解了孝，才能够认识真正的中国古代与现在。同时，我们能够从古人的孝文化中，吸取优秀的一面，宣讲古代的孝文化，对于今天的中国人，尤其是年轻的一代，仍然有着深远的现实意义。

陈爱平
2007年元旦于浙江台州学院人文学院

目 录

前言

第一章 『孝』的历史考察

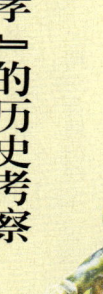

『孝』字考略 / 2

曾子与《孝经》/ 13

《孝经》与《忠经》/ 28

《女孝经》/ 32 《女孝经》的作者 /《孝经》与《女孝经》的比较

二十四孝 / 39

第二章 忠孝

《孝经》主旨 / 44 孝的等级 /《孝经》的注疏

善事父母 / 51

忠孝不两全 / 58 孝子与忠臣 / 忠孝之辩 / 两难选择

佛教之孝 / 68 《阿含经》中的孝道 / 僧人孝子 / 沙门敬王者 / 沙门的剃发 / 武帝灭佛的本意

道教之孝 / 77 老庄论孝 /《净明忠孝全书》/《文昌孝经》

第三章 以孝治天下

孝进入政治体制之中 / 86 皇室子弟必读书 / 孝悌官职 / 两汉的孝道教育 / 汉代尊老制度

魏晋时期的孝治 / 94 选官论孝行 / 陈寿贬官 / 温峤葬母

孝子之师范 /149 郭巨埋儿 / 王祥卧冰 / 股疗亲 / 鄠人对 / 明清时期朝廷对"股"的态度

女孝 /161 乳姑不怠 / 中国第一孝女曹娥

动物之孝 /170 慈乌 / 养老之杖：鸠杖 / 慈乌满庭 /《瑞乌诗》/《古木慈乌图》

第五章 世间万物感孝思

孝与避讳 /178 国讳 / 家讳 / 宋朝的避讳

孝与祭祀 /189 三年之丧 / 汉唐时期对丧期的规定

以"孝"命名 /195 孝水 / 孝感县 / 义乌 / 三个孝陵 / 明朝的孝友堂

孝法冲突，屈法全孝 /234 赵娥为父报仇，被刊石表彰 / 张 因报杀父之仇而被唐玄宗处死刑 / 韩愈撰《复仇状》/ 柳宗元撰《驳复仇议》/ 宋朝时，朝廷一般支持为父复仇者

茹孝标匿母丧而被废官 / 胡寅不为亲母服丧而被参劾

第七章 日常生活中的孝行

汉代尽孝的方式 /242

魏晋南北朝时期的孝行 /248

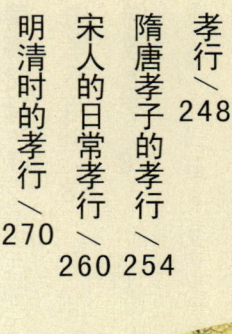

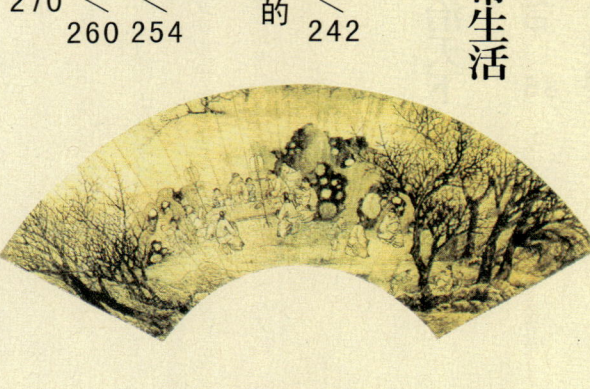

隋唐孝子的孝行 /254

宋人的日常孝行 /260

明清时的孝行 /270

目 录

唐玄宗御注《孝经》/ 104
留养制度 /《孝感赋》和《孝思赋》/ 皇帝重孝 / 唐代的孝假制度 / 科举必考书 / 唐玄宗御注《孝经》

宋高宗御书《孝经》/ 114
《孝诗》留芳 / 日夕观览《孝经》/ 朝野尊孝 / 以《孝经》陪葬 / 元朝禁愚孝 / 一个没有省亲制度的朝代图 / 宋太祖、宋高宗御书《孝经》

皇帝崇孝 / 130
自称『孝子皇帝』/ 忠孝两全 / 以『孝』教化天下

第四章 孝的种类

国孝与国忠 / 138
中国第一忠臣关龙逄 / 比干剖心 / 绝食而亡的刘宗周 / 愚忠 / 诈忠

第六章 不孝之罪

《孝经》的功用 / 204
《孝经》止讼 /《孝经》治病 /《孝经》超度灵魂 /《孝经》的启蒙之功

三不孝 / 210
第一不孝是『阿意曲从，陷亲不义』/ 第二不孝是『家贫亲老，不为禄仕』/ 第三不孝是『不娶无子，绝先祖祀』

不孝鸱枭 / 215

不孝者弃市 / 219
《周礼》中『不孝之刑』的记载 / 汉墓竹简中有『不孝者弃市』的规定 / 刘贺因不孝而被弃市 / 刘爽因不孝，只做了二十七天皇帝就退位

不孝罪位列十恶 / 227
李惟岳因不孝不忠被处死 / 苏轼因诗讽李定不孝，而与王安石关系紧张

第八章 孝经一部穷皓首

《孝经》的研究 / 280
汉代对《孝经》的研究 | 皇帝研究《孝经》 | 学者对《古文孝经》的研究

《孝经》与诗文 / 288
《三字经》与劝孝 | 名人孝行

《孝经》的外传 / 295
《孝经》在高丽的传播 | 山井鼎注《孝经》

附　录 / 300

第一章 「孝」的历史考察

「孝」字在先秦时期，其字义更多地与祭祀活动有关。传统上认为《孝经》为孔子所作，不过，更多的人认为是孔子的弟子曾子所著。随着「孝」、《孝经》含义的不断扩大，到了唐朝，《女孝经》出现，宋朝《忠经》也相继面世。

"孝"字考略

"XIAO" ZIKAOLVE

两千多年来,《孝经》中的养老、敬老、尊老、亲老、送老思想被反复地强化,成为了中华民族固有的传统美德,甚至具有了法律的功能。

要理解中国文化,就得认识中国的孝道;要理解中国的孝道,就得先从"孝"字谈起。

汉字是象形文字,它的优点就是可以望文生义,我们可以从"孝"字的字形,推测它最初的意思。"孝"字的最早的意思,并不是今天我们理解的孝道,而是"祭祀"的意思。从字形上看,"孝"字的上部是"尸",下部是"子",像行礼的孝子;单就字形来理解,就是一群孝子在祭祀祖先。下面,我们先来分析"孝"字上部的"尸"字。理解了"尸"的含义,也就知道"孝"字的本义了。

先秦时期,在说"尸"的时候,不完全是我们今天所说的尸体的意思,"尸"字与中国古代"祭必有尸"的习俗有关。先秦时期,尤其是西周时,在举行盛大的祭祀活动中,其中最为重

先秦时期各种字体的"孝"字

孝,儒家指尊亲、养亲,墨家则将之建立在"兼爱"的基础上,认为孝是有利于父母赡养的行为。道家老子则认为:"绝仁弃义,民复孝慈。"法家韩非认为孝即"家贫则富之,父苦则乐之"。图为先秦时期的金文和甲骨文中的"孝"字,皆为祭祀之意。

要的事项就是"尸祭"。"尸"字在先秦文献中随处可见。《诗经》是西周历史的重要文献，且是先秦少有的几部文献中争议最少的一部文献，其真实性较强。《诗经》中，说到"尸"字的共有七篇。这七篇是：《召南·采苹》、《小雅·祈父》、《小雅·楚茨》、《小雅·信南山》、《大雅·既醉》、《大雅·凫鹥》、《大雅·板》，其中的"尸"字，多是与祭祀有关。如《小雅·楚茨》：

孝孙徂位，工祝致告，神具醉止，皇尸载起。鼓钟送尸，神保聿归①。

姚际恒先生在《诗经通论》中对此的解释是："此农事既成，王者尝烝以祭宗庙之诗。"在先秦时期，祭祀宗庙是一年四季都必须举行的。祭祀之中，是少不了"尸"的，这句诗中的"皇尸"、"尸"是同一个意思，只不过"皇"是大的意思，指的是在农业丰收的仪式上，由活人扮成"尸"，作为祖先的神灵，接受其他人的祭拜。孝子、孝孙，通过这种祭拜的方式来得到祖宗神灵的保佑，以取得来年的丰收。又《诗经·大雅·既醉》：

昭明有融，高朗令终。令终有俶，公尸嘉告②。

大傩图　宋代

在傩戏发展演变中，"尸"开始扮演除祖先外的其他角色，如象征天意的神、象征疾病灾害的魔鬼等。今天，各地流传的各种各样的傩戏，都是"尸祭"习俗演变而来的。图为宋代风俗画，描绘的是人们装扮成各种角色，正在驱逐魔鬼的情形。

祭祀狩猎涂朱骨拓片　商代

河南安阳殷墟出土，长32.2厘米、宽19.8厘米。这是一块商朝时期的牛胛骨板记事刻辞。骨板正面刻辞4条，背面2条，共160余字，字内填朱。正面第一条记载商王武丁宾祭仲丁；第二条记狩猎时子堕车；第三条记子死；第四条是子寅用羌人十，举行宜祭。背面记载天象情况。

---

① 此句出自《诗·小雅·楚茨》中，其意是说，在举行祭祀仪式之时，要准备钟鼓，以警戒在位的主人。主人入位之后，要面朝西坐着，这时祝（主持祭祀活动的人）要将主人的意愿告诉"尸"。仪式结束之后，就奏"肆夏"送走"尸"。随后，参与仪式的诸官员就撤掉祭祀用的食品，仪式结束。仪式结束之后，便是筵席。

② 此句出自《诗经·大雅·既醉》的第三章。《既醉》是描写宫廷宴会的，王室在祭祀完毕之后，天子和诸侯在宴会上，互相祝酒，"公尸"也向天子、诸侯等祝福。意思是：您的光辉与日俱增，光明伟大完美终身。有善才有善终，公尸以善言嘉语告诫国君。

雍正帝祭祀先农的仪式　清代

"藉田礼"是帝王在田地模拟耕地的仪式，周朝以后"藉田礼"逐渐演变成一种制度，帝王在率领文武官员举行"亲耕"仪式的同时，并举行祭祀先农的活动。这种祭祀先农的活动并非年年举行，只有在帝王认为有必要加强农业生产和彰显太平盛世时举行。图为雍正帝带领文武百官在京师先农坛举行祭祀先农仪式的场面。

    这是《诗经》中反映周王在祭祀完毕之后用餐的情况，意思是说，周王祭祖结束之后，他借"公尸"之口，向主祭人祝福。通常，这里的"公尸"是由卿大夫来充当的。唐朝的孔颖达在解释这句诗时说，"周公祭天，用太公为尸"，也就是说，以太公来扮演"尸"，接受周公的祭拜。这只是在理解这句诗的意思上有一些差异而已。

    先秦时，多种情况下都会用尸，如祭祀社稷、祭祀祖先等。同样的情况在《尚书大传》中有详细的记载：

    天下诸侯之悉来，进受命于周，而退见文武之尸者，千七百七十三诸侯。皆莫不磬折玉音，金声玉色。然后周公与升歌，而弦文武。诸侯在庙中者，伋然渊其志，和其情，愀然若复见文武之身。

    这段文字说的是在周公时举行的一次大规模的尸祭仪式，事因是当时将洛阳定为成周（拱卫镐京宗周之意），要举行盛大的祭祀。这段文字虽然语焉不详，但祭祀的对象是文王和武王，倒是说得很清楚，因祭祀仪式上有"文（王）、武（王）之尸"，参加祭祀的诸侯王有一千七百七十三人，可知这次祭祀文、武的规模是空前的，从这次尸祭的场面可以看出西周初期的国力空前强盛。在《尚书大传》中，还记载了一次周公时期的尸祭仪式，此次祭祀的对象只有文王，地点是在太庙（穆清庙），说周公在祭祀仪式上，见到文王之尸，仿佛见到了文王本人，周公脸上现出了忧伤。

    有关尸祭的情况，在《仪礼》中有详细的记载，《仪礼·士虞礼》中有"祝迎尸"的说法，郑玄的解释是："尸，主也。孝子之祭，不见亲之形象，心无所系，立尸而主意焉。"这里的"祝"，相当于主持人。

显然，在祭祀中"立尸"的目的，是让孝子、孝孙们看到尸而移情于死去的祖先，借助祭祀来祈福。

尸祭是一个非常烦琐的过程，要举行一系列的仪式，里面有许多表演的成分，现在甚至有人将尸祭的过程当做戏剧过程来研究，将尸祭分为三个阶段。第一阶段是"筮尸"，意思是通过算卦的方式选定尸，让选定的尸得到神灵的认可，也就是通过这一阶段使尸的扮演者得到合法的地位。在选定尸之后，还有一件事要做，那就是要给选定的尸选择一个配偶，这就是"女尸"，这种情况记载在《仪礼·士虞礼》中："女，女尸；必使异姓，不使贱者。"郑玄的解释是，这个扮演女尸的，应当是"庶孙之妾"，若不是嫡出、正室，则没有资格做"女尸"，也就是说，要做女尸，得有一定的身份才行，并不是谁都可以做。

确定了尸之后，就进入第二阶段的"宿戒尸"。"宿"是"进"的意思，至于"戒尸"，是指告诫，指在正式举行仪式之前，告诫诸官要斋戒，斋戒之后就是祭日。

第三个阶段就是在祭所进行尸祭。这是尸祭的主要阶段，是尸祭的高潮。这一阶段，涉及尸所穿的服装、尸的受祭过程、尸的形体动作、尸的言谈、尸饮酒食菜、尸的举止等的规定、程序等。这一过程非常烦琐，由一些固定

彩绘尸祭樽　汉代

先秦时期，祭祀祖先的典礼十分隆重，要由生人充当祖先的"尸"，去接受百官的祭拜。一般长子、长孙才能充当"尸"。"尸"除了坐在祭台上接受祭拜外，还要食斋。这个古老的祖先崇拜的习俗被汉人所继承，并在汉代形成了成语"尸位素餐"。《汉书·朱云传》："今朝廷大臣，上不能匡主，下亡(无)以益民，皆尸位素餐。"意为居其位而不勤其事，无功而食禄。此为祭祀时盛酒的器皿。

德行语录

有子①曰："其为人也孝弟，而好犯上者，鲜②矣；不好犯上，而好作乱者，未之有也。君子务本，本立而道生。孝弟也者，其为仁之本与③！"

《论语·学而第一》

【注释】　①有子：孔子的学生。②鲜（xiǎn）：少。③与：即"欤"。

【译文】　有子说："既孝顺父母，又尊敬兄长而喜欢冒犯自己上司的人是很少的；不喜欢冒犯自己上司而喜欢造反的人，更是从未有过的。君子应当致力于根本，根本的东西确立了，道德原则就会随之形成。孝顺父母，尊敬兄长，这些实际上就是实行仁道的根本吧！"

的仪式组成，尸要在祝的主持之下，完成尸祭的过程。从文献资料来看，正式的尸祭大致有以下一些程序：首先是"尸入"到"尸坐"，也就是尸如何进入尸祭场所，包括尸坐的方向，都有规定。尸坐定之后，男祭主和女祭主都得悲伤地哭。之后是"献尸"，就是祭主拜尸，尸酬拜主人。随后是尸、主人等象征性地吃饭、饮酒。最后是"利成"、"尸出"。所谓的利成，就是在仪式结束时，祝要说的一句话，就叫"利成"，表示仪式即将结束。"尸出"，就是在仪式结束时，尸随着祝之后，离开尸祭场所。

幸运的是，我们现在获得了两个尸祭的考古文物，这两件文物形象地再现了古代尸祭的场景。一处是江苏六合的尸祭残图，尸者双手扶膝，垂足安坐，两边是祭祀者，此图来源于春秋时期的刻纹铜残片。另一处是在云南晋宁石寨山获得的尸祭雕像一组，雕像上共有56人，跪着，十分虔诚地向尸行礼，此雕像源于西汉时期的墓室之中。有关这两组考古文物的含义，存在着争议，尤其是后者，因云南在汉朝时是否受中原的文化影响，还是一个问题。但无论怎样，对这两起考古文物的解读，为我们认识古代的尸及尸祭，提供了新的视角。

在我国一些地方，现在仍然有古代尸祭的残迹。有的地方，在死去祖辈或父辈的丧葬仪式上，餐桌的北方右手位，也就是最为尊贵位置上，通常是不坐人，但仍摆着碗筷，那是给"尸"坐的，也就是"尸位"，只不过现在显得简单一些罢了。

通过以上的分析，我们就很容易理解"尸"的意思了，由"尸"字组成的"孝"字的意思也就很清楚了，原来，"孝"是一些人在那里祭祀祖先，举行祀祖敬神的活动。

既然在先秦古籍中的"孝"字表示祭祀，那先秦时期的孝道到底用哪个词语表达呢？先秦在表示孝养父母时，另有专词，那就是"畜"、"养"。在谈到这两个字时，我们先从《周易》开始。《周易》中有"大畜"的卦辞："不家食，吉。"古人解释"不家食"的意思，说是"养贤也"，《康熙字典》中解释为"教养"之意，总之，畜有养的意思。至于"养"字，则与畜字同义，都有养育之意。在《诗经》中，"孝"与"畜"、"养"的差别就更加清楚了，《诗经》中有多处使用"孝"字，由孝字组成的词有"孝思"、"孝友"、"孝子"、"孝孙"等，但此处的孝字，多是指与祭祀有关的活动。《诗经》中的

漆 棺　西汉

孔子谈到孝道时，曾提出父母在世要以礼侍奉，父母过世要以礼安葬和祭祀。因此厚葬制度和祭祀祖先的活动成为古代体现孝道的一个重要方面。图为西汉绘有云气神兽图的漆棺。

汉代有关孝的法律规定

养老诏

老者，非帛不暖，非肉不饱。今岁首，不时使人存问长老。又无布帛酒肉之赐，将何以佐天下子孙孝养其亲。今闻吏禀当受鬻者，或以陈粟，岂称养老之意哉？具为令。

《两汉诏令·卷四·西汉四》

置三老孝悌力田常员诏

孝悌，天下之大顺也；力田，为生之本也；三老，众民之师也；廉吏，民之表也。朕甚嘉此二三大夫之行。今万家之县，云无应令，岂实人情？是吏举贤之道未备也。其遣谒者，劳赐三老、孝者，帛。人五匹；悌者力田，二匹；廉吏二百石以上，率百石者，三匹。及问民所不便，安而以户口率置三老、孝悌、力田常员，各率其意以道民焉。

《两汉诏令·卷四·西汉四》

诏议不举孝廉者罪
（元朔元年十一月）

公卿大夫所使，总方略一统，广教化，美风俗也。夫本仁祖义，褒德禄贤、劝善刑暴，五帝三王所繇昌也。朕夙兴夜寐，嘉与宇内之士，臻于斯路。故旅耆老复孝敬，选豪杰，讲文学，稽参政事，祈进民心，深诏执事，兴廉举孝，庶几成风，绍休圣绪。夫十室之邑，必有忠信；三人并行，厥有我师。今或至阖郡而不荐一人，是化不下，究而积行之君子，壅于上闻也。二千石官长，纪纲人伦，将何以佐朕？烛幽隐劝，元元厉蒸，庶崇乡党之训哉！且进贤受上赏，蔽贤蒙显戮古之道也。其与中二千石礼官博士议，不举孝廉者罪。

《两汉诏令·卷六·西汉六》

举孝弟等诏
（十一月）

朕既不逮，导民不明，反侧晨兴，念虑万方，不忘元元。唯恐羞先帝圣德，故并举贤良方正，以亲万姓，历载臻兹。然而俗化阙焉。传曰：孝弟也者，其为仁之本与。其令郡国举孝弟，有行义闻于乡里者各一人。

《两汉诏令·卷八·西汉八》

续 表

吏有丧勿繇事诏
（四年二月）

导民以孝，则天下顺。今百姓或遭衰绖凶灾，而吏繇事使不得葬，伤孝子之心，朕甚怜之。自今诸有大父母、父母丧者，勿繇事，使得收敛送终，尽其子道。

《两汉诏令·卷八·西汉八》

赐三老孝弟力田帛

三老，尊年也；孝悌，淑行也；力田，勤劳也。国家甚休之，其赐帛人一匹，勉率农功。

《两汉诏令·卷十五·东汉三》

缘边岁举孝廉诏
（十三年十一月）

幽、并、凉州户口率少，边役众剧束修，良吏进仕路狭，抚接夷狄以人为本。其令缘边郡口十万以上，岁举孝廉一人；不满十万，二岁举一人；五万以下，三岁举一人。

《两汉诏令·卷十六·东汉四》

举孝廉限年诏
（十一月）

初，令郡国举孝廉，限年四十以上，诸生通章句，文吏能笺奏，乃得应选。其有茂才、异行，若颜渊、子奇，不拘年齿。

《两汉诏令·卷十九·东汉七》

帛画 汉代

此画为长沙马王堆一号汉墓出土T字形"非衣",系轪侯利仓之妻盖棺之物。画面分天朝、人间、地府三段。天上为横幅,其余为直幅。分别以太一神、轪侯妻、祭祀者、合欢鳌为各段的中心。人间的部分,详细地绘出了其子孙举行盛大的祭祀,祈求其灵魂早升天界的情景。

"孝子"、"孝孙"与我们现在所说的"孝子"、"孝孙"并不是同样的意思。《诗经》中所谓的"孝子",指的是主人的嗣子,也就是在庙堂中能够纪念祖先业绩而举行盛大的祭祀活动的人。至于"孝孙",《诗经·小雅·楚茨》中说:"孝孙徂位,工祝致告。"意思是说孝孙前往祭位,祝官开始致告辞。这里的"孝孙",指的是替代祖父的尸,也就是供人祭拜的尸。也有人将"孝孙"解释为在盛大的祭祀活动中的主祭之人。不论是何种解释,"孝子"、"孝孙"都是与祭祀活动有关的。"畜"、"养"两字,在《诗经》中有数处提到,指以食物喂养,表示父母养育儿子或丈夫抚养妻子。

后来意义上的孝,虽然在《周易》、《三礼》中难以找到,但在《诗经》中有形象生动的写照,毕竟《诗经》是从民间采风来的。《诗经》三百篇中有三首诗是表达孝子之思的典范之作,这三篇是《陟岵》、《鸨羽》和《蓼莪》。其中的《陟岵》一诗,是表达孝子行役,思念父母的。其背景是说,因魏国太小,不得不让本国人为大国服役,本国的人远离家园,这些远离家园的人们就有了父母之思。相较于《陟岵》,《诗经·唐风·鸨羽》更为有名一些。《鸨羽》是哀叹"王事"征战

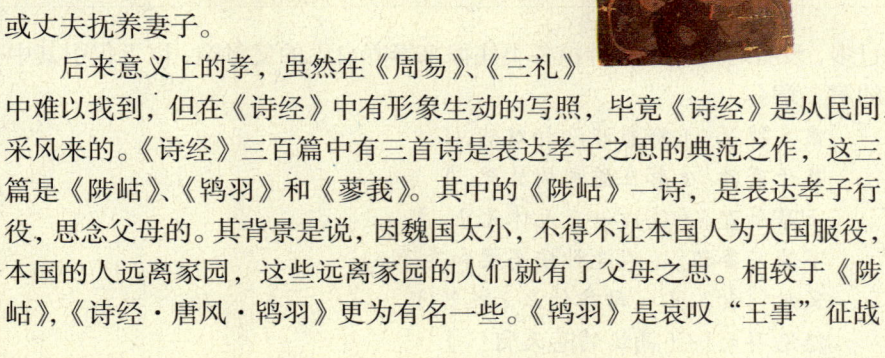

德行语录

孟武伯①问孝,子曰:"父母唯其疾之忧②。"

《论语·为政篇第二》

【注释】①孟武伯:孟懿子的儿子,名彘。武是他的谥号。②父母唯其疾之忧:其,代词,指父母。疾,病。为他们的疾病担忧。

【译文】孟武伯向孔子请教孝道,孔子说:"对父母,儿女要特别为他们的疾病操心。"

唐风图（之二）　马和之　宋代

此图系《诗经·唐风》画意之二。《诗经》是我国第一部诗歌总集，按照音乐的不同可以分为风、雅、颂三个类别。风，即国风，是西周时期各国的民间歌谣。周朝时设有专门到民间采集歌谣的官员，他们四处走访，采集民歌，以供朝廷考察民情风俗和政治得失。在《诗经》中有游子征战在外，无法在家孝养父母的哀怨。

过多，没有时间在家里种植各类庄稼来奉养自己的父母亲，以下仅引其中的第二章：

　　肃肃鸨翼，（野雁沙沙扑双翅，）
　　集于苞棘。（落在酸枣树丛里。）
　　王事靡盬，（徭役一直无休无止，）
　　不能艺黍稷。（不能种植高粱和黍子。）
　　父母何食？（父母拿什么来吃？）
　　悠悠苍天！（高远的苍天啊！）
　　曷其有极？（这样的日子到何时是个了结？）

《鸨羽》出自《唐风》，唐是传说中的尧帝的所在地，就是今天的山西南部一带，故尧又称作"唐尧"，今山西也称"唐"。这首诗的背景，应当发生在今山西，一般认为是在晋昭王到武公这数十年间。这期间，战事频繁，从军入伍的战士，不能养其父母，特作此诗，表达孝子之心意。《鸨羽》是《诗经》中表达孝子之心的名篇，唐宋八大家之一的曾巩说，苦于征役，而不得养其父母，则有《鸨羽》之嗟。《蓼莪》是《诗经》中表达孝子之思的最为著名的一篇，也是最为感人的一篇。其主旨也是说游子征战在外，不能孝养父母，表达孝子希望奉养父母的急切的心情。此处仅引其第一和最后一章。

　　蓼蓼者莪，匪莪伊蒿。（高高的是莪蒿，不是莪蒿，是蒿草。）

弃官寻母　佚名　日本

古代家庭养亲一般为居家奉养。而对于一些官员来说，自己常年在外不能在家奉养双亲，在父母年老多病的情况下，他们都会要求回原籍任职，这种养老制度称为"归养"；当然也有一些官员选择辞官以全心全意侍奉父母，这种制度叫"侍养"。此图描绘的是二十四孝故事中朱寿昌辞官千里寻母的故事，他身旁的撑伞和包袱，更衬托寻亲的一路艰辛。

哀哀父母，生我劬劳。（可怜父母亲，养我真辛苦。）

南山律律，飘风弗弗。（南山多险峻，暴风真强劲。）

民莫不穀，我独不卒。（人人光景好，独我不得尽孝心。）

此诗说的是穷人终年劳作，却没有能力养活自己的父母，诗中的人物哀叹自己太穷，对自己不能报答父母的养育之恩感到愧疚。一千多年之后，西晋营陵（今山东乐昌县）人王裒，每次读《诗经》的"哀哀父母，生我劬劳"句时，仍泪流不止，因这个原因，他的弟子就不再讲此篇诗。王裒何以读到此诗如此伤心，这得从他的父亲说起。王裒的父亲王仪，是魏将军司马昭的司马，司马昭在与吴国的一场战役中战败后问王仪，此仗失败，责任在谁，王仪说，责任在元帅（指司马昭），司马昭为此杀了王仪。王裒因父亲无端地被杀而怀恨在心，就不仕于朝廷，隐居教授，筑室于墓侧，旦夕拜跪，攀柏悲号，涕泣著树，树为之枯。二百多年后，南朝齐吴兴盐官（今浙江海宁）人顾欢，他与王裒一样，也是每次读到《诗经》的"哀哀父母，生我劬劳"时，就执书痛泣，于是，授学者废《蓼莪》篇，

周朝九鼎

礼器是用于祭祀和宴会等礼仪场合的器物。其一般包括食器、酒器以及水器等，鼎是其中最重要的一种。先秦时"藏礼于器"，通过礼器的数量、大小、形制方面的不同来象征拥有者权力的大小和地位的高低。周朝时礼制制度完善，制定了严格的使用礼器的规定，天子用九鼎，诸侯用七鼎，卿、士大夫等依次递减。

德行语录

子夏①曰:"贤贤②易色;事父母能竭其力;事君,能致其身③;与朋友交,言而有信。虽曰未学,吾必谓之学矣。"

《论语·学而第一》

【注释】①子夏:(前507—?)姓卜,名商,字子夏,孔子的著名弟子,"孔门十哲"之一。学者多认为,"六经"中的大部分是来自子夏的传授。②贤贤:第一个"贤"字作动词用,尊重的意思。贤贤即尊重贤者。③致其身:把自己的生命奉献给君主。

【译文】子夏说:"一个人尊敬贤者,不重女色;侍奉父母,能够竭尽全力;侍奉君主,能够献出自己的生命;交结朋友,言谈恪守信用。这样的人,尽管他自己说没有学习过《诗》《礼》等礼乐知识,我也一定说他已经学习过了。"

《毛诗》书影

汉代时传习《诗经》的有鲁、齐、韩、毛四家,后世称之谓"四家诗"。《鲁诗》因鲁人申培而得名,《齐诗》出于齐人辕固生,《韩诗》出于燕人韩婴。《毛诗》传自荀子的弟子毛亨,后传于毛苌。西汉时,前三家被立为官学,东汉时《毛诗》才被立为官学。《毛诗》注重诗歌教化作用,受到历代统治者的重视。

不再讲授。顾欢是南朝梁齐间的著名的道士,早孤,后隐居天台,讲黄老之学。唐朝末年的东平巨野(今山东巨野)人孟元方,在他十八岁中举时,父母相继去世,孟元方未尝有笑容,每读到《蓼莪》篇时,必哀咽号咷,情慕不已,必定到父母的墓上抱树而哭,有时到傍晚才停下来,即使在荒郊野外过夜,亦无恐惧之色。即使是贵为皇帝,读到《蓼莪》时,也不能免于悲伤。一次,唐太宗在自己的生日宴会上,读《蓼莪》篇,泪泣数行而下,左右皆悲。有人在评价《蓼莪》篇时说:"喻父母生长我身,至于长大乃是无用之恶子,不能终养也。此孝子自怨其身之辞也。"魏陈思王有诗曰:

蓼莪谁所兴,念之令人老,

退咏南风诗,洒泪满裾袍。

曾子与《孝经》

ZENGZIYUXIAOJING

《孝经》不同于曾子一些分散在各处的零散的言论，它是一部系统的著作。《孝经》一千七百九十九字，共十八章，是十三经中最短的经文，但几乎涵盖了社会生活的各个方面，成为中国古代政治、经济生活的重要组成部分，影响中国达两千多年。

"孝"字是什么时候与畜、养的意思一致而有了"孝道"之意的呢？有人推测，第一个将养老之"畜"、"养"字与事神之"孝"字二义结合起来的人，就是孔子，这在《论语》的记载中可以看出。在《论语》卷1中，孔子有四个弟子问孔子关于"孝"的问题，这四个人是孟懿子、孟武伯、子游和子夏，这就是著名的"四子问孝"。虽然他们四个人问的是同样的问题，但孔子在回答这四个弟子时，答案却是不一样的。孟懿子问孝，孔子回答"无违"，"生事之以礼，死葬之以礼，祭之以礼"。这个"无违"，说

啮指痛心

啮指痛心指的是，一次曾子不在家时，有客来访，曾子母亲不知道如何招待客人，无奈之下用嘴咬指头，曾子在外砍柴忽觉心痛，知道母亲在呼唤自己，马上回到家的典故。曾子历来以孝著称，曾子孝顺父母体现在尊敬父母、奉养父母、取悦父母以及思念父母等方面，并为后人留下许多孝顺父母的故事。

"父母在，不远行"，就从一个侧面体现了曾子对父母的孝顺。相传《孝经》为孔子口述，曾子记录整理而作。

曾子

曾子（前505—前436年），系春秋时期鲁国南武城（今山东嘉祥）人，名参，字子舆，是我国古代儒家思想的"四大圣贤"之一。其主要贡献就是"道传一贯"。他继承和发扬了孔子学说，培养了儒家思想重要继承者、传播者子思，子思之后孟轲后来成为儒家思想文化的一代圣贤，被后世尊称为"亚圣"孟子。

的是在孝养父母时不要违反了礼制。后来，朱熹的解释是，生事葬祭，事亲之始终。孟武伯问"孝"时，孔子回答说："父母唯其疾之忧。"意思是说，父母最为担心的是自己的儿子生病，所以，作为儿子，如果能够体谅父母亲所担心的事，也就是尽了孝心。子夏问"孝"，孔子回答说："色难！"说的是对父母亲尽孝，最难的是"色难"，也就是怎样和颜悦色、诚实地侍奉父母。仅仅是给父母亲酒食是不够的，若只是给以食物，还不能说是完全尽了孝。这是一个著名的典故，后来，也有人将"色难"称之为"色养"。子游问孔子孝的问题时，孔子则说："今之孝者，是谓能养，至于犬马皆能有养，不敬，何以别乎？"显然，孔子对孝养父母，不是简单地给以食物而已，他特别强调以诚挚之心来对待父母。所以，他对孟懿子说，要以礼制孝养父母，对子夏说，要和颜悦色地奉养父母，对子游说，要以敬爱之心来孝养父母。总之，孔子在谈到孝的时候，不是简单地指食物上的奉养，更多地强调在侍奉父母时的一个"诚"字上。孔子正是在回答子游的问题时，以"养"字来解释"孝"字，将"孝"、"养"连用。所以，我们单从文献的角度来看，孔子是首先将孝释为孝道之意的。至此，"孝"字就有了"孝道"之意了。

全归有名训，珍重恐伤肤。

小子启手足，吾今知免夫。

这是宋林同所写的"曾子

孔 子

孔子（前551—前479年）"孝"论的基本内容，涵盖了我们今天倡导的孝行的各个方面，如讲求赡养和敬事合一，注重和谐，重视孝行的自主、自觉、自律，特别是寻求和肯定"孝"道的根源性和社会意义所表现出来的"入世"精神。

诗"。关于《孝经》的作者，有多种说法，有的说是孔子，也有说是曾子的弟子子思，但更多的人认为是曾子。

在谈《孝经》之前，我们得先看一下曾子其人。曾子，名参，字子舆。其祖上在周时封国在鄫，于是，就以国为姓，其国大致在今天的山东西南部的枣庄与临沂之间。在春秋六年时，莒（今莒县，在山东南部）人灭了鄫国。鄫世子就逃到了鲁国，使用曾姓就是从这时开始，大约是出于纪念故国鄫的原因。曾子大约生于公元前505年，卒于公元前436年，比孔子小46岁，年13就入孔子之门。在师侍孔子时，向孔子问安亲之道，侍亲至孝，每天有五次问候父母亲着衣的厚薄，除此之外，还得询问枕头的高低，睡得是否舒服。曾子后来随孔子到过一些国家。曾子入孔门之时，孔子有两个著名的学生，颜回和子路，这两个人给曾子留下了深刻的印象。就在曾子入孔门不久，颜回就去世了，曾子一直想以颜回作为自己做人的楷模，子路也是曾子最为尊敬的人之一，曾子认为子路是可以托六尺之孤，可以寄

> ## 《孝经》
>
> 《孝经》是儒家最重要的经典之一。共有十八章，一千七百九十九字，是十三经中字数最少的经典。对于其作者的说法不一，或说孔子，或说曾子、子思。全书以宣扬孝道、宣传先秦的宗法思想为主，对中国传统的政治、社会文化影响极大，是古代中国最为重要的启蒙读物之一。十三经注疏中所收录的注本是唐玄宗所注、宋邢昺疏。

孔子被加封为王　清代

汉代以后历代帝王以儒学治国，孔子的思想为历代统治者治理天下打下了雄厚的思想基础。孔子也被尊称为"圣人"，受到历代帝王和百姓的尊崇。清世宗雍正二年，册封孔子先世五代为王。图为"大清皇帝册封至圣先师孔子五代王碑"。

百里之命的人。曾子追随孔子大约有十几年，孔子死后，曾子参加过务农、讲学、游历。据《庄子·寓言》的记载，曾子曾经做过官，但未有说做的是什么官。在《韩诗外传》卷1中，载有"曾子仕于莒，得粟三秉，方是之时，曾子重其禄而轻其身。亲没之后，齐迎以相，楚迎以令尹，晋迎以上卿，方是之时，曾子重其身而轻其禄"。可见，曾子是不记前仇的，最早在莒做官，就是这个莒国，灭了曾子祖上的国家——鄫国。此后，齐、楚、晋三国，都许以高位于曾子。至于曾子是否真的做过官，至今仍然有争议。在《韩诗外传》卷7中有曾子说："吾尝仕齐为吏，禄不过钟釜，尚欣欣而喜者，非以为乐，乐其逮亲也。"而《孔子家语·七十二弟子解》中则这样记载曾子的话："志存孝道，……齐尝聘，欲与为卿，而不就。"《孔子家语·在厄》篇则另有记载："曾子蔽衣而耕于鲁，鲁君闻之，而致邑

孔子讲学图

孔子是中国古代第一个开创私人讲学的教育家。孔子曾经拥有弟子三千，其中有七十二贤人。孔子在教学中十分注意教育方法，提倡诱导式教育。他认为，学习知识应该循序渐进。对于学生的学习态度，他亦多有创见。如他说，对不懂的事物，要不耻下问，对已经掌握的知识要经常复习，温故而知新，等等。这幅讲学图表现了后人对这位伟大教育家的纪念与尊崇。

乳钉蟠蛇纹鼎　战国

青铜鼎是古代的一种礼器，用以祭天祀祖，鼎是王权的象征，代表封建社会严格的等级制度。青铜鼎的作用，在商周奴隶制社会最为明显，春秋后衰落，逐渐丧失其祭器的作用，用途逐渐宽泛起来，可用作生活用品。此鼎直口、长方附耳、圆腹、圆底、三蹄形足、带盖，器身和附耳均为蟠蛇纹底，遍体饰乳钉。

焉，曾子固辞不受。"对照这些记载，是互相矛盾的，《韩诗外传》说曾子做过官，但《孔子家语》的语气肯定地说曾子没有做过官。今人的观点也是莫衷一是，有人以为，曾子所谓的做官说法，都是附会之说，是后人为了褒奖曾子的孝道而瞎编出来的故事，估计这类故事出自汉晋儒士之手。也有人认为，曾子作为一个大孝子，当然会积极做官的。为什么做官就孝，不做官就是不孝呢？这涉及到先秦时人们对孝的认识，孟子在说"三不孝"时，其中的第二不孝就是"家穷亲老，不为禄仕，二不孝也"，这就说得很清楚了，如果家里贫穷，有机会做官却放弃，就是不孝。曾子虽然出身于士，但已是家道中落，只能是以农为业了，既然曾子是一个孝子，出来做官，也就是理所当然了。曾子晚年，在家乡教书授徒。曾子是个博学多识的人，且笃实践履，其弟子中出了许多著名的人物，如乐正子春、公明仪、公孟子高、子襄、阳肤等人。春秋时著名的将领吴起，就是曾子的学生，这在《吕氏春秋》和《史记》中都有记载，说吴起学于曾子，但曾子因怒其不孝，就将他逐出了师门。

曾子病重将死之时，鲁国季孙氏赠给曾子簀，这个簀是专指大夫所睡的竹席，曾子不高兴，要他的儿子将簀换成一般的竹席，因为曾子是一个讲究礼、维护礼的人，如果他睡在簀上死掉，就是非礼。曾子在临死前，叫儿子换掉竹席，实际上是以正其子，叫儿子在任何场合都得讲礼，这就是"曾子易箦"一典的出处。曾子死的时候，就留下遗言，叫门人将他的尸体放在灶房里沐浴更衣，这就是《礼记·檀弓上》中所说的"曾子之丧，浴于爨室"。这个"爨室"，就是灶房，或者说是厨房，这一显然违背礼制的事，让历代学者争论不休。有人认为，曾子是达礼之人，死后应当在正室沐浴更衣，也就是寿终正寝，即《礼记》中所谓的"适室"，曾子明知故犯，所以，一般认为曾子是矫情。后来就有人为曾子辩护，辩护的理由就是在这个"爨"字上，以为这里的"爨"字通"奥"，或者说，这个"爨"字本身就写错了。"奥"在《周易》中解释为西南方的意思，古人有"西南则安"的说法。至于一栋房屋，则是西南那一间屋子就称作"奥"，这间屋里设有火炉，不同于厨房，在这里，常常要接待客人，是非常尊贵的地方，倘使这样解释，那"曾子之丧，浴于爨室"，就是合乎情理的了。

曾子的孝源于孔子"孝、悌、忠、信"思想。曾子追随孔子十几年，孔子对曾子说："孝，德之始也，悌，德之序也，信，德之厚也，忠，德之正也。"后来，曾子就是按照孔子的"孝、悌、忠、信"四德来规范自己的行为的。敬王三十九年，孔子以己之志，将孝的思想传给曾子，曾子时年25岁。曾子从孔子游学最晚，但得道最早。当曾子从孔子那里继承到了孝道之时，曾子的儿子子思只有6岁，子思在26岁时，学乃大成。在《论语》中，有孟懿子、孟武伯、子游和子夏四子问孝的故事，就是没有曾子问孝。从孔子关于孝的回答上来看，当时孔子的孝的思想尚未成为理论，孝的学说还只是停留在零散的言论上，而将孔子的言论经过完善，最后形成孝的理论，这最为关键的一步，就是由曾子来完成的，其表现形式，就是一部传颂千古的《孝经》。孝道思想初步萌芽于孔子，

石鼓文　战国

石鼓文，我国遗存至今最早的石刻文字，其书法字体的风格由西周晚期金文《史颂壶》发展而来。

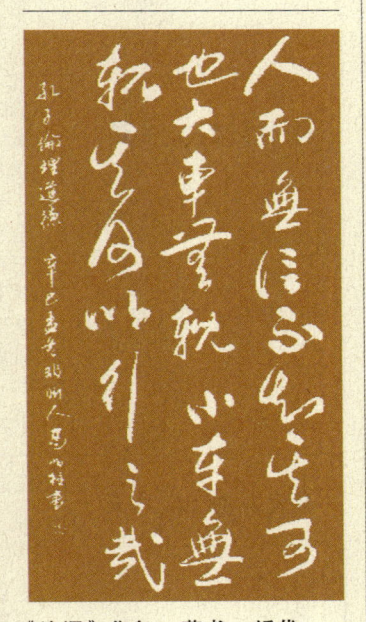

《论语》集句　草书　近代

此句出自《论语·为政》，"信"是儒家"五常"之一，孔子非常重视人的诚信培养，他认为，一个人有"信"才能得到别人的任用，执政者诚信，才能使民众效仿学习。他又说："信近于义，言可复也。"不赞成无原则地守信用，只有合于义的诺言才应该努力兑现，不义的言行就不应该兑现。

元代至明代正史孝子入传人物

正史卷数	入传人物
《晋书》卷88孝友	李密 盛彦 夏方 王裒 许孜 庾衮 孙晷 颜含 刘殷 王延 王谈 桑虞 何琦 吴逵
《南史》卷73孝义上	龚颖 刘瑜 贾恩 郭世通 严世期 吴逵 潘综 张进之 丘杰 师觉授 王彭 蒋恭 徐耕 孙法宗 范叔孙 卜天与 许昭先 余齐人 孙棘 何子平 崔怀顺 王虚之 吴庆之 萧叡明 萧矫妻羊 公孙僧远 吴欣之 韩系伯 丘冠先 孙淡 华宝 解叔谦 韩灵敏 刘渢 封延伯 吴达之 王文殊 乐颐之 江泌 庾道湣
《南史》卷74孝义下	滕昙恭 陶季直 沈崇傃 荀匠 吉翂 甄恬 赵拔扈 韩怀明 褚修 张景仁 陶子锵 成景隽 李庆绪 谢蔺 殷不害 司马暠 张昭
《北史》卷83孝行	长孙虑 乞伏保 孙益德 董洛生 杨引 阎元明 吴悉达 王续生 李显达 仓跋 张升 王崇 郭文恭 荆可 秦族 皇甫遐 张元 王颁弟 颎 杨庆 田翼 纽因 刘仕俊 翟普林 华秋 徐孝肃
《隋书》卷72孝义	陆彦师 田德懋 薛濬 王颁 杨庆 郭俊田 翼纽回 刘士俊 郎方贵 翟普林 李德饶 华秋 徐孝肃
《旧唐书》卷188孝友	李知本 张志宽 刘君良 宋兴贵 张公艺附 王君操 周智寿 智爽 许坦 王少玄附 赵弘智 陈集原 元让 裴敬彝 裴守真 子子余 李日知 崔沔 陆南金 弟赵璧 张琇 兄瑝 梁文贞 李处恭 张义贞 温迪·罕斡鲁补 陈颜 刘瑜 孟兴 王震 刘政吕 元简附 崔衍 丁公著 罗让
《金史》卷127孝义	温迪·罕斡鲁补 陈颜 刘瑜 孟兴 王震 刘政 陈颜 刘瑜 孟兴 王震 刘政
《宋史》卷456孝义	李璘 甄婆儿 徐承珪 刘孝忠 吕升 王翰 罗居通 黄德舆 齐得一 李罕澄 邢神留 沈正 许祚 李琳等 胡仲尧 仲容 陈竞 洪文抚 易延庆 董道明 郭琮 毕赞 顾忻 李琼 朱泰 成象 陈思道 方纲 庞天祐 刘斌 樊景温 荣恕旻 祁曈 何保之 李玭 侯义 王光济 李祚等 江白 裴承询 孙浦 常真 子晏 王洤等 杜谊 姚宗明 邓中和 毛安舆 李访 朱寿昌 侯可 申积中 支渐 邓宗古 沈宣 苏庆 文台亨 仰忻 赵伯深 彭瑜 毛洵 李筹 杨芾 杨庆 陈宗 郭义 申世宁 苟与龄 王珠 颜诩 张伯威 蔡定 郑绮 鲍宗岩附

百家争鸣

  百家争鸣是指战国时期我国古代各学派因政治思想上的分歧而展开的学术争辩的场面和风气。百家划分为儒、孝、德、礼、法、墨、术、义、绝对平等观、无君论等十家。关于百家争鸣，中国传统的文献记载颇多，其中孝家的代表文献为《孝经》，其中心思想为"孝政"，即以孝治天下，是古代研究伦理孝道的著作。

  孔子本人也是一个有孝道的人，由于孔子早孤，所以没有机会事父，故宋林同有咏孔子孝的诗：

    事亲良不易，战战复兢兢。

    学得如夫子，犹言丘未能[①]。

  曾子的孝是从孔子那里继承得来的，所以弄清孔子的孝是有必要的；弄清孔子的孝，也有助于我们弄清曾子的孝。孔子的孝就是上面提到的四个字"孝、悌、忠、信"，弄清了这四个字的含义，也就基本上弄清了孔子的孝道观。"孝"、"悌"可以放在一起来解释，因为这两种孝行，都是源自于血缘关系。《尔雅·释训》云："善父母为孝。"《说文》的解释是："孝，善事父母者。"何谓悌？刘宝楠在《论语正义》中解释，"悌，即弟俗体"，实际上就是兄弟的意思。由此可以看出，这个孝悌，实际上是规范父子、兄弟之间的关系的，也就是家庭伦理道德之间的关系。孝悌二字，在孔子那里通常是并称，《论语》中有："其为人也，孝弟，而好犯上者，鲜矣。""孝弟也者，其为仁之本与！"另外，孔子还有"弟子，入则孝，

  [①]《中庸》中有"君子之道四，丘未能一焉"的说法，所谓四道，即是说"所求乎子以事父，未能也；所求乎臣以事君，未能也；所求乎弟以事兄，未能也；所求乎朋友先施之未能也。"而"丘未能"是指孔子的父亲死得早，孔子没有机会侍奉自己的父亲，孔子为此感到很遗憾。

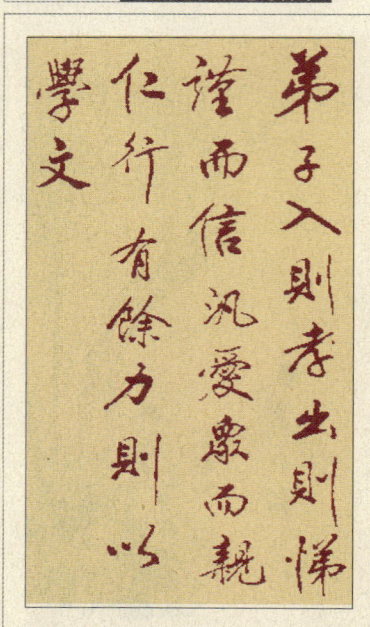

孝行书法　佚名

《孝经》作为中国儒家经典之作，历代名家都曾书写过，如唐代贺知章有草书《孝经》，明代黄道周有小楷《孝经》等等。图为摘自儒家《论语》的孝行语句："弟子入则孝，出则悌，谨而信，泛爱众，而亲仁，行有余力，则以学文。"

出则弟"，"宗族称孝焉，乡党称弟焉"。在孝悌之中，当然是父子关系更加重要，父子关系是天经地义的，是最为根本的，封建社会的一切关系都是从孝开始的，孝是其他关系的基石。既然父子之间的关系是如此重要，孔子又是非常看重父子之间的关系，当孔子的学生宰我认为子女给父母服丧三年时间太长时，孔子回答说："予之不仁也！子生三年，然后免于父母之怀。夫三年之丧，天下之通志也。予也有三年之爱于其父母乎？"显然，孔子将为父母服三年丧看得非常重要。当然，赡养父母是孔子所谓孝的基本的组成部分，是孔子谈得较多的。除了上面提到过的四子问孝之外，在《论语·里仁》中，孔子说："父母之年，不可不知也。一则以喜，一则以惧。"意思是说，父母年高，做子女的要高兴，若父母年老体衰，做子女的就会担心。孔子在《论语·学而》中有："父在，观其志；父没，观其行，三年无改于父之道，可谓孝矣。"在《论语·里仁》中"三年无改于父之道，可谓孝矣"意思是，父亲活着的时候，做儿子的不得独断专行，父

德行语录

子曰："弟子入①则孝，出②则悌，谨而信③，泛爱众，而亲仁，行有余力，则以学文④。"

　　　　　　　　　　　　《论语·学而第一》

【注释】①入：古时父子分别住在不同的居处，学习则在外舍。《礼记·内则》："由命士以上，父子皆异宫。"入是入父宫，指进到父亲居住之处。
②出：指外出拜师学习。出则悌，"悌"的本义是弟弟要敬爱哥哥，这里引申为要以弟道对待师长，也可泛指年长于自己的人。③谨而信：说话谨慎而有信用。④文：指古代的诗、书、礼、乐等知识。

【译文】　孔子说："弟子们在家里要孝顺父母，出门在外要顺从师长，行为要谨慎，说话要诚实可信，对众人要有仁爱之心，亲近那些有仁德的人。这样躬行实践后，如果还有余力，就再去学习诗、书、礼、乐等知识。"

死之后，只要看做儿子的行为，就可以知道其做人的善恶。若是三年不改父亲志趣，才称得上是孝子。看来，孔子所谓的孝，范围是很广的，比后来所说的孝的概念要广得多。孔子所谈到的孝，多是与宗法等级的政治与社会制度紧密相联的，是时代社会思想的反映。这些孝的观点，在当时来说，是有其积极意义的，如孔子在《学而》中有："其为人也孝弟，而好犯上者鲜矣；不好犯上，而好作乱者，未之有也。君子务本，本立而道生。孝弟也者，其为仁之本与！"在这里，孔子作了一个合乎逻辑的推理，在家里是一个充满爱心、尽孝悌的人，在社会、在国家，当然不会犯上作乱，也不会危害社会。所以，孔子大力宣扬"本"。"本"就是孝悌，如果一个社会都追求孝悌，在行动中以孝悌作为标准，那无

麻姑献寿　任薰　清代

《论语》上说："父母之年，不可不知也。一则以喜，一则以惧。"因此，为人子女的要时刻将父母的年龄寿辰记在心上，一方面要为父母高寿感到高兴，另一方面也要为寿高而感到恐慌。在中国的传统文化中为母祝寿是孝敬父母的重要体现。图为《麻姑献寿》，相传麻姑修炼于牟州姑余山，成仙后转居蓬莱仙岛，每逢三月三王母寿辰，麻姑都会亲自采摘灵芝酿酒献寿，民间多用此画贺女寿。

子　路

子路是孔门七十二弟子之一，比孔子小九岁。史书上说他勇武好强，为人正派，而且性格耿直。孔子在鲁国做司寇时，派他到季孙氏家里去做家臣。后来，他到卫国做官，时值卫国发生动乱，很多人都逃跑了，他不思回避，勇入险地，结果被杀。临死前，他不忘君子气节，系正衣冠后从容就义。

百里负米　陈云彰　近代

孔子弟子子路十分孝顺，早年家贫，自己常常挖野菜做饭食，却不辞辛苦从百里之外负米养父母。父母死后，子路去楚国当了大官，生活富足，拥有车马百辆、粮食无数，但每当吃丰盛筵席时，常常感慨自己现在即使想吃野菜，奉养双亲都不可能了。子路"子欲养，而亲不待"的心情得到孔子称赞，并劝慰子路说，父母在时你已尽力，父母不在你常常思念，这些就足够了。

疑是一个稳定和睦的社会，这正是孔子所谓的孝悌的积极意义之所在。

在孔子的思想体系中，"忠"是一个重要的概念。《说文》的解释是："敬也。尽心曰忠。"朱熹的解释是"尽几之谓忠"。在《论语》中，忠字共出现18次，可见孔子是常常将忠挂在嘴上，教导自己的弟子。《论语·述而》中有："子以四教：文、行、忠、信。"可知孔子很看重忠在社会生活中的作用。在《论语》中，提到忠字的地方有"主忠信"、"言忠信"、"言思忠"、"为人谋而不忠乎"、"臣事君以忠"、"忠告而善导之"、"与人忠"等，这些忠字，在不同的地方，有着不同的意思。到底如何理解忠呢？上面在谈到孝悌之时，孝悌主要是规范血缘关系的。孔子之所以推崇孝悌关系，是因为孔子以为，在家尽孝悌的人，在外也肯定会忠于自己的君王。在《论语》中，孔子的忠的意思，与孝悌起的作用是相同的，它是规范人际交往关系的，也就是说，在人与人的交往中，要讲究一个忠字，忠在规范人际关系上，与孝悌是互相谐调、互相作用、互相补充的。孔子所谓的忠，范围非常广，比后来所说的忠君的含义要广得多。有人认为，儒家特别强调忠君思想，这是对孔子学说的误解，将孔子的忠仅仅理解为只是对国君的忠了。应当说，这实际上是忠的含义在不断地演变，就如同孝的概念一样，是不断变化的，忠和孝的概念，都有从很宽泛的意思向狭隘发展这么一个过程，无所谓谁对谁错。至于忠、忠孝，我们将另外再讨论，此处就不再深入分析了。

最后就是"信"了。孔子常常将"忠"、"信"并提，如同他将孝悌并举一样，这就说明了忠信是同一个范畴，不过仍然是有差别的。单就字形来看，就能推测出这两个字的不同意思。忠字的下面是"心"，显然是指心理活动，故忠诚常常连用。信的右边是"言"，当是与言语有关，《论语》中正是这个意思。《论语·学而》中有"与朋友交，言而有信"、"信近于义，言可复也"，无不说的是言而有信，"言而有信"这个成语，就是源于此。孔子的信，不独指人与人之间的关系，还有政治意义，如"敬事而信"，在《论语·颜渊》篇中，有"子贡问政"，孔子回答说，"民无信不立"，意思是说，治理国家，不可失信于民。在《论语·子路》篇中，孔子的回答是相同的，"上好信，则民莫敢不用情"，意思是如果治理国家的人讲究信誉，老百姓当然也就不会欺诈了。

由于孔子本身就大讲孝道，加上《史记·仲尼弟子列传》中明确地说了"孔子以为能通孝道，故授之业，作《孝经》"，故《孝经》一书为孔子所作，已成定论。直到宋朝，有学者对此提出了怀疑，如南宋金华（今浙江金华）人唐仲友，他与朱熹为同时代人，与朱子之间过节很大，他就提出："孔子为曾参言孝道，门人录之为书，谓之《孝经》。"此论一出，南宋许多学者多持此说，这就影响到后来的人对《孝经》作者的认识，自此，多数人都认为《孝经》的作者是曾子，虽然至今还有不同的说法，但多持曾子说。不过，不论《孝经》一书出自谁之手，孔子与曾子都起着最主要的作用，这是肯定的。

孔子虽然讲孝，但孔子的父亲早死，所以，孔子为不能尽父孝而遗憾。也就是说，孔子虽然有诸多的孝的言论，要讲起孝行来，还是不能与他的学生曾子相比。在孔子看来，曾子是不够聪明的，在《论语·先进》中，孔子是这样评价曾子的："参也，鲁。"直接说曾子愚钝。曾子十分注重自己的道德修养，"吾日三省吾身"，就是曾子的话，所以，后人将曾子视为"宗圣"。《孝经》既然是曾子的著作，那曾子必定是一个讲孝、重孝之人，事实正是如此。《论语·学而》中有："慎终追远，民德旧厚矣。"这句话的意思是，作为人子，父母死了，应穷其哀戚，对于久远之事，要追而不忘，久则人敬之。上之化下，如风靡草，君上能行，则民下之德，日归于厚。显然，

焚书坑儒图

秦始皇统一六国后，接受相国李斯建议，除官家藏书和秦国史书以外，所有的《诗》《书》、百家语和史书一律烧掉，只留下一些医药算卜和农业的书。第二年，受方士侯生、卢生牵连，秦始皇又下令屠杀全国各地儒生一千多人，这就是历史上著名的"焚书坑儒"。焚书坑儒结束了春秋战国以来诸子百家学术争鸣的局面，相传儒家经典《孝经》也遭此焚烧的厄运。

曾子在此处所谓的孝,不独是对父母尽孝道,还包括臣民对君王之忠。与孔子一样,曾子也有许多关于孝的言论,除了《孝经》是系统的著作之外,他的言论也多是零散的。好在汉朝的戴德在《大戴礼记》卷4中,收录了一些曾子的孝的言论,在卷4的五个条目中,其中就有四个是谈曾子关于孝的言行的:《曾子本孝》第五十、《曾子立孝》第五十一、《曾子大孝》第五十二、《曾子事父母》第五十三。现录几句,看看曾子有关孝的言论之一斑:

《曾子本孝》:忠者,其孝之本与?孝子,不登高,不履危,敬父母之遗体,故跬步未敢忘其亲。士之孝也,以德从命;庶人之孝也,以力恶食,分地任力致甘美。

《曾子立孝》:君子立孝,其忠之用礼之贵,有忠与礼,孝道立。故与父言,言畜子;与子言,言孝父;与兄言,言顺弟;与弟言,言承兄;与君言,言使臣;与臣言,言事君。

冥界陶井

汉代普遍盛行"灵魂不灭,视死如生"的丧葬观念,因此汉代人将墓葬建造得像生前阳宅一样,并且将大量的日常生活用器带入墓穴用以陪葬。图为汉墓出土的陶井模型,此陶井装有水斗、水槽、滑轮等设备,是汉代井灌的真实反映。

《曾子大孝》:孝有三,大孝尊亲,其次不辱,其下能养。公明仪问于曾子,曰:夫子可谓孝乎?养,可能也,敬为难;敬,可能也;安为难。

《曾子事父母》:有爱而敬父母之行,若中道则从若,不中道则谏,谏而不用,行之如由己。孝子之谏达善,而不敢争辩,争辩者,作乱之所由兴也。

以上只不过是曾子言论的部分,从中至少可以看出两点:第一,曾子的言论,在许多方面类似于孔子,可以清楚地看出他们之间的师承关系;第二,曾子与孔子一样,其孝的概念很宽泛,涉及君臣、朋友等之间的关系,远远超出了我们今天所谓的孝的含义。

二十四孝故事人物王衰

关于"三年之丧"的葬丧礼仪制度的记载最早出现于春秋时期,相传商和西周也实行过三年之丧,但缺乏实证。孔子弟子宰予曾认为为父母守丧三年时间太长,应改为一年丧期,孔子认为宰予不孝不仁,并且孔子提出了在守丧期间要做到至哀至诚。

德行语录

子夏问孝，子曰："色难①。有事，弟子服其劳②；有酒食，先生馔③，曾是以为孝乎？"

《论语·为政篇第二》

【注释】①色难：色，脸色。难，不容易。②服其劳：服侍。③先生馔：先生，指长者或父母；馔，饮食、吃喝。

【译文】子夏问孔子什么是孝，孔子说："难得的是做子女的要对父母和颜悦色。有了事情，儿女要替父母代劳，有了酒食和饭菜，让父母去吃喝，这难道就算是孝了吗？"

朱熹手书"孝"字　朱熹　宋代

朱熹对《孝经》的研究不仅仅停留在理论层面，同时把宣扬孝道的内容运用到教育上。乾道三年，由他手书的"忠、孝、廉、节"四字，成为岳麓书院在整个封建社会里的校训。

《孝经》不同于曾子一些分散在各处的零散的言论，它是一部系统的著作。《孝经》一千七百九十九字，共十八章，是十三经中最短的经文，但几乎涵盖了社会生活的各个方面，成为中国古代政治、经济生活的重要组成部分，影响中国达两千多年。

《孝经》分为"古文孝经"、"今文孝经"。有关《孝经》在先秦的传播情况，不甚清楚。到了秦始皇灭了六国，秦在治理国家中，主要还是重视法家，采用严酷的刑法，加之秦的短寿，只存在了十几年，还来不及宣传《孝经》就灭亡了。《孝经》传到了西汉时，有了今文、古文两种不同的版本。"今文孝经"在先，最初是由河间人颜芝所传，注释的有好几家。给今文孝经注释最著名的代表作，是东汉北海高密（今山东高密）人郑玄的注，我们一般将郑玄注释的叫做郑注。至于其他各家的注释，只能在一些类书中有零散的收录了。就在今文孝经传播的时候，在汉武帝末时，在孔子的故宅中发现了一批古书，有日后争论得最为激烈的古文《尚书》、《礼记》、《论语》及《孝经》。这些书都是用篆体字书写，习惯上称它们是古文孝经。给古文孝经作注最为著名的是孔安国。我们在说今文孝经、古文孝经，表面上好像是最初书写文字的不同，而只是这么一个称呼而已，但实质上是内容的不同。古文孝经比起今文孝经中多了一篇"闺门"，也就是给女人尽孝单列一门，其他今文孝经中的十八章，在古文孝经中则变成

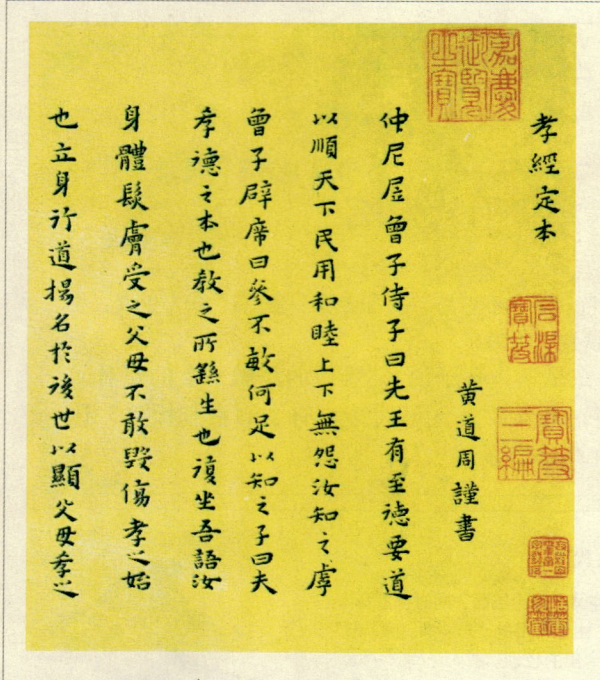

小楷《孝经》 蔡玉卿 明代

蔡玉卿,明末清初人,理学家蔡烈的女儿。明天启六年,嫁给学者黄道周为继室,夫妻之间相敬如宾,相互勉励。玉卿在丈夫的殷切辅导下,不但事姑以孝闻,且经、史、诗、书、画都造诣很深。图为蔡玉卿代笔的小楷《孝经》。

了二十二章。也就是说,古文孝经比起今文孝经实际上多了一篇"闺门",其余内容相同,只是章数多少上的差异。但长期两种不同的《孝经》传播是不可能的,到了汉成帝时,刘向奉命整理古籍,其中就包括两个不同文本的《孝经》,刘向的做法就是以今文、古文孝经互校,最后定为十八章,这一《孝经》文本流传到了今天。刘向的《孝经》文本只不过代表了一家之言,今文、古文孝经的争论并没有最终解决,他们仍然是各说各的,都宣称自己是权威。之所以要争论,原因也很简单,因为朝廷设了经博士,拥有某个经文的解释权,这就意味着可以做官,影响皇帝的决策。古文孝经传到梁时就失传了。隋朝时,河间景城(今河北)人刘炫就伪造了孔安国注的《孝经》,但这只不过得到部分人的认同,怀疑的声音仍然占了多数。到了唐朝,人们开始重新整理古代的经典,尤其是称做"经"的,都有必要重新评估。这一工作主要由唐初的冀州衡水(今河北衡水)人孔颖达来组织完成,孔颖达领导的整理工作涉及了所有的经书。这次整理工作最大的成功就是结束了在中国历史上自汉朝以来就一直争论不休的所有的今文、古文之争,其中当然也包括《孝经》。今天我们看阮元所编辑的最为权威的十三经注疏,所选最权威的注疏,若按照朝代来看,唐朝是最多的,共有十种,其中就有孔颖达注疏的《周易》、《尚书》、《毛诗》、《礼记》、《左传》,数量第一,其他参与注疏的唐朝人物有贾公彦、徐彦、杨士勋,这之中最为突出的便是《孝经》,其注释是由唐玄宗来完成的,这也是十三经中唯一的由皇帝注疏的一种,具有特别的意义。自唐朝之后,困扰中国历史多年的今文古文的争论基本上平息了,以后的人主要是对经文进行注释。《孝经》也一样,自唐玄宗的御注开始,就已经定型了。

《孝经》是曾子对孔子及自己对孝的思想学说的系统化,在孔子的言论及曾子的言论中,孝的论述多是只言片语的、零散的,这也是先秦诸

《春秋经传集解》书影　宋代

此为宋代刻本《春秋经传集解》书影。《春秋》又称《春秋经》，是我国最早的编年体史书。用以记载西周末年以来各诸侯国的档案文件。

子著作的一个共同的特征。我们知道孔子是一个述而不作的人，孔子平日讲学的言论到了曾子那里，最终经过曾子的努力，成为了影响中国两千多年历史的伟大著作《孝经》。

从一开始，《孝经》就注定是一部神圣的著作。在孔子参与编写，或与孔子有关的几本书中，《诗经》是文学作品，《春秋》是历史书，它们一直是作为政治尤其是军事上的借鉴而得到广泛地传播与应用。《论语》主要是记载孔子的言论，但它是一部政治道德上的言论的书，它得到重视，是在南宋时朱熹的一再强调之后的事。也许只有《孝经》，它涉及我们每一个人，因为每一个人都有自己的父母，这也就注定了它是一部受到关注最多的书。宋邢昺在给《孝经》所作的《孝经注疏序》中称《孝经》是"百行之宗，五教之要"，"道德之渊源，治化之纲领"。

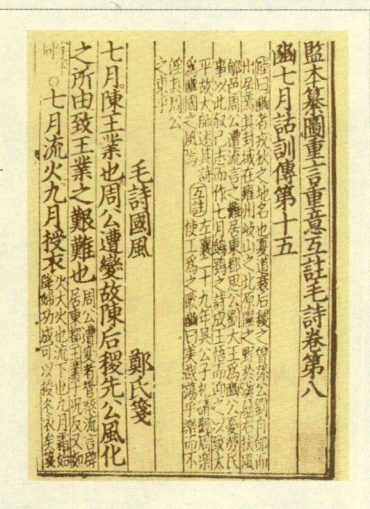

《孝经》与《忠经》

XIAOJINGYUZHONGJING

在没有《忠经》时，《孝经》实际上是执行着忠的功能。忠即是孝，孝即是忠，本质上是一样的，孝是根源于血缘关系，是天定的。忠是根源于上下级的关系，在古人看来，忠是孝的进一步延伸。

"四皓"护太子

"四皓"，是指四位皓首银须老人，东园公唐秉、夏黄公崔广、鹿里先生周术和绮里季吴实，都是秦代博士，因逃避焚书坑儒而隐居。刘邦称帝，多次请他们出山相助，均遭拒绝。后因太子刘盈即将被废，吕后采纳张良的计策，以太子为人仁孝、恭敬爱士为由，请刘邦恢复立太子的决定。此图是"四皓"出山，咏吟的场景。

太守传经地，幨舆趁月行。
栗亭秋雨歇，鱼峡夜川明。
竹外双旌出，沙边一吏迎。
荒台迷绛帐，失学愧诸生。

此诗是明朝兰溪（今浙江兰溪）人唐龙所写，是歌咏东汉著名的经学家马融的。相传，《忠经》的作者是马融。实际

上，《忠经》的作者如同《孝经》的作者一样，也是一个争论不休的问题。《忠经》原题作者是汉朝的马融。马融（79—166年），字季长，东汉扶风茂陵（今陕西兴平）人。他历任校书郎、议郎、武都太守、南郡太守，是东汉著名的经学家、文学家。马融在经学上成就卓著，遍注群经与诸子，如《诗经》、《尚书》、《周易》、《三礼》、《论语》、《孝经》、《列女传》、《老子》、《淮南子》、《离骚》等，故有"通儒"之称。《后汉书》有他的传记。在他所注释

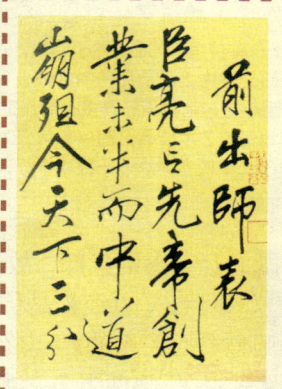

岳飞手书诸葛亮《前出师表》　宋代

《出师表》是诸葛亮在公元227年(蜀汉后主刘禅建兴五年)出兵伐魏，临行时写给刘禅的奏章。白帝城托孤，刘备将辅佐刘禅之任托与诸葛亮，表中表达诸葛亮劝说后主要亲贤臣、远小人。最后表达自己为报先帝知遇之恩，愿为复兴汉室鞠躬尽瘁死而后已的决心。

岳　飞

岳飞，字鹏举，相州汤阴（今河南汤阴）人，宋朝杰出的军事家。他出身于佃农家庭，年轻时应募从军，后累官至太尉，授少保兼河南、河北诸路招讨使。岳飞用兵如神，善治军，他的部队被称为"岳家军"，当时金兵中流传着"撼山易，撼岳家军难"的俗语，后被主张投降的秦桧设奸计害死。

的著作中，就是不提《忠经》。但清朝以前的人，一般认为《忠经》的作者就是马融。马融在中国古代经学家中是一个少有的有个性的学者，他"居宇器，服多存侈饰，常坐高堂，施绛纱帐，前授生徒，后列女乐弟子，以次相传，鲜有入其室者。尝欲训《左氏》、《春秋》，及见贾逵、郑众注，乃曰：贾君精而不博，郑君博而不精，既精既博，吾何加焉"。在中国历史上，像他这样身着华丽的衣服，一边讲经，一边欣赏音乐，且能将学问做到顶级的人，恐怕只有他一人。正因为如此，历史上一些典故与他有关，如马融奢、马融帐等，表现出马融独有的个性。上面所引的唐龙的诗，讲的是马融在绛帐中讲经的独特场面。马融在经学上成就很高，他的两个著名的弟子，涿郡卢植、北海郑玄，尤其是郑玄，影响了中国古代经学史的进程。马融在辞赋上成就也很高，在《汉魏六朝百三家集》卷16中，收录有《马融集》。在他的文集中，首篇就是为人所推崇的《长笛赋》，世称"马融笛"。后世无名氏有《胃马索》诗，诗中有"恨马融，一声羌笛起处，纷纷落如雪"句，指的就是马融笛有如羌笛一般的悲伤。《忠经序》及《忠经》都收录在马融集中，序言中提到撰写《忠经》的原因："忠经者，盖出于《孝经》也。仲尼说：'孝者，所以事君之义'，则知孝者，俟忠而成之，所以答君亲之恩，明臣子之分。忠，不可废于国；孝，不可弛于家。

玻璃内画卧冰求鱼鼻烟壶　清代

鼻烟壶是一种传统工艺品，始于明朝，盛于清代。内画鼻烟壶最早出现在清代嘉庆年间，壶内之画是用特制的微小勾形画笔在透明的壶内绘制而成。鼻烟壶造型小巧，选材用料繁多，制作工艺精美，逐渐成为供人玩赏和显示身份地位的艺术佳品。图中鼻烟壶为马少宣1904年的作品，内壁画取材于二十四孝典故——卧冰求鲤，人物刻画生动，写实逼真。

孝既有经，忠则犹阙，故述仲尼之说，作《忠经》焉。"显然，《忠经》是仿照《孝经》所作，目的是调整君臣关系的。《忠经》在体例上，整个是仿照《孝经》，将两者各章的标题列示出来，可清楚地看出其相似性。从内容来看，《忠经》与《孝经》有相似的地方，也有重叠的部分。在没有《忠经》时，《孝经》实际上是执行着忠的功能，忠即是孝，孝即是忠，本质上是一样的。孝是根源于血缘关系，是天定的，忠是根源于上下级的关系，在古代看来，忠是孝的进一步延伸。《孝经》中有"君子之事上也，进思尽忠"，"君子之事亲孝，故忠可移于君"，也就是说，在家里对父母孝的人，在外必定会对君忠，故古代皇帝有求忠臣必于孝子之门的说法。从内容来看，《忠经》比《孝经》所调整的范围要广一些，《忠经》的涉及面较广，大凡君臣关系、武备、风俗、百工等，都在它调整的范围内，如《武备章》中讲道："王者立武，以威四方……仁以怀之，义以厉之，礼以训之，信以行之，赏以劝之，刑以严之，行此六者，谓之有利。"

满族人所供奉的祖宗像

满族是相当注重礼仪的民族，"八旗人家重礼法"描绘的就是清代八旗对于礼仪的态度。对待家长，满族人会"出必告，返必面"，而且无论何时何地何缘故，满族人都不会将长幼尊卑、祖宗神灵之礼弃之不顾。他们不仅年节、喜庆、丧亡之礼节繁多，平时也要行日常之礼，在家里都会供奉祖宗的神像以示纪念。

当然，《孝经》主要是注重于家庭、家族，尤其是规范父母和子女之间的关系。

最早对《孝经》的作者产生怀疑是在南宋时期，唐仲友、朱熹等人不约而同地对《孝经》的作者是谁产生了兴趣，讨论去讨论来，最后多数人赞同：曾子是《孝经》的作者。不过，对《忠经》的作者产生怀疑要晚得多，到了清朝，开始有人对马融写作《忠经》表示怀疑。清朝丁晏认为《忠经》是唐朝人马雄所作，理由是书中讳"民"为"人"、讳"治"为"理"，这是唐朝太宗李世民的讳。《四库全书总目提要》认为《忠经》是宋朝人所作，理由是《忠经》最早著录就是在《宋史·艺文志》中，而此前不见著录是书：旧本题汉马融撰，郑元注。其文拟《孝经》为十八章，经与注如出一手。考融所述作，具载《后汉书》本传。玄所训释，载于《郑志》，目录尤详。《孝经注》依托于玄，刘知几尚设十二验以辨之，其文具载《唐会要》，乌有所谓《忠经注》哉？《隋志》《唐志》皆不著录，《崇文总目》始列其名，其为宋代伪书殆无疑义。《玉海》引宋两朝志，载有海鹏《忠经》，然则此书本有撰人，原非赝造，后人诈题马、郑，掩其本名，转使真本变伪耳。

通过以上一番分析，还真的弄不清《忠经》的作者是谁了。但作于宋朝的可能

《孝经》与《忠经》

《孝经》章名	《忠经》章名
开宗明义章第一	天地神明章第一
天子章第二	圣君章第二
诸侯章第三	冢臣章第三
卿大夫章第四	百工章第四
士章第五	守宰章第五
庶人章第六	兆人章第六
三才章第七	政理章第七
孝治章第八	武备章第八
圣治章第九	观风章第九
纪孝行章第十	保孝行章第十
五刑章第十一	广为国章第十一
广要道章第十二	广至理章第十二
广至德章第十三	揭圣章第十三
广扬名章第十四	辨忠章第十四
谏诤章第十五	忠谏章第十五
感应章第十六	证应章第十六
事君章第十七	报国章第十七
丧亲章第十八	尽忠章第十八

性最大，原因就在于宋朝尤其讲忠。中国历史上最为著名的忠臣岳飞，就是北南宋之交的人，有人甚至将岳飞视为愚忠之代表。宋朝自建立时起，就一直处在战争状态，与北方少数民族之间的战争，必然就强调手握军权的将领能忠于皇室。另一方面，唐末至五代十国时的割据局面，就是从唐朝末期的军事权力强大的藩镇开始的，强调忠君思想也是势在必行，对于朝廷来说，《忠经》是必需的，《忠经》在这时出现，合乎情理。

不过，要最终弄清《忠经》的作者问题，恐怕还得从文字、训诂、时代背景等多方面来考证，有必要进一步研究。

《女孝经》

NVXIAOJING

如果说《孝经》是在社会大范围内调整父母与子女之间、长辈与幼辈之间的关系，那么，《女孝经》则主要用来调整夫妇之间的关系，也就要求女子出嫁后，要遵从为妇之道。

《女孝经》的作者

时间大约经历了一千二百多年，在唐朝天宝年间，中国的另一部《孝经》出现，这就是《女孝经》。其实，我们在前面谈到古文孝经时，其中就有比今文孝经多出的一部分，那多的不是别的，正是"闺门章"，是用来单独规范女人尽孝的。这句话不长，录如下："子曰：闺门之内，具礼矣乎！严亲严兄，妻子臣妾由百姓徒役也。"意思是说，君子修孝于闺门之内，女人事君（指父亲）兄长，也要依照礼制。在家里，严父、兄为尊长，妻子、臣妾仿佛是徒役。自孔安国注的古文孝经失传之后，一般认为，隋朝出现的古文孝经是伪书，伪的部分，就是这"闺门章"中的二十四个

母子图

《孝经·圣治章》中有"天地之性，人为贵。人之行，莫大于孝。"之说，善事父母为孝，相夫教子亦为孝，这两点也是古人对于女子最基本的要求。此图描绘的是一位母亲在陪同子女玩耍的情景。

字。元朝抚州崇仁（今江西崇仁）人吴澄在《孝经定本》中直接指出："此章浅陋，不惟不类圣言，亦不类汉儒语，是后儒伪作明甚。而朱子不致疑者，盖因温公（指司马光）信之，而未暇深考耳。"司马光、朱熹等人对"闺门章"深信不疑，但吴澄则彻底否定这二十四个字的真实性，认为是后人的伪作。其实，早在唐朝时，唐玄宗所注的《孝经》也是不含"闺门章"这二十四字的，说明在唐朝就对古文孝经产生了怀疑。

唐玄宗的年号是天宝，这个皇帝的后期生活虽然颇有争议，但他对《孝经》是大力提倡的，并亲注《孝经》。也正是因为他对孝的重视，故《女孝经》在他当政时出现了。《女孝经》的作者很明确，是唐朝郑氏，这一点不同于《孝经》和《忠经》。按照惯例，郑氏名什不详，只知道她是朝散郎侯莫陈邈之妻。"侯莫陈"是三字复姓，此人不见于新、旧唐书。据说他的侄女嫁给了唐玄宗的第十六子永王璘为妃。永王璘在安史之乱时，被封为山东南路及岭南、黔中、江南西路四道节度采访使，使江陵郡大都督余如故。郑氏作《女孝经》的目的是为了告诫侄女永王妃，《女孝经》最早载于《宋史·艺文志》。侯莫陈邈妻郑氏有《进女孝经表》：

妾闻天地之性，贵刚柔焉；夫妇之道，重礼义焉；仁义礼智信者，是谓五常。五常之教，其来远矣，总而为主，实在孝乎！夫孝者，感鬼神，动天地，精神至贯，无所不达。盖以夫妇之道，人伦之始，考其得失，非

《孝经》与《女孝经》

《孝经》章名	《女孝经》章名
开宗明义章第一	开宗明义章第一
天子章第二	后妃章第二
诸侯章第三	夫人章第三
卿大夫章第四	邦君章第四
士章第五	庶人章第五
庶人章第六	事舅姑章第六
三才章第七	三才章第七
孝治章第八	孝治章第八
圣治章第九	贤明章第九
纪孝行章第十	纪德行章第十
五刑章第十一	五刑章第十一
广要道章第十二	广要道章第十二
广至德章第十三	广守信章第十三
广扬名章第十四	广扬名章第十四
谏诤章第十五	谏诤章第十五
感应章第十六	胎教章第十六
事君章第十七	母仪章第十七
丧亲章第十八	举恶章第十八

注：表中凡《女孝经》章名与《孝经》章名一样的，特标示出来。虽然标题一样，但内容不同。

细务也。《易》着乾坤，则阴阳之制有别；礼标羔雁，则伉俪之事实。陈妾每览先圣垂言，观前贤行事，未尝不抚躬三复叹息，久之欲缅想余芳，遗踪可躅。妾侄女特蒙天恩，为永王妃，以少长闺闱，未闲诗礼，至于经诰触事，面墙夙夜，忧惶战惧交集。今戒以为妇之道，申以执巾之礼，并述经史正义，无复载乎！浮词总一十八章，各为篇目，名曰：《女孝经》，上至皇后，下及庶人，不行孝而成名者，未之闻也。妾不敢自专，因以曹大家为主，虽不足藏诸岩石，亦可以少补闺庭，辄不揆量，敢兹闻达，轻触屏扆，伏待罪戾妾郑氏，诚惶诚恐死罪死罪谨言。

《孝经》与《女孝经》的比较

从郑氏的这份表中，可以看出，她的目的是以《女孝经》来调整夫妇之间的关系，也就是女子出嫁之后，要在夫家遵从为妇之道。表中提到要

女孝经图　宋代

　　封建礼教注重女子的道德教育,在唐代之前,以儒家为代表的思想界对"孝道"思想在很大程度上只局限于"男性",自东汉班昭著《女诫》以来,关于女子伦理道德教育的著作也应时而生。《女孝经》为唐代侯莫陈邈妻郑氏为告诫身为皇室王妃的侄女所作,书中大力宣扬了封建社会的三从四德、男尊女卑的伦理思想,对古代女子出嫁从夫、恪守孝道方面提出了很多规范。图为宋代的《女孝经图》,表现的是宋代妇女的日常生活,画中仕女端庄静雅,举止大方,显示了典型的宋代女子风貌。

　　以曹大家为榜样,这个曹大家,就是《汉书》的作者班固的妹妹班昭。我们知道,班固死后,班昭(曹大家)替班固续了《汉书》。其实,班昭著有《女诫》,这才是中国历史上最早的女学类的书。正因为此,宋朝陈振孙误认为《女孝经》的作者就是班昭。《女孝经》如同《忠经》一样,也是仿照《孝经》所作,我们可从《女孝经》与《孝经》的标题对照中看出。《孝经》、《女孝经》在规范社会规则时,是男女有别的。《孝经》的第一章开宗明义,首先是孔子曰,曾子在一旁听;《女孝经》则仿此,是曹大家

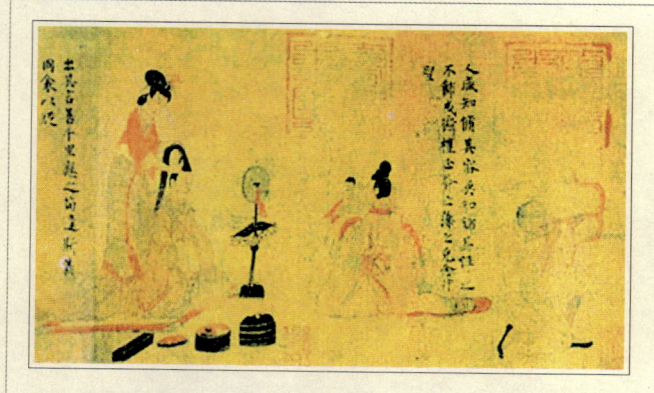

女史箴图卷（部分）
顾恺之　东晋

女史箴图的内容以阐述女性道德为主，其笔下的女子身材秀美，仪态端庄，云髻高耸，衣带迎风飘举，显示出高雅而优美的风度，这正是魏晋时期审美观的体现。尤其"人咸知修其容，而莫知修其性"一段，着重描绘妇女的梳妆，极具生活气息。

蕉阴击球图

此图为南宋小幅人物画精作，描绘了一仕女携女童在庭院观看一老一小玩击球游戏的场面，画面生动温馨。孝道是家庭和睦温馨的基础，因此孝德教育是孩童教育的起点，也是孩童一切道德行为的前提。

（班昭）在讲，诸女在听。从《孝经》、《女孝经》的第一章来看，都是申明大旨、总体的意义。《孝经》、《女孝经》都有"三才章"，在《孝经》中，"三才"指的是天、地、人，但在《女孝经》中，虽然曹大家没有直接说三才指的是什么，但说了丈夫就是天的话，其原话说的是："夫者，天也，可不务乎！古者，女子出嫁，曰归移天事。"在"孝治章"中，《孝经》中的意思是，明王当以孝治天下。《女孝经》中则说："古者，淑女之以孝治九族也，不敢遗卑幼之妾，而况于娣姒乎！故得六亲之欢心，以事其舅姑，治家者，不敢侮于鸡犬，而况于小人乎！"这句的意思，说的是女子嫁人之后，要以孝治家。至于章名相同的"广要道章"，《孝经》中说，要孝子将孝心、孝行施于天下、家族；在《女孝经》中，则是孝女要将孝心、孝行施之于家族、舅姑。在《孝经》中，"广扬名"的意思是君子将孝于父亲的孝行推及到国君、兄弟那里，从家里推及到国家，然后"立名于后世"；《女孝经》中的"广扬名"，是说女子要将孝行从父母那里推及到舅姑、姊妹、娣姒，然后立名于后世。最后一个名称相同的是"谏诤章"，在《孝经》中，是"则子不可以不诤于父，臣不可以不诤于君。故当不义，则诤之。从父之令，又焉得为孝乎？"在《女孝经》中，诤谏变成了妻子对丈夫的进谏，"故夫非道，则谏之，从夫之令，又焉得为贤乎？诗云：猷之未远，是用大谏"。

《女孝经》在唐朝天宝年间出现之后，就有人依照《女孝经》画有《女孝经图》，此图收藏在清廷皇室，事见《石渠宝笈》。奇怪的是，唐人画的这幅《女孝经图》没有载于清朝以前的书中。真正说来，历史上最为著名的一幅女孝经图，是北宋画家李公麟（1049—1106年）画的。李公麟是庐州舒城（今安徽舒城）人，字伯时，熙宁进士，曾在中书门下省作删定官。晚年隐居在龙眠山，故自号龙眠居士。他被视为北宋最为伟大的画家之一，擅长人物、鞍马及历史故事画。李公麟画过许多人物故事画，如《列女图》、《长带观音像》、《天女》、《女孝经图》等，其中的"女孝经图"常常为后人提起。元朝卫州汲县（今河南卫辉）人王恽，曾见过李公麟的《女孝经》图三次，第三次有幸为《女孝经图》题跋，但这次见到的《女孝经图》不是真品，而是张仁所临摹的，王恽对李公麟的《女孝经图》给以高度的评价："至于公麟画笔，当时圣贤言行，情深义奥，后世有未易窥测者，天机所到，千古之事，如堕目前。所谓出新意于法度之中，寄妙趣于言意之表，若三百篇，比兴宛从，弦而歌之，一唱三叹，有遗音者矣，激薄扬清，助世教多矣。"到了明朝中期，又有两个人为李公麟的《女孝经图》题跋，一是明藏书家、文学家武进（今属江苏武进）人吴宽（1435—1504年）。吴宽，字原博，号匏庵，有《匏翁家藏集》传世，在卷48的《跋李龙眠女孝经图》的跋文中写道："独其上有乔氏半印，可辨启南得

德行语录

　　为人子者，居不主奥①，坐不中席，行不中道，立不中门，食飨不为概②，祭祀不为尸③，听于无声，视于无形，不登高，不临深，不苟訾④，不苟笑。
　　孝子不服暗⑤。不登危。惧辱亲⑥也。父母存。不许友以死。不有私财。

《礼记·曲礼上》

【注释】　①奥：室中的西南隅，是室中最尊的位置。②食飨不为概：食飨，食礼、飨礼。概：这里指"……为主"。③祭祀不为尸：古人祭祀先祖时装扮成尸跳舞，一般由有地位的人充当"尸。"西周时，周王就曾在祭祀祖先时扮尸。《诗经》等典籍多有记载。"不为尸"，不敢扮尸。意思是说自己没有那么高的地位。④不苟訾：訾（zǐ），诋毁，说人坏话。⑤孝子不服暗："服"通"伏"，指潜伏在暗处。⑥惧辱亲：上句"孝子不服暗"与"登危"都有可能无意义地丧生，这些都是"辱亲"的行为，故说"惧辱亲"。

【译文】　做儿子的，生活起居不敢占据家中西南隅这个尊贵的位置，饮食不敢坐在席的中位，不敢在道路的中间行走，不敢在门中央站立。在举行食礼和飨礼中不敢做主人，祭祀时不敢充当尸。没有听见父母的声音，但能猜想父母该召唤自己了；没见父母的身影但能猜想父母要指使自己了。不登高处，不临深渊，不随便诋毁人，不随便嬉笑。孝子不潜伏在暗处，不登临危险之境，怕因此而使双亲伤心受辱。父母在世，不可对朋友以死相许，不私自存钱财。

古代对不贞或不孝女子的惩罚

　　古人为了适应父权制家庭稳定、维护父权一夫权家庭(族)利益需要,对于女子要求"三从四德"。"三从"一词最早见于周、汉儒家经典《仪礼 丧服－子夏传》,在讨论出嫁妇女为夫、为父服丧年限(为夫三年,为父一年)时,说"妇人有'三从'之义,无'专用'之道,故未嫁从父,既嫁从夫,夫死从子"。也就是说作为女儿、妻子和母亲的妇女应对男性绝对的服从,应该相夫教子、孝顺父母。如果违反了其中任意一项规则,都要受到严重的身体摧残。此图描绘的是古人惩罚不孝或者不贞的妇女的两种及其残忍的方式。

之,定以为李龙眠(即李公麟)笔,及观元周公谨《志雅堂杂钞》云:"己丑六月二十一日,同伯机访乔仲山运判观画,而列其目,有伯时《女孝经》。"从吴宽的跋文可知,李公麟的此幅画,宋元之际的著名文学家周密见到过,并在其著作《志雅堂杂钞》中提到此事,周密见到此画是在己丑六月二十一日(即1289年6月21日)。吴宽对李公麟的《女孝经图》的教化作用,也同样给以高度的评价:"图中为女妇辈,所以共职进戒者,皆闺门之法,家国之利,而其容气端庄详雅,览之使人辣然起敬,足以消其滛媟戏嫚之心,非特女子之有家者,当为监戒也,所谓关世教者,此类是已。"比吴宽稍晚出的明朝著名的文学家李东阳(1447—1516年),也有幸为李公麟的《女孝经图》题跋,李东阳比吴宽只小13岁,属于同时代的人,但从李东阳的跋文中看,他所见到的《女孝经图》与吴宽所见应当不同,李东阳所见的《女孝经图》,无名,上面有元末明初江西南昌人胡俨(1361—1443年)的一段文字记载,说明是图为李公麟所作。《女孝经》自出现之后,就得到世人的注意,皇帝也不例外。第一个书写《女孝经》的是宋高宗赵构,高宗是著名的书法家,他书写之后,再由当时著名的钱塘籍画家马和之配画,可惜书、画今不传。

二十四孝

ERSHISIXIAO

《二十四孝》最初在元朝形成，以后，经过历代不断丰富发展，对明清以来的中国社会产生了深刻的影响。

惟孝先百行，惟子乃克之。
问子何以克，帝舜吾其师。
父顽而母嚚，乃是舜之孝。
苟非处其变，奉养亦常道。

此是元朝人张宪的《题王克孝二十四孝图》诗的开始几句。以此为开始，下面看看《二十四孝》到底是怎么回事。

如果说《孝经》、《女孝经》、《忠经》是理论性的东西，那《二十四孝》，则是《孝经》形象的具体化，可以视为《孝经》的另一种读本。《二十四孝》最初在元朝形成，首辑《二十四孝》的是元朝孝子郭居敬。郭居敬，元朝尤溪（今福建尤溪）大田四十五都广平人，字义祖。据《尤溪县志》载，郭居敬，博学好吟咏，不尚富丽，性至孝。正是他，集虞舜以下公《二十

宋元时代的孝子画像砖

宋代理学伦理思想的形成，标志着中国封建正统伦理思想的完备。在两宋新儒学的指导下，宣扬孝道的蒙学读物、家规、乡约也大量出现，并相应地通俗化、大众化。图为宋元时期的孝子画像砖作品，刻画了"紫荆复萌"、"哭竹生笋"以及"王祥卧冰"三个孝子故事。

刻木事亲

东汉时期，上至统治者下到普通百姓，都特别注重孝道，并产生了一些孝子孝女故事，丁兰刻木事亲便是其中典型。丁兰幼年父母早逝，为表对父母的哀思，便雕双亲像每日侍奉，后其妻出于好奇，针刺木像，木像手指居然出血，丁兰因此休掉了妻子。二十四孝故事经民间流传，多少带有神话和迷信色彩，丁兰刻木事亲便为其中一例。图为清刻本《二十四孝图说·刻木事亲》。

四孝》行，序而诗之，用以训蒙。当时的欧阳玄推荐他做官，他坚辞不就。他著过《百香诗》百首，每个绝句的最后一字以"香"押韵。但郭居敬真正被后人记住的，是他的《二十四孝》。《二十四孝》的最终形成，经历了漫长的过程。《二十四孝》的编辑，并非只郭居敬一人所为，元朝还有一人在《二十四孝》的编辑中出过力，这就是常州人王达善。王达善，《元史》无载，关于他编辑《二十四孝》一事，载于谢应芳的《龟巢集》中，谢应芳为王达善的《二十四孝》曾做过一篇《二十四孝赞序》："今观郡人王达善所赞二十四孝，裒为一编，其间言孝感之事，十有八九。且以《孝经》一章，冠于编首，盖取孝通神明一语，推而广之，欲使人歆羡，而勉于企及，于名教岂小补哉？或谓重华圣孝，千古一人，岂宜与泛泛者类称，是固然矣。"王达善应当比郭居敬要晚一些，这就是说，王达善的

德行语录

孟懿子①问孝。子曰："无违。"樊迟②御③，子告之曰："孟孙问孝于我，我对曰，'无违。'"樊迟曰："何谓也？"子曰："生，事之以礼；死，葬之以礼，祭之以礼。"

《论语·为政第二》

【注释】 ①孟懿子：鲁国大夫，引文中的孟孙也是指的他。②樊迟：孔子的学生。③御：驾车。

【译文】 孟懿子问孔子什么是孝，孔子回答说："不违背。" 樊迟是为孔子驾车的，孔子就告诉他说："孟孙（孟懿子）问我孝是什么，我回答他说'不违背'。"樊迟就问道："这是什么意思呢？"孔子回答说："在父母活着的时候，做儿子的要依照礼节来侍奉他们，当父母去世的时候，就要依照礼节来祭祀他们。"

《二十四孝》，要比郭居敬晚出。《二十四孝》出于元朝是无疑的，且有郭居敬和王达善两个版本。最初的《二十四孝》是作为训蒙教材的，到了元朝中后期，才由郭居敬、王达善等人整理成为系统的《二十四孝》读物。

元刻《二十四孝》的书，今已经不见，即使是明朝的刻本也少见，现在能大量见到的是清朝和民国的刊本。不过，好在地上没有的东西，我们可以在地下去找，考古发掘给我们提供了大量的有价值的资料。据江玉详考证，宋辽金元时期，流行一种以孝子故事图装饰墓葬的风俗。从时间来看，最早在山西发现宋朝有纪年的孝子故事图，后来元朝有纪年的孝子故事图，也是在山西发现的。在墓中装饰孝子图的人，主要有汉族地主或契丹、女真贵族、官宦，再就是佛教徒和道士。装饰孝子图的目的，当然是提倡孝道，再就是标榜死者的孝道，正如《孝经》说的："生事爱敬，死事哀戚，生民之本尽矣，死生之义备矣，孝子之事亲终矣。"如在山西闻喜县发现的金明昌二年的壁画墓，墓门上就写着："建置砌坟墓主卫通，为供孝父母，勤敏慈孝，积费祀资，请到工匠，将父母迁葬，后传子祀。"将修墓的过程写得很清楚，在迁父母葬之时，不忘将孝道后传子祀。但从墓葬的壁画中出现的人物来看，有四十二个不同的孝子，远远超出了后来的二十四孝子，也就是说，大部分的孝子是较少见的。在全

二十四孝
帝舜（孝感动天）
汉文帝（亲尝汤药）
周朝曾参（啮指心痛）
周朝闵损（单衣顺母）
周朝郯子（鹿乳奉亲）
周朝老莱（戏彩娱亲）
汉丁兰（刻木事亲）
周朝仲由（为亲负米）
汉朝董永（卖身葬父）
汉朝郭巨（为母埋儿）
东汉姜诗（涌泉跃鲤）
汉朝蔡顺（拾葚供亲）
东汉陆绩（怀橘遗亲）
东汉江革（行佣供母）
东汉黄香（扇枕温衾）
魏王裒（闻雷泣墓）
晋朝吴猛（恣蚊饱血）
晋朝王祥（卧冰求鲤）
晋朝杨香（打虎救父）
吴孟宗（哭竹生笋）
南齐庾黔娄（尝粪心忧）
唐唐夫人（乳姑不怠）
宋朱寿昌（弃官寻母）
宋黄庭坚（涤亲溺器）

部的三十七座墓中，有七座墓葬中直接标明了二十四孝，并与元朝时的二十四孝基本上一致。不过，墓室中的二十四孝子，与郭居敬、王达善的二十四孝子不同，相同的人物只有十四人。这十四人是：虞舜、曾参、闵损、董永、郯子、陆绩、王祥、郭巨、杨香、老莱子、蔡顺、姜诗、丁兰、孟宗。后来坊间出现的二十四孝子中，有汉文帝、仲由、江革、朱寿昌、庾黔娄、黄香、王裒、吴猛、唐夫人、黄庭坚十人，但在宋元辽金时的民间不太盛行。不过，这十人已经在墓室出现了，只是不多见罢了。

《二十四孝》的形成，经历了一个漫长的过程。大约从有文献资料开

德行语录

在父母、舅姑之所，有命之①，应"唯。"敬对②。进、退、周旋慎齐③；升、降、出、入揖游④。不敢哕噫、嚏咳、欠伸、跛倚、睇视；不敢唾洟⑤。寒不敢袭⑥，痒不敢搔。

《礼记·内则》

【注释】①有命之：命，上对下的嘱咐，吩咐。②敬对：敬，恭敬；对，回答。③周旋慎齐：周旋，转身。④升、降、出、入揖游：升，上堂；降，下堂；揖，揖礼；游，从容。⑤不敢哕噫、嚏咳、欠伸、跛倚、睇视；不敢唾洟：哕噫，打饱嗝；嚏咳，打喷嚏、咳嗽；欠伸，伸懒腰；跛倚，独脚站立或斜靠身子；睇（aì）视，眼睛斜视；唾洟，吐唾沫、流鼻涕。⑥寒不敢袭：袭，衣裳。

【译文】在父母、公婆面前，如果他们有什么吩咐，应该答应"是"，并恭敬地回答他们的问话。进前、后退、转身，都要谨慎庄重；上堂、下堂、出去、进来，都要先行揖礼并从容不迫。在父母、公婆面前，不敢打饱嗝，不敢打喷嚏、咳嗽，不敢伸懒腰，不敢独脚站立或斜靠着身子，眼睛不敢斜视，不敢吐唾沫或流鼻涕。天冷了，不敢在父母面前加衣服，身上痒不敢在父母面前抓挠。

始，就有了孝行的记载，这些就是日后《二十四孝》的直接素材。《二十四孝》的资料，主要源于以下这几个方面，一是正史、野史笔记等的记载。如在刘向的《说苑》中，就记载有韩伯俞的故事，在刘向的《孝子图》中，记载着另一个郭巨的故事。舜的故事则在《孟子》和《史记》中，丁兰的故事在《晋朝孙盛传》、《逸人传》中。其他就不再一一列举了。二是来源于民间传说，像赵孝宗、刘明达、鲍出等，都是出自敦煌的变文中，显然是来自于民间。最后一种情况是来自于域外的孝行故事，不过，这仅有一起，这就是郯子的故事。郯子是印度人，随着佛教传到了中国，印度这个孝子的故事也到了中国，并经过中国人改编，变成了中国式的孝子。

第二章 忠孝

作为先秦时期产生的《孝经》,在孝的主旨上强调的是等级。对于普通人而言,孝的本质就是善事父母。忠的观点可以视为是孝的延伸,是孝的一个方面。佛教也大谈孝道,不过,佛教的孝道与儒家所谓的孝是有冲突的,同时,互相之间也有影响。道教也讲孝道,道教的孝道更多是借鉴儒家的孝的学说。

《孝经》主旨

《XIAOJING》ZHUZHI

"孝"字考略两千多年来，《孝经》中的养老、敬老、尊老、亲老、送老思想被反复地强化，成为了中华民族固有的传统美德，甚至具有了法律的功能。

孝的等级

《孝经》、《论语》是古代童蒙识字的必读经典，通常是先读《孝经》、《论语》，之后再读《诗》、《书》、《礼》、《易》、《春秋》五经。《孝经》一千七百九十九字，自产生以来，受到统治者的高度重视。在古代的中国，孝的概念是不断变化的，历代对《孝经》注而又注，疏而又疏。据说，前后给《孝经》作注的达五百多家，各有各的解读，但无论怎样解释，都离不开《孝经》文本。然而，《孝经》又分为今文孝经和古文孝经，这也给注释《孝经》带来了困难，但总体上是以十八章为主。历代统治者之所以重视《孝经》的研究、推广，甚至唐玄宗亲自参与注释《孝经》，其根本原因是：孝是德之本，孝体现了圣人之德，孝能够起到规范家庭伦理道

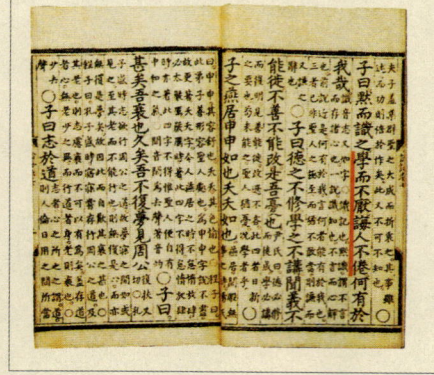

宋朱熹著论语集注（内页） 明代

《论语》为儒家重要经典之一，其名称的由来，班固《汉书·艺文志》说："《论语》者，孔子应答弟子时人及弟子相与言而接闻于夫子之语也。当时弟子各有所记。夫子既卒，门人相与辑而论纂，故谓之《论语》。"原始记录杂出于众手，最后编定当在战国初期，以曾参门人为主。《论语》在汉代有《鲁论语》、《齐论语》与《古论语》等不同本子流传，后来统一于郑玄。现存旧注有魏何晏注、宋邢昺疏《论语注疏》、宋朱熹《论语集注》及清刘宝楠《论语正义》等，今注本有杨伯峻《论语译注》。

德,调整家庭人际关系的作用,而这种功能可以与法律互补;孝在许多方面的功能作用,是法律不能代替的。

《孝经》到底有着怎样的含义呢?要理解这个问题,首先得从《孝经》开始,其次,要从《孝经》产生的背景入手,也就是从孔子、曾子所处的时代来分析,才能彻底地解读《孝经》的意义。

在"开宗明义第一"中,就非常明确地将《孝经》要阐述的思想说得清清楚楚:"夫孝,德之本也,教之所由生也。""立身、行道,扬名于后世,以显父母,孝之终也。夫孝,始于事亲,中于事君,终于立身。"这段话有两个意思,第一倡导以"德"治天下,第二是说孝源于父母,是天经地义的,孝自个人再延伸到事君、立身。

亲尝汤药

汉文帝刘恒,以孝悌闻名。其生母薄太后一病三年不起,文帝衣带不解不分昼夜地在一旁侍候,每次端上汤药来,文帝都要亲自尝试汤药的火候、冷烫,然后再给母亲喝,真正做到"亲有疾,药先尝,昼夜侍,不离床",是古代帝王孝悌的典范。图为清刻本《二十四孝图说·亲尝汤药》,描绘了汉文帝正欲取药喂母的场景,但人物衣饰及室内环境雕饰过度,这与史书上所记载的勤俭节约的汉文帝形象不太相符。

《孝经》的首要意思,也是最为本质的意义,就在于德治,接下来在"三才章"中有"夫孝,天之经也,地之义也,民之行也。……是以其教不肃而成,其政不严而治"。这种德治源于是自然的法则,来源于天,是任何人都不可违背的。

《孝经》体现的第二个意思是,孝是普遍的社会法则。孝渊源于血缘关系,既然任何人都有父母,那就意味着,上自天子,下到百姓,都得讲孝道。所以,接下来就是"天子章"、"诸侯章"、"卿大夫章"、"士章"、"庶人章",各个阶层,不论贵贱,都得受孝的约束。

第三,孝有等级。《孝经》中非常明确地按照不同的级别,来规范各自应当要做的孝行,先规定天子,最后到庶人。至于这一点,有人曾问王安石,说为什么在《孝经》的"天子章"、"诸侯章"、"卿大夫章"、"士章"中,都引《诗》的一句话来结尾,独独"庶人章"不引《诗》中的句子。王安石回答说,这样做的目的,就是要体现孝是有等级的。虽然王安石的这种解释有些牵强,但也说明了在当时严格的等级制之下,孝的确是有等级的,天子之孝、诸侯之孝、卿大夫之孝、士之孝、庶人之孝,各自不同。

《孝经》何以会成为古代中国德治的标准呢?统治者如何会如此强调

《诗经·七月》局部　马和之

《七月》是西周初年豳地（在今陕西栒邑县、邠县一带）的奴隶所作的诗歌。全诗八章，每章各十一句，以衣食为经，月令为纬，草木禽虫为色，叙述了奴隶们的劳动和生活。诗歌语言朴实无华，善于抓住各种事物的特征，以此来表现节令的演变，全诗充满了自然风光和强烈的乡土气息。图为据《诗经·七月》所作的写意图。

周礼

《周礼》又名《周官》、《周官经》，儒家经典"三礼"（《周礼》、《仪礼》、《礼记》）之一，为周代职官礼法、物名制度汇编。《周礼》相传由周公制定。《周礼》是等级社会的政治准则、道德规范和各项制度的总称，包括种种规则、典礼仪式和表示身份的舆服旌旗、宫室器用的规定等等。儒家学说正是从《周礼》中脱胎而来的。

将孝作为一种普遍的道德来规范社会，包括天子本人呢？这一切，源于中国先秦时期是一个孝的社会，孝的思想深入到社会生活的各个方面。在先秦典籍中，孝的观念很流行，无论是上层社会人士，还是普通的百姓，都讲孝心孝行。《尔雅·释训》有"善父母为孝，善兄弟为友"。《说文》的解释是："孝，善事父母者，从老省，从子，子承老也。"春秋时期的著作《左传》、《国语》中，孝言、孝行也是较为普遍了。在《左传·文公十八年》中，季文子的一句话"孝敬忠信为吉德，盗贼藏奸为凶德"，将孝、敬联用，在《国语·晋语》中，有"事君以敬，事父以孝"的说法。晏子将孝纳入到君臣、父子、兄弟、夫妻的关系中，作为整个社会伦理道德的规范，晏子说："君令臣共，父慈子孝，兄爱弟敬，夫和妻柔，姑慈妇听，礼也。君令而不违，臣共而不二，父慈而教，子孝而箴，兄爱而友，弟敬而顺，夫和而义，妻柔而正，姑慈而从，妇听而婉，礼之善物也。"这些话，都大大地丰富了孝的含义，从这些言论中，不难看出，孝在先秦时期，不独词语丰富，它在本质上起着规范各个不同层次的关系，它的调节功能是异常强大的，故孝在先秦时期得到了统治者普遍认同。

《孝经》是先秦孝的思想的系统化,完成这一工作的是孔子、曾子等。根据研究证实,《孝经》的言语主要来源于《尚书》、《诗经》、《左传》、《国语》、《论语》、《孟子》、《荀子》等书。《孝经》的进步意义不只是简单地将孝的思想系统化,更为重要的是,它在含义上的扩充,尤其是将孝的思想扩展到了忠君思想上,从家庭关系扩展到国家关系上,这是一个巨大的进步,这就使得《孝经》更加受到统治者的青睐,无疑也就强化了《孝经》的政治功能。历代统治者看中了《孝经》强大的政治功能、稳定社会的功能,大力提倡《孝经》,故有汉朝以孝治天下,唐朝有家藏《孝经》的说法。《孝经》中的养老、敬老、尊老、亲老、送老等思想,也被反复地强化,成为了中华民族遵守的固有的传统美德,甚至于具有了法律的功能。

赦父子讼　白描　明代

孔子任鲁国大司寇时,审理了一起父子之间的诉讼案件,父子二人在堂上相互争执三个月之久,却没有分出谁对谁错,父亲请求终止此案件,孔子赦免了此二人罪行。季孙听后对孔子说,治国以孝为先,你这样做是不对的。冉有却说,上面的官员没有道理地杀人,这也是没有道理的,朝廷不教百姓孝道,却追究其刑责,这就是枉杀无辜。此图根据这个故事绘成。

《孝经》的注疏

历代学者不间断地对《孝经》进行注疏,从而丰富了孝的含义,其中,《孝经衍义》是集大成者。《孝经》自产生以来,就形成了巨大的影响,并被其他的书所引用,第一个引用《孝经》的是《吕氏春秋》。通常认为,《吕氏春秋》是吕不韦及其门人的著作,此书属于杂家。《吕氏春秋》所引的是《孝经》诸侯的文字,"高而不危,所以长守贵也;满而不溢,所以长守富也"。若将这段引用的文字与现在的《孝经》比较,还是有一些不同。汉文帝时,设《孝经》博士,《孝经》被立于学官,成了专门的学问。《孝经》的解释也就成了一项重要的工作,皇帝中给《孝经》注释的有:晋元帝的《孝经传》、晋孝帝的《总明馆孝经讲义》、梁武帝作《孝经义疏》、梁简文帝的《孝经义疏》、唐玄宗的《孝经注》、清世祖的《孝经注》、雍正的《孝经集注》。皇帝参与注疏《孝经》,主要还是出于政治上的目的,希望

孝经传曾　白描　明代

曾子陪孔子坐,孔子说:"先王有最高的道德方法治理天下,人民和睦相处,上下没有怨恨,你知道吗?"曾子站起来说:"我很愚笨,怎么知道呢?"于是孔子告诉他天子、诸侯、大夫以及庶人孝的道理,还说:"自天子到庶人,孝无始无终,因而担心不能孝的人从来就没有。"

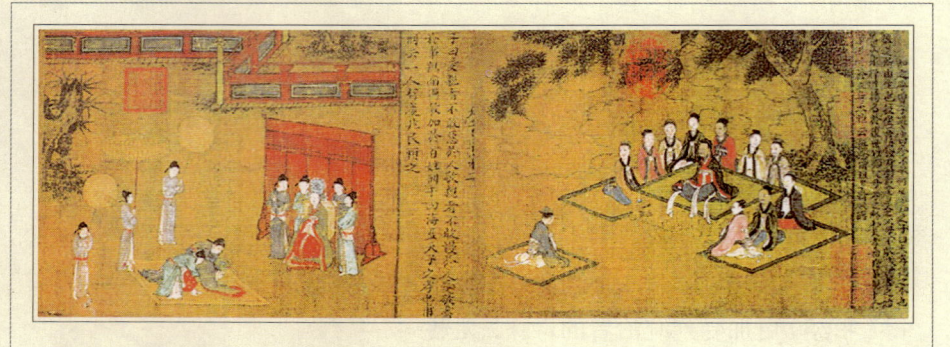

孝经图　　南宋

此卷根据儒家经典《孝经》十八章所画，每章一图，前附《孝经》原文，共分十八段，重彩设色。所作人物场景微小细腻，极为精湛可爱。《孝经》，经书原文抄写字体书法极不规整，估计此图和文皆出于南宋孝宗以后民间画师之手。

春秋时期的铜铭文

春秋时期铜器铭文异体蓬兴，千姿百态，正与诸侯割据、学术端绪纷呈的现象遥相呼应。《孝经》之所以从众家之说中脱颖而出，正是因为它将道德规范具体到了个人，更易实施和推广。

通过提倡孝道，督促官员、百姓重孝、讲孝，形成一个稳定、和睦的社会。清初著名的文学家、藏书家朱彝尊，根据自己的收藏，著《经义考》一书，其中就列举了历代对《孝经》作注的著作，总数285部，这显然不是全部，因为朱彝尊的藏书比起朝廷的藏书，实在是差得太远。不过，最为重要的注家的注释基本上都收集到了。除了我们通常所说的传统的儒家学者对《孝经》作注外，佛家、道家也有人对《孝经》作注，如南朝齐、梁间的著名道士陶弘景就有《集注孝经》一书，南朝宋僧慧琳有《孝经注》一卷，再就是十六国时的释慧始著有《孝经注》，南朝陈沙门灵裕有《孝经义记》。

以上只是就《孝经》的本义及其产生的背景作了一些概述，那么，后来的学者到底是如何认识、阐述这区区的一千七百多字的呢？显然，每个时代对《孝经》的解释都是不同的，其本质含义在不断变化，但基本意思不变。康熙时，编订的《御定孝经衍义》，是一部集大成的著作，全书一百卷，汇集了历代注释《孝经》的成果。将其目录列出，就可以看出中国古代的学者是如何将这短短的一千多字衍义成百万言的。单就《御定孝经衍义》的目录就可以看出，《孝经》的延伸意义是远远超出了我们今人的想象，由孝所引申出来的意义，已经是包罗万象了。古人将孝视作是一个无所不在的真理，放之四海皆准，"孝为王道之本，万化之原，故曰：夫孝，置之而塞乎天地，溥之而横乎四海，施之后世而无朝夕。推而放诸东海而准，推而放诸西海而准，推而放诸南海而准，推而放诸北海而准，然而无所不包者，其体施之有方，达之有渐，能足乎其量；而无以加者其用，其体则足乎？赤子之心，无憾于匹夫之贱，蔬粟饮水，与尊养四海，其致一也。"甚至有人认为，《孝经》是六经之始，早在汉朝的郑康成就有了此说："孔子以六艺题目不同，指意殊，别恐道离散，后世莫知根源，故作孝经以总会之。"郑康成的意思是说，孔子先著述了《诗》《书》《礼》《乐》《易》《春秋》六经，最后才著述《孝经》，是想以《孝经》来总领六经，以防后人不知六经的根本，也可防止随意解释六经。后来，魏徵等人在著述《隋书》时，又抄了这句话："孔子既叙述六经，作《孝经》以总会之，其枝虽分，本萌于孝者也。"

在《孝经》的意义解读中，有三种解读的方式，第一种是常规的解释方式，那就是用孔子或

孝经注疏序

十三经是儒家文化的基本著作，包括《易经》《诗经》《尚书》《仪礼》《周礼》《左传》《公羊传》《穀梁传》《尔雅》《礼记》《孝经》《论语》《孟子》，其中《孝经》是专门论述孝道的著作，图为《孝经注疏序》。

《御定孝经衍义》目录列表

衍至德之义	仁、义、礼、智、信。
衍要道之义	父子、君臣、兄弟、夫妇、朋友（师弟子附）。
衍教所由生之义	礼、乐、政、刑。
天子之孝	爱亲（衍爱亲之义）：早谕教、均慈爱、敦友恭、亲九族、体臣工、重守令、爱百姓、课农桑、薄税敛、备凶荒、省刑罚、恤征戍。
天子之孝	敬亲（衍敬亲之义）：事天地、法祖宗、隆郊配、严宗庙、重学校、崇圣学、教宫闱、论官才、优大臣、设谏官、正纪纲、别贤否、制国用、厚风俗。
诸侯之孝	敬爱、不骄、不溢、爱亲、敬亲、法服、法言、德行。
士之孝	爱亲、敬亲、事君忠、事长顺。
庶人之孝	爱亲、敬亲、用天道分地利谨身节用。
大顺之征	

二十四孝图　清代

因社会的动荡及游牧民族与中原迥然不同的道德观，造成了元代社会黑暗，道德沦丧，贪官污吏横行。有一位叫郭居敬的孝子辑录了虞帝、孝文帝、曾参、董永等二十四人之孝行，编成《二十四孝》一书，并在社会上广为流传。此幅清代民间的二十四孝图类似于当时的"升官图"，是民间的一种游戏。

六经中的言语来进行解释。这种解释是最多的，也是一般人都能接受的，我们通常见到的解释，多是这一种。第二种解释是用汉朝谶纬学说来解读，这种解释在我们今天的人看来，实在是离奇，不可接受。这种解释有一本书，叫做《孝经纬》，该书最早在《后汉书》中引用，但作者无考，原书已不传。但后来的著作中，常常引用它的只言片语，《太平御览》中引用得较多。根据此书的用语特点，应当是汉朝作品，解释的方式是用当时流行一时的谶纬学说；其说牵强附会之处较多，比如，"王者德至，渊泉则醴，泉出"，"王者德至，鸟兽则凤凰翔"，"王者奉己约俭，台榭不侈，尊事耆老，则白雀见"，虽然这些解释很怪异，但后来的学者，仍常常会引用其中的一些片断。第三种解读的方式，就是使用《易经》来解释。这种解释的方式盛行于宋朝，《易经》作为中国古代的主要经书之一，一开始并不像《尚书》、《孝经》等存在今文、古文之争。但到了宋朝，《易经》本身的解读就是争论的问题之一，这也引起了人们对《易经》的关注和研究，也有人用《易经》来解释《孝经》。康熙年间的《御定孝经衍义》，正是这一解读方式的代表之作，它引用各种解释，其中也包括《易经》的一些解释。

善事父母
SHANSHIFUMU

孝是普遍的社会法则。孝源于血缘关系，既然任何人都有父母，那就意味着，上至天子，下到百姓，都得讲孝道，都得受孝的约束。

二十四孝是原先，己人听讲未曾见，
谁人记得传今古，后来命好去坐天。
孝顺还生孝顺人，忤逆还生忤逆儿，
不信但看檐头水，点点落地不差移。

《孝经》一千多字，解读多种多样，但多是抽象的理论说教。还有一点便是，在对《孝经》的解释中，有过宽之嫌，竟使一部《孝经》包罗万象，许多解读是很牵强的。最后便是《孝经》的解释，成了一门专门的学问，主要由学者来完成，对于大多数的老百姓来说，这些解释只不过是空泛的说教而已。

刘邦拜孔

刘邦原本讨厌儒生，书生陆贾对其说古道今，分析历史上的兴亡盛衰，以"你骑在马上打天下，难道也要在马上治理天下吗"反问刘邦，使其认识到治理天下中儒生不可低估的作用。此图为公元前195年汉高祖刘邦从淮南至曲阜时，以最高级别祭天大礼祭祀孔子的场景，刘邦首开皇帝祭孔的先河。此图出自明刻本《帝鉴图说》。

这就需要对《孝经》进行另一种解释，这种解读针对的是普通老百姓，必须通俗易懂，这就是《二十四孝》。《二十四孝》表达的主题，非常朴素，只有一个，那就是善事父母，这也是每一个人都能做得到的。

在《孝经》"开宗明义章"中，孔子就说得很清楚，"身体发肤，受之父母，不敢毁伤，孝之始也"；"夫孝，始于事亲，中于事君，终于立身"。孔子将孝定位于父母与子女之间的关系，其他的一切，都是从这一关系延伸出来的。在五等孝中，天子之孝是养民，诸侯之孝是和其民，卿大夫得守其宗庙，这三等之孝，都不提养父母，并不是说父母不该养，而是对于天子、诸侯、卿大夫来说，他们有着更为重要的事要做。不过，士章和庶人章（第四、第五等孝）就不一样了。士之孝，要"资于事父以事母而爱同，资于事父以事君而敬同"。就是说士之孝，要由自己的父母推及到君。庶人之孝只有一个要求："用天之道，分地之利，谨身节用，以养父母，此庶人之孝也。"不难看出，孝分五等，侧重点不同，在"庶人章"中的第二句话即是"故自天子至于庶人，孝无终始，而患不及者，未之有也"。虽然说，天子、庶人都得孝敬父母，但天子更多的是讲政治，庶人更多的是孝敬父母。

《二十四孝》所表达的孝的本质是善事父母、孝养父母，这是孝的本质，也是最为原始的，是其他孝的基础。在《孝经》中，对父母之孝，盖定得比较宽泛。孔子有"生，事之以礼；死，葬之以礼节，祭之以礼"，这是其一。其次是，身体发肤受之父母，不敢毁伤，也就是说，子女的身体来源于父母，毁伤自己，就等于毁伤了父母，就是不孝。曾子可以说是这方面的代表，在《论语》中有"启予足，启予手！《诗》云'战战兢兢，如临深渊，如履薄冰'"，这句话是说，曾子牢记了孔子的话，至死都是好好地保护自己的身体，直到临死之时，叫自己的门徒小心地掀开被子，看自己的身体受了伤没有。接下来是引用《诗》中的话，说自己这一辈子为了保护好自己的身体，是战战兢兢，如临深渊，如履薄冰般地爱惜自己，以便不要伤着了自己。

千字文　　释高闲　唐代

在中国古代家庭中实施孝道教育的教材很多，如《孝经》《礼记》《家礼》《弟子规》《女四书》《闺训千字文》《改良女儿经》《二十四孝》等，且历朝历代都有补充和完善。这类题材也广泛地被书法家、画家作为题材，创作了一些优秀作品。图为唐代书法家释高闲所书草书《千字文》残卷，点画纯熟，笔画粗中有细，意境深远，情性毕露。

作为子女,除了在物质上孝养父母外,在精神上也得敬爱父母,继承父母之道。《礼记·祭义》有:"大孝尊亲,其次弗辱,其下能养。"看来,物质上的供养是最低的层次,要想真正地孝养父母,还得更加上升一步,向精神上的孝养发展。孔子说"事父母几谏,见志不从,又敬不违,劳而不怨",朱熹的解释是"父母有过,下气怡色,柔声以谏","谏若不入,起敬起孝,悦则复谏",所以,进谏也是孝养父母的形式之一。继承父志,即"承道",也是讲孝,也就是《孝经》中所谓的"父在,观其志;父没,观其行,三年无改于父之道,可谓孝矣",要子女完成父母尚未完成的事业,以此来报答父母亲。《孝经》为什么提"三年"不改父之道呢?这一条是对当时的卿大夫、诸侯说的,并不针对一般的百姓。这种提法,与当时的社会背景有关,当时的诸侯、卿大夫在父死之后,易变先君之政,所以才有这种说法。曾子因为庄子终身不改父志之事而赞扬过他,事见《论语》:"吾闻诸夫子:孟庄子之孝也,其他可能也;其不改父之臣与父之政,是难能也。"

元朝的幼妇医药卫生

"十月怀胎娘遭难,坐不稳来睡不安",这是中国民间流传甚广的一句话。十月怀胎的艰辛只有为娘的才能体会,一朝分娩的痛楚和危险,母亲犹如闯鬼门关一样,因此做儿女的应更加孝敬母亲。图中壁画现存山西芮城永乐镇永乐宫内,描绘了吕母艰辛分娩的场景。永乐宫是元代为吕洞宾修建的供奉寺,其内有相当多关于此类医药卫生内容的壁画。

汉代玉蝉

古代玉蝉的用途可分为三种:一种是专门佩戴在人身上作装饰和避邪而用,称之为佩蝉;另一种是作为饰物缀于帽子上的,称之为冠蝉;第三种专门用于陪葬放置在死者口中,称之为含蝉。汉代玉蝉多为逝者口中的含玉,有祝愿逝者蜕变再生之意。

以上只是简单地谈了一下《孝经》中体现的孝养父母的言论,《二十四孝》则是直接讲孝养父母的故事,比起《孝经》来,更通俗易懂,也是一般人所喜闻乐见的。李延仓根据孝养的方式不同,将二十四孝分门别类。第一类是孝亲类,根据故事,还可以分为先馈孝、嗜养孝和贫养孝。所谓的先馈孝,在《论语·为政》中,孔子曰:"有事,弟子服其劳,有

恣蚊饱血　王震　近代

吴猛，晋朝濮阳人，很小的时候就懂得孝敬父母。因为家里贫穷买不起蚊帐，为了让父亲安睡，每当深夜王猛便赤身坐在父亲床边让蚊子叮咬，从不驱赶。

酒食，先生馔。"意思是，家里有役使之事，弟子要承担起来，有酒食，要让父亲、兄长先吃。《二十四孝》中，最为典型的就是东汉陆绩怀橘遗亲的典故。陆绩，字公纪，三国时吴人，他的父亲陆康是汉末庐江太守。就在陆绩六岁那年，他在九江见到袁术，袁术拿橘子招待陆绩，陆绩乘人不备，将三个橘子藏到了袖子中，走的时候，不小心，橘子掉在地上，袁术见后说："陆郎作宾客而怀橘乎？"陆绩跪答曰："欲归遗母。"袁术很是惊奇。此类故事中，姜诗孝亲也是这一类故事的典型。东汉姜诗涌泉跃鲤的故事广为流传，姜诗在《汉书》中无传，只是在《后汉书·补逸》中记有短暂的几句话："姜诗，性至孝。母常饮江水，儿取水溺死，恐母知，诈曰：行学。俄而，涌泉出，舍侧日生鲤一双。"另外，姜诗的事迹倒是在其妻子的传中提到一些，姜诗妻子的传在《后汉书》卷114"列女"中。夫妻二人都以孝著称，以下此诗，即是讲的姜诗夫妻孝养的故事：

日常供鲤鲙，旦辄汲江流，

儿溺言游学，妻还感遗羞。

第二类是爱亲的故事。这一类的代表人物，主要是黄香、吴猛、黄庭坚等。东汉黄香，其传在《后汉书·文苑》110卷上中，江夏安陆（今在湖北）人。他的孝行其实很简单，九岁时，他的母亲去世，思慕憔悴。夏天暑热之时，他就为父亲扇凉枕席，冬天寒冷时，就以身体为父亲温暖被子。黄香享有文名，但其著作多不传，今只能见其《九宫赋》一首，收录在《历代赋汇》卷105中。另外，三国时期的黄盖，就是黄香之孙，南阳太守黄守谅的后人。晋朝吴猛爱亲的故事，叫恣蚊饱血，冬月常温席，炎天每扇床，也是历代为人称赏。吴猛传在《晋书·艺术》卷95中，他是豫章（今南昌）人。据《晋书》记载，他的孝行是，每到夏日，便手不驱蚊，怕蚊子离开自己去咬父亲。不过，《晋书》中把他作为道士来看。吴猛在四十岁时得道，据说有次过江，只见波涛汹涌，吴猛不乘船，而用手中的白羽毛扇子向水中一划，就过了河。庾亮在任江州（今九江）刺史时，吴猛算庾亮的死期，非常准确。在爱亲这类人物中，黄庭坚（1045—1105年）的名气最大，他是北宋大词人，是苏轼（1037—1101年）的四大弟

二十四孝分类列表 (李树军列)

故事	朝代	孝子	性别	年龄	身份	孝顺对象	孝行方式
孝感动天	上古	虞舜	男	成	皇帝	双亲	照顾
戏彩娱亲	周	老莱子	男	七十岁	隐士	双亲	自我牺牲
鹿乳奉亲	周	郯子	男	成	平民		反哺
为亲负米	春秋	仲由	男	成	贤人曾为官	双亲	反哺
啮指心痛	春秋	曾参	男	成	贤人谥号"宗圣"	母	照顾
单衣顺母	春秋	闵损	男	童	平民	后母	自我牺牲顺从
亲尝汤药	汉	刘恒	男	成	汉文帝	母	照顾
拾葚供亲	汉	蔡顺	男	童	平民	母	反哺
为母埋儿	汉	郭巨	男	成	平民	母	牺牲他人
卖身葬父	汉	董永	男	成	平民	父	自我牺牲
刻木事亲	汉	丁兰	男	成	平民	双亲	牺牲他人祭亲
涌泉跃鲤	汉	姜诗	男	成	平民	母	反哺
怀橘遗亲	汉	陆绩	男	六岁	后为官	母	反哺
扇枕温衾	汉	黄香	男	九岁	后为官	父	自我牺牲
行佣供母	汉	江革	男	成	后为官	母	照顾
闻雷泣墓	魏	王裒	男	成	平民	母	祭亲
哭竹生笋	吴	孟宗	男	童	官至司空	母	反哺
卧冰求鲤	晋	王祥	男	童	官至太尉	后母	自我牺牲反哺
扼虎救父	晋	杨香	女	十四岁	平民	父	自我牺牲
恣蚊饱血	晋	吴猛	男	八岁	平民	双亲	自我牺牲
尝粪心忧	南齐	庾黔娄	男	成	平民	父	自我牺牲
乳姑不怠	唐	唐夫人	女	成	平民	婆母	反哺
涤亲溺器	宋	黄庭坚	男	成	文人为官	母	照顾
弃官寻母	宋	朱寿昌	男	成	平民	母	自我牺牲

戏彩娱亲

　　曾子在谈孝悌时说过取悦父母是孝敬父母的一个重要方面。春秋时期的老莱子便是取悦父母的一个孝子典范。老莱子七十岁不言老，常常穿五彩衣，手拿拨浪鼓像小孩子似的在父母面前戏耍，以博父母开心。

尝粪心忧

　　南齐高士庾黔娄任孱陵县令，赴任不到十天，忽然感觉心神不定，预感到家中可能有事发生，马上辞官回家，发现父亲已大病两天。庾黔娄为父请医，医生告诉他，要知病情好坏，需要尝过病人的粪便才能知道，粪苦则无大碍。庾黔娄听后，亲自尝父亲粪便，味道为甜的，庾黔娄甚为忧心，夜里跪拜北斗星，祈求可以替父而死。图为清刻本《二十四孝·尝粪心忧》，描绘庾黔娄正在焚香祈祷，祈求父亲早日康复的场景。

子之一，比苏轼小九岁。苏轼在朝廷做侍从时，推荐黄庭坚来代替自己，特写了推荐词，词中有"瑰伟之文妙绝当世，孝友之行追配古人"之语，可见苏轼是非常重视这位德才兼备的学生的。黄庭坚的孝行在《宋史》中的记载也很简单："丁母艰，庭坚性笃孝，母病弥年，昼夜视颜色，衣不解带。及亡，庐墓下，哀毁得疾。"可见，黄庭坚曾在其母亲的墓旁搭茅屋守孝。《宋史》的记载与《二十四孝》中的记载有些不同，《二十四孝》中的所谓"涤亲溺器"，就是说黄庭坚每日替母亲洗刷便桶，以安亲心。

　　第三类是侍疾。这类代表人物有南朝南阳新野人庾黔娄，其传在《梁书·孝行》卷47中，其父有高名。庾黔娄年少之时，就讲诵《孝经》，未尝失色于人。起家本州岛主簿，迁平西行参军。县境内老虎很多，庾黔娄到后，老虎就渡河到临沮界（今湖北当阳一带），当时以为仁化所感。齐永元初，庾黔娄迁为孱陵（今湖北公安）令，到县任职不到半旬，其父庾易在家患病，庾黔娄忽然心惊举身流汗，即日弃官归家，到家之后，知道父亲确实得了病。医生告诉庾黔娄说，要想知道病情的好坏，得有人尝尝大便的味道。庾黔娄就毫不犹豫地尝了尝父亲的大便，感觉是味转甜滑，庾黔娄的心逾忧苦。不久，其父就病逝了。这就是著名的"尝粪心忧"的孝行故事，宋林同在《孝诗》中咏庾黔娄道：

惊心已云异，尝粪不妨难，

庾令何为者，凭君着眼看。

第四类是容亲。这类的代表人物有闵子骞，《二十四孝》中称作"单衣顺母"。在二十四孝中，只有两起是孝顺后母，一起是晋朝王祥的卧冰求鲤，再就是这一起。二十四孝中，孔子的弟子有三人，仲由、曾子，再就是闵子骞。子骞是其字，闵损才是名，是孔子的七十二贤之一，也是孔子在《论语》中唯一称赞过孝的弟子，孔子有"孝哉！闵子骞。人不间于其父母、昆弟之言"。闵损有兄弟二人，母死之后，他的父亲又娶了一个女人，这就是后妈。闵损为父亲驾车，不慎将马绳弄掉了，他的父亲摸了一下闵损的手，发现闵损穿的衣服很单薄。回家之后，闵损的父亲要赶走闵损的后妈，闵子骞上前劝父亲说："母在，一子单，母去，四子寒。"后母听后，非常感动，待闵子骞如同亲生的儿子。

第五种是悦亲类。此类的代表人物是周朝的老莱子。老莱子的生平不详，只知道是春秋时人，与孔子同时，最早的记载见于《战国策》。《战国策》中有"公不闻老莱子之教孔子"，从这句话中，老莱子当是孔子的老师。老莱子与老子一样，都是楚国人，且都在道家学说上颇有建树。老子著《老子》五千言，老莱子也著道家十五篇，但不传。老莱子的孝养之事是，在七十高龄时，身穿彩色衣服，在堂上故意跌倒，有时学小孩哭啼，或装扮成雏鸟的样子，逗父母高兴，这就是戏彩娱亲的故事。后世有诗云：

七十已中寿，人生似此稀，

绝怜老莱子，犹自作儿嬉。

第六类是思亲。思亲类的主要代表有曹娥、丁兰等故事，此两人另处再说，这里就不详述。

汉代两色条格纹褐

汉代时，纺织技术已达到很高的水平。汉代纺织品的原料主要是丝和麻，并广泛使用提花机、斜织机。汉代"孝养"风气浓重，非常重视父母的衣食住行。图为汉代两色条格纹褐。

忠孝不两全

ZHONGXIAOBULIANGQUAN

忠与孝之不同，孝是由己及家，再到国；忠则是倒过来，由国及家。孝强调的是忠于君主，忠则是强调上下一心。

忠孝从来只一原，此道于今识者寡。
慈湖先生[①]遗墨在，光焰万丈追风雅。
发挥天经与地义，为怜世人多聋哑，
跋语流传壮矣哉，忠由孝出非外假。
厥今边庭尚绎骚，其势飙欻陵诸夏，
孤忠步步踏实地，纸上陈言付土苴[②]，
报国即是报亲恩，忠孝断断非二者。

此诗是南宋袁甫的《忠孝诗》的一部分，诗的意思非常清楚，就是主张忠孝两全，忠孝一体，故诗中有"忠孝断断非二者"句。袁甫，庆元鄞县（今浙江宁波）人，字广微，号蒙斋。其父袁燮是庆元四先生之一，是陆学杰出的弟子之一。袁甫少师事四先生之一的杨简，嘉定七年（1214年）进士第一，是坚定的抗金派。

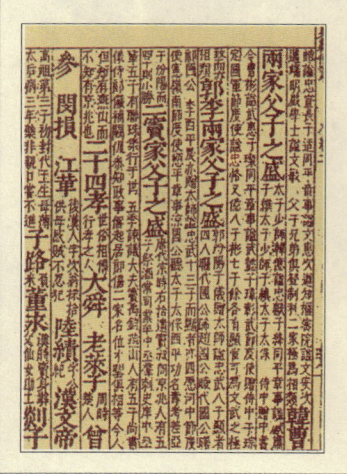

《典籍便览》书影

图为北京大学图书馆收藏的明万历三十一年刻本范泓辑、范涞补注的《典籍便览》，其中收录《二十四孝》，其中的人物与现在流传下来的《二十四孝》中完全相同，但对具体孝行的解说却相对简单。

元朝时，江西程文海有《赵一德季润忠孝诗》，是诗较长，全诗赞扬了赵一德的忠孝事迹。据《元史》记载，赵一德是龙兴新建（今江西南昌附近）人，至元十二年被元兵俘获到燕都，做郑留守家奴，历时三十年。有一天，他忽泣拜请于主人，要南归看望父母亲，主人答应了他。但赵一德在三十年之后回家时，父亲和兄长已亡，只有母亲还在，年已八十多。于是，赵一德祭祀了父兄，如期回到主人家，主人感叹赵一德的孝心，就放他回家。赵一德正打算回家时，正好主人被冤枉遭到诛杀，其他的奴仆各自逃亡，只有赵一德留了下来，为主人诉冤，主人家得到了昭雪。主人分田庐给赵一德，赵拒绝了，最后，他选择了回老家。皇庆初，旌表其门。

怀橘遗亲

三国时期的陆绩，很小的时候就懂得孝敬尊长。有一次，他随父亲拜访袁术，袁术以橘子相待，陆绩偷偷将橘子藏于袖中，想带回家分给母亲吃，告别时橘子不慎掉落在地，袁术看见后问其这样做的缘由，陆绩真实相告，袁术听后对其孝行深感钦佩。图为清刻本《二十四孝图说·怀橘遗亲》，描绘了小陆绩躬身向袁术赔礼道歉并说明缘由的场景。

孝子与忠臣

忠孝一体。忠孝之间的关系，历来都是辩论的对象，但多数情况下，古人持"忠孝一体"的看法。忠即是孝，孝即是忠。忠的观念，较孝的观念要晚出一些，忠是指的君臣关系，这种关系当然只能在国家政权出现之后才有。甲骨文中尚不见忠字，金文中已有。《论语》中有"君使臣以礼，臣事君以忠"，《左传》有"公家之利，知无不为，忠也"，这些都是说的臣子对国君应当尽忠。《说文》是这样解释忠的："忠，敬也，尽心曰忠。"孔子大讲孝道，但同时也是大讲忠君思想的，既讲孝道，又讲忠君，那是否矛盾呢？显然，在孔子那里，忠、孝是一体的，孔子在处理这两者之间的关系时，正是这样的。将事君与事亲视为同一，两者是不矛盾的。孔子以为，事亲孝，则忠可移于君。《论语·微子》中，有一段孔子与子路之间的对话，可以很好地解释孔子对忠、孝关系的诠释。有一次，子路见到

---

① 慈湖先生，即杨简。杨简（1141—1225年），字敬仲，慈溪人，登乾道五年进士第。浙东庆元（宁波）四先生袁燮、舒璘、沈焕及杨简就是出自陆学（陆九渊、陆九龄）之门，四先生之中，又以杨简的名气最大、成就最高。杨简因居住在慈溪的慈湖边上，故门人不称他官职，而称他为慈湖。袁甫是袁燮的儿子，少时师事杨简，故在此处称杨简为慈湖先生。

② 土苴，犹言土渣，轻贱之意，其意出自《庄子·让王》："其土苴以治天下。"

墓主人夫妇图　　宋代

在这幅壁画中，墓主人坐在榻上，背后为一屏风。他们正对观者，左右为乐队，排列得井然有序。图像中人物在墓室中"享用"祭祀的酒食并接受子孙的祭祀。

一个老者，手持莜丈，于是，就告诉了孔子。孔子说，这是个隐者，叫子路回去找这个人。子路返回之后，老者已经走了。子路就说："不仕无义，长幼之节不可废也；君臣之义，如之何其废之？欲洁其身，而乱大伦。君子之仕也，行其义也，道之不行已知之矣。"这句话的意思是说，虽然天下无道，但不能不出仕，若是因为天下无道而不出仕，就是无义。长幼之节，不及君臣之义，孔子、子路在这里，甚至于将君臣之义看得高于长幼之节。接下来的意思是，一身之洁，不若大伦之不乱。意思是说，不要只顾着自己隐居，而不管天下大乱，不管怎样，不让天下大乱，都比你只顾一个人的洁身自好要重要得多。故孔子、子路都对这位荷莜丈的隐者持批评的态度，以为这位隐者是知长幼之节，而不知君臣之义，知洁其身，而不知大伦。这正是精辟之论，即使在今天，仍然有着积极的意义。不过，《论语》中的许多说法是互相矛盾的，按照上面的说法，孔子以为，在乱世隐居，是对社会不负责的，要积极地参与政治，才算得上是事君如同事亲一样值得赞扬。于是，就有人拿这点来问孔子："子奚不为政？子曰：《书》云：孝乎惟孝！友于兄弟，施于有政，是亦为政，奚其为为政？"有人问孔子，你说在乱世，应当积极参政，而不要隐居，现在正是乱世，那你为什么不参政呢？孔子的回答很有意思，他用孝这个无所不在的概念来自圆其说。孔子在此引用了《周书·君陈篇》中的"孝乎惟孝"句来为自己辩护，孔安国的解释对孔子是很有利的："言其有令德，善事父母，行己以恭，言善事父母者，必友于兄弟，能施有政。今其言与此小异，此云：孝乎惟孝者，美此孝之辞也；友于兄弟者，言善于兄弟也，施行也，行于此二者，即有为政之道也，是亦为政，奚其为为政者，此孔子语也。是此也，言此孝友，亦为政之道，此外何事，其为为政乎？言所行有政道，即与为政同，不必居位，乃是为政。"在孔子这里，及后来解释孔子学说的人那里，别人在乱世隐居，是为不忠孝，然在孔子身上，只有孔子尽了孝，即使不在官位，也是尽了忠，所以才有"孝友，亦为政之道"的说法。

事实上，孔子及其弟子一直都在做一种解释，那就是如何将忠与孝、事君与事亲很好地结合起来，最终能够形成一种理论。事实证明，孔子的解释是非常成功的，至少站在正统的角度来看，历代的统治者，都是大力提倡孝，其目的就是倡导忠。这也说明，统治者是认同孔子关于忠孝的学说的。现实中，忠孝可能确实能够两全，明朝邓州人李贤，在送好友彭纯道返乡省亲时，写了《送兵部尚书兼翰林学士彭先生省亲诗序》，其中有：

石台孝经碑　拓片　唐代

《石台孝经碑》是收藏在陕西省西安碑林的一座石碑，它的内容是"文帝"孔子撰写的《孝经》，碑文是唐玄宗李隆基以隶书亲自抄写的，碑额上还有其太子唐肃宗李亨题写的文字。碑文隶书追汉隶风规又小变其法，丰腴爽利，颇有盛唐气概。碑石坚细，至今光莹如漆。

一门忠义杨家将

此图为清代杨家埠年画《杨家将》。杨家埠年画，兴起于明代，繁荣于清代，距今已有五百多年的历史，与天津的杨柳青、苏州的桃花坞并称为全国三大木版年画产地。图中年画题材于一门忠将的杨家，绘了佘太君点兵、新帅点名、穆家寨饯行以及双挂印四个情节。杨家虎子不仅个个是忠臣，而且都极为孝顺。

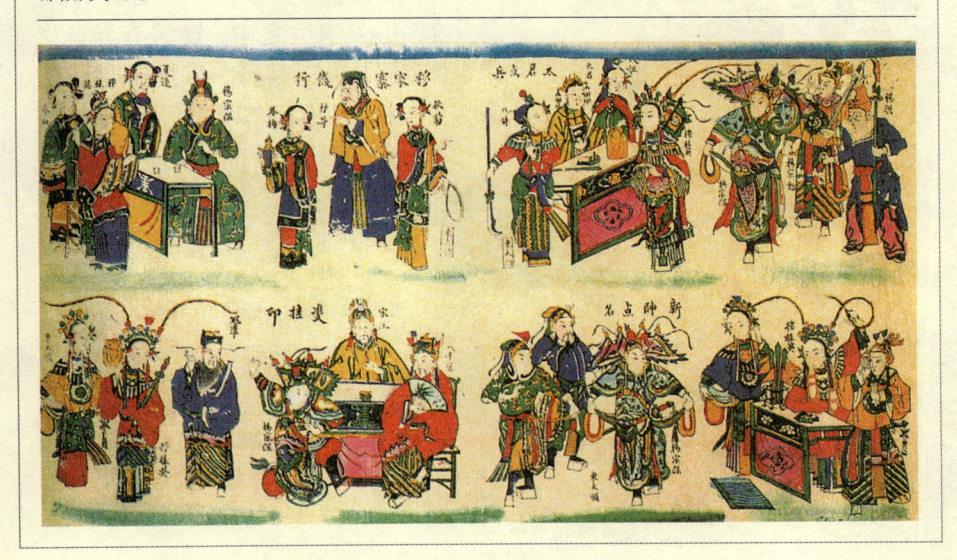

"臣子所当尽者，忠与孝也。说者谓'忠孝不能两全'，予以为不然。夫为人子者。终身事亲。不干仕进。是固不能尽忠于君矣。若见用于世者，登要津跻朊仕，立身扬名，以显其亲，谓之忠孝不能两全可乎？"

忠孝之辩

历史上记载过一起著名的忠孝之辩，此事记载在《三国志·魏志·邴原传》卷11中：太子（曹丕）燕会众宾百数十人。太子建议曰：君父各有笃疾，有药一丸，可救一人，当救君邪？父邪？众人纷纭，或父或君。时原在坐，不与此论，太子咨之于原，原勃然对曰：父也。太子亦不复难之。这个主张应当先救父亲后救君王的是邴原。邴原，字根矩，北海朱虚（今山东临朐）人，在曹操当政时，曾做过丞相征事、五官将长史。当曹丕为五官中郎将时，唯有邴原不为所动，与曹氏家族始终保持一定的距离，曹操派人问邴原为何如此，结果得到的回答是："吾闻国危不事冢宰，君老不奉世子，此典制也。"曹操听后，责怪了他，并将邴原贬官。邴原如此回答，可能与他的经历有关。他十二岁时丧父，邻有书舍，邴原有次经过其旁而泣，老师问他：你为何这般悲伤？邴原回答说：孤者易伤，贫者易感。那些读书的人，必定都有父亲、兄长，一则羡慕他们不孤，二则羡慕他们有机会学习，我心中悲伤，因而也就哭了起来。老师亦哀叹邴原之话，并为之悲伤，于是就对邴原说，你想读书吗？邴原回答说没有学费。老师说，要是你真的想读书，我教你，不收你的学费。于是，邴原就开始读书，一个冬天，邴原就诵读完了《孝经》、《论语》，在几个学生之中，嶷然有异。及长，金玉其行，欲远游学。看来，邴原回答要先尽父孝，再谈忠君之事，可能正是因为他自小没了父亲的缘故，才使得他有一种强烈的欲望，

苏武牧羊图　任颐　清代

汉武帝天汉元年，苏武以户郎将身份护送匈奴使者回匈奴，却因其副使陈胜卷入与虞常图谋劫持单于母亲归汉事件被扣匈奴。匈奴单于威逼利诱苏武投降，将其远迁北海（今贝加尔湖）牧羊，苏武始终不改汉臣气节。

德行语录

宰我问:"三年之丧,期已久矣。君子三年不为礼,礼必坏;三年不为乐,乐必崩。旧谷既没,新谷既升①,钻燧改火②,期③可已矣。"子曰:"食夫稻,衣夫锦,于女④安乎?"曰:"安。""女安,则为之!夫君子之居丧,食旨不甘,闻乐不乐,居处不安,故不为也。今女安,则为之!"宰我出。子曰:"予⑤之不仁也!子生三年,然后免于父母之怀。夫三年之丧,天下之通丧也,予也有三年之爱于其父母乎?"

《论语·阳货第十七》

【注释】①升:登场。②钻燧改火:钻木取火或敲燧石取火。改火涉及到古代的取火的习俗,指所谓的春取榆柳之火,夏取枣杏之火,秋取柞橹之火,冬取槐檀之火。一年之中,取火所用的木头不同。③期:一年。④女:同"汝",你。⑤予:宰予,即宰我。

【译文】 宰我问孔子说:"为父母守丧三年,时间太长了吧?君子若是三年不习礼仪,那么,礼仪一定会被荒废了;若是三年不奏乐,乐一定会被毁掉。陈谷子吃完了,新谷子也可吃了,钻木改火,周而复始,丧期一年也就可以了吧?"孔子回答说:"给父母守丧不满三年,就想着吃白米饭,穿绸缎衣服,对于你宰我来说,你能够心安吗?"宰我回答说:"我当然心安。"孔子说:"既然你心安,那你就那样做吧!对于君子来说,若是有父母之丧在身,那他吃美味也不觉得味美,听音乐也不会觉得快乐,闲居时也不会觉得安适,因此也就不会像你说的那样做。现在,你既然觉得心安,那你就那样做吧!"宰我出去后,孔子就对其他的学生说:"宰我真是不仁啊!子女生下来三年,之后才脱离父母的怀抱。做子女的守三年丧期,本是天下通行的丧礼,难道宰我就从来都没有从他父母那里得到过三年怀抱爱抚吗?"

要尽父孝。

两难选择

虽然在古籍中,多数情况下将忠孝并列,但古人仍然认为忠和孝之间是有差别的,并将这两者分得很清。孝主要是对父母、长辈应尽的义务,多数时候是不涉及君主的。若将孝的意思扩大,当然情况就不一样了。曾子有"居处不庄,非孝也;事君不忠,非孝也;莅官不敬,非孝也;朋友不信,非孝也;战阵无勇,非孝也"的说法,显然,曾子在这里是将因果关系倒置过来了,一般是从孝到忠,由孝及忠,但此处,曾子是由

唐有关孝的法律规定

七曰不孝

疏义曰：善事父母曰孝，既有违犯，是名不孝。
答曰：厌呪，虽复同文，理乃诅轻厌重。但厌魅凡人，则入不道。若呪诅者，不入十恶名。例云：其应入罪者，则举轻以明重。然呪诅是轻，尚入不孝，明知厌魅，是重理入此条。

唐律疏义，卷一

不孝流

疏义曰：不孝流者，谓闻父母丧，匿不举哀，流。告祖父母、父母者，绞，从者流。呪诅祖父母、父母者，流。厌魅求爱媚者，流。
答曰：恐喝及强元，非不孝；加至流坐，非是。正刑律，贵原情，据理不合。

唐律疏义，卷二

若祖父母、父母，及夫犯死罪被囚禁而作乐者，徒一年半。

疏义曰：祖父母、父母，及夫犯死罪被囚禁，而子孙及妻妾作乐者，以其不孝、不义亏致特深故，各徒一年半。

唐律疏义，卷十

诸告祖父母、父母者、绞。

疏义曰：父为子天，有隐无犯。如有违，失理，须谏诤。起敬、起孝，无令陷罪。若有忘情，弃礼而故告者，绞。

唐律疏义，卷二十三

范仲淹

范仲淹（989—1052年），字希文，苏州吴县（今江苏苏州市）人。北宋著名政治家、文学家。宋真宗大中祥符八年中进士。范仲淹为官忠直，极言敢谏，因此曾多次被贬。他一生论著很多，诗、词、散文都很出色。其"先天下之忧而忧，后天下之乐而乐"表达了爱国忧民的思想。

忠及孝，反过来解释。《忠经》给忠字下的定义是："忠者，中也。至公无私，天无私四时行，地无私万物生，人无私，大亨贞。忠也者，一其心之谓也。为国之本，何莫由忠，忠能固君臣，安社稷，感天地，动神明，而况于人乎？夫忠，兴于身、著于家、成于国，其行一焉。是故一于其身，忠之始也；一于其家，忠之中也；一于其国，忠之终也。身一，则百禄至，家一，则六亲和，国一，则万人理。《书》云：惟精惟一，允执厥中。"

这是《忠经》中第一章天地神明一开始给忠下的定义。从忠的定义可以看出，忠与孝之不同：孝是由己及家，再到国，忠则是倒过来，由国及家。孝强调的是忠于君主，忠则强调上下一心，由忠可以达到惠及万物之功效。在《忠经》的随后几章中，给不同的人的忠下了定义，为臣的"在乎沉谋潜运，正国安人，任贤以为理端委而自化尊"。《忠经》给百工之忠下的定义是"故君子之事上也，入则献其谋，出则行其政，居则思其道，动则有仪，秉职不回，言事无惮，苟利社稷则不顾其身，上下用成故昭君德，盖百工之忠也"。至于为官者之忠，"君子尽其忠，能以行其政令而不理者，未之闻也。夫人莫不欲安，君子顺而安之，莫不欲富；君子教而富之，笃之，以仁义以固其心，导之以礼乐以和其气，宣君德以宏大其化，明国法以至于无刑，视君之人如观乎。子则人爱之，如爱其亲，盖守宰之忠也"。至于老百姓的忠，"是故祗承君之法度、行孝悌于其家、服勤稼穑以供王赋，此兆人之忠也"。虽然《忠经》是仿照《孝经》写的，但忠与孝是完全不同的概念，忠与孝一样，各个层次的人是不一样的，各司其职。

在和平时期，通常忠孝是可以统一，但在国难当头之时，忠孝常常会发生冲突。在封建社会，君主通常要求"文臣死谏，武将死战"。实际上，对于部分人来看，忠君赴难，并不是所有人的愿望，若是弃忠行孝，就会落得个"不忠"的罪名。东汉初期，邳彤是典型的忠孝冲突的人物，他在忠孝发生冲突之时，毅然将忠看得比孝更重要。邳彤（？—30年），字伟君，信都（今河北冀县）人。西汉末年，做过王莽的和城卒正，后来投靠了刘秀，是刘秀创业的重要人物之一。在王朗占据河北，威胁到刘秀的生存之时，邳彤坚决地站在刘秀一边。王朗为了威胁邳彤，就将邳彤的父弟妻子拘押，并致书邳彤："降者封爵，不降者族灭。"邳彤见信之后哭泣着

芦衣顺母

春秋时期的闵子骞为人至孝,子骞年少时,生母去世,继母待他不好,每逢冬天用芦花给子骞填充棉衣,这件事情被他父亲发现后,要休掉继母,子骞跪求父亲说"继母在,我一个人穿单衣,继母去,将会有四个孩子穿单衣",竭力劝说父亲不要休掉继母。之后,继母悔过,待子骞视如己出。

说:"事君者不得顾家,彤亲属所有至今得安于信都者,刘公(指刘秀)之恩也。公方争国事,彤不得复念私也。"后来援军及时赶到,邳彤的家属才得保全。《后汉书》中的赵苞也是一个典型的忠孝冲突的例子。赵苞是武威人,以为官清廉著称,后迁辽西太守,期间,派人将母亲、妻子等接到辽西。途经柳城(今营州南)时,被鲜卑人截获作为人质。于是,鲜卑族两万人,押着赵苞的母亲、妻子在阵前给赵苞看,赵苞悲号着对母亲说:"为子无状,欲以微禄奉养朝夕,不图为母作祸,昔为母子,今为王臣,义不得顾私恩、毁忠节,唯当万死无以塞罪。"有意思的是赵苞母亲的回答:"人各有命,何得相顾以亏忠义。昔王陵母对汉使伏剑,以固其志,尔其勉之。"看来,赵苞母子两人对忠孝的看法是一致的,在生死危难之时,以一死来全忠节。赵苞实时进战,贼悉摧破,其母妻皆为所害。赵苞母亲在回答赵苞之时,提到了一个人,就是王陵的母亲。王陵的传在《汉书》之中,他是汉初时人,与刘邦是同乡。最初,他不肯追随刘邦,等到他打算投靠刘邦之时,项羽就将王陵的母亲扣押在军营中,作为人质来威胁王陵,希望王陵改变初衷。王陵派使者去看望母亲,他的母亲对使者说:"愿为老妾语陵,善事汉王,汉王长者,毋以老妾故持二心,妾以死送使者。"遂伏剑而死。项羽一怒之下,将王陵母亲的尸体给蒸了。王陵最终追随刘邦,打败了项羽。在这里,赵苞的母亲提到这个典故,当然是表示自己忠于朝廷的决心。这种情况,在战乱之时,对于在朝廷做官的人来说,忠孝之间的冲突,尤其如此。

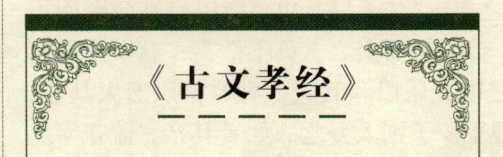

《古文孝经》

较今文孝经晚出,与古文尚书等一同出自孔子旧宅,字为蝌蚪形,总计二十二章。最初由汉孔安国注释,后来,孔安国的注本不传于世。到了宋朝,司马光、朱熹等人,对古文孝经产生了兴趣,并开始了研究,尤其是朱熹,著述有《孝经刊误》一书,只承认古文孝经,而否定了今文孝经。与今文孝经相比,古文孝经一直都未能取得优势的地位。

《元史》载，布延布哈，字希古，蒙古人。元末，布延布哈正与治书侍御史李国凤同时经略江南，当到建宁时，正遇陈友谅起义，李国凤镇守延平，陈友谅手下攻克了延平镇，李国凤逃走了。布延布哈则发誓要与城共存亡，前后激战六十四天，打败陈友谅。第二年，在山东益都时，被朱元璋的手下攻破，布延布哈告诉母亲说："儿忠孝不能两全，有二弟当为终养。"随后，布延布哈及其妻子，布延布哈二弟之妻，各抱幼子及婢妾溺舍南井死，比阿尔展欲下井填塞，不可容，遂抱子投舍北井，其女及妾女、孙女，皆随溺焉，真可谓满屋忠孝。就在这个时候，在山东东昌，申荣正镇守此处，见列郡皆降，就告诉他的父亲说："人生世间，不能全忠孝者，儿也。城中兵少，不敌战，则万人之命由儿而废，但有一死报国耳！"遂自刭。明朝时的张训，黄梅人，官鸿胪，序班告归养亲，闻建文遇难，拜辞其父士英曰："忠孝不能两全矣。"乃正衣冠，望北拜，毕，投井死。后因名曰：忠井。子孙环井而居。

　　历代朝廷都是在讲孝之时，同时也强调忠。在正史之中，首先立孝友传是《晋书》，此后的正史，多仿此例，以宣讲孝道。首先立忠义传，也是《晋书》。也就是说，《晋书》将忠、孝是分开立传的，这也说明了，历代将忠孝是分得很清楚的。

　　忠、孝显然是一个较为模糊的概念，互相联系、互相渗透、互相转化。和平时期，讲忠、孝两全，战乱、危难之时，更多地讲忠。

辞不就任

　　晋时，李密为报祖母养育之恩，对晋武帝的御诏百般推托，辞不就任，并作《陈情表》上书陛下，委婉曲折道出自己辞不就任的原由。武帝看后，被李密对祖母刘氏的一片孝心所感动，不仅同意暂不赴诏，还嘉奖他孝敬长辈的诚心。《陈情表》中李密在忠孝之间选择先孝后忠，向武帝描述了自己所处的忠孝不能两全的两难境地。

李密的《陈情表》

佛教之孝

FOJIAOZHIXIAO

佛教是从印度传来中国的,其中有大量的内容讲到孝行。若就数量上看,其"孝行"的内容并不比中国少。但它宣扬的"出家奉佛"思想,在中国人看来仍然是不孝的,原因是佛教之孝与世俗之孝完全不同。

佛教教义的本身是讲孝的,但是,当佛教传到中国来后,中国人认为佛教是不讲孝的,为什么会出现这种冲突呢?

《阿含经》中的孝道

《阿含经》是佛教早期的经典,确实有大量的内容是讲孝道的。以下我们来看一看它是如何讲孝的:

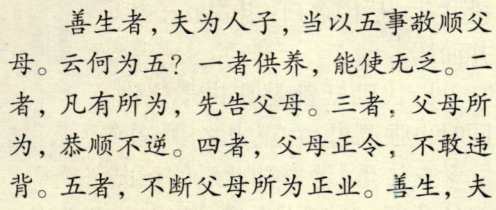

善生者,夫为人子,当以五事敬顺父母。云何为五?一者供养,能使无乏。二者,凡有所为,先告父母。三者,父母所为,恭顺不逆。四者,父母正令,不敢违背。五者,不断父母所为正业。善生,夫

盂兰盆会

盂兰盆会是汉语系佛教地区根据《佛说盂兰盆经》而举行的超度历代宗亲的法会。"盂兰盆"为天竺语,意为"解救倒悬"。传说释迦牟尼弟子目莲见其母在地狱倒悬,受苦而不能救拔,于是按佛说救济之法于七月十五在盂兰盆中备百味果食,供养十方僧众,使其母解脱。形成盂兰盆会。

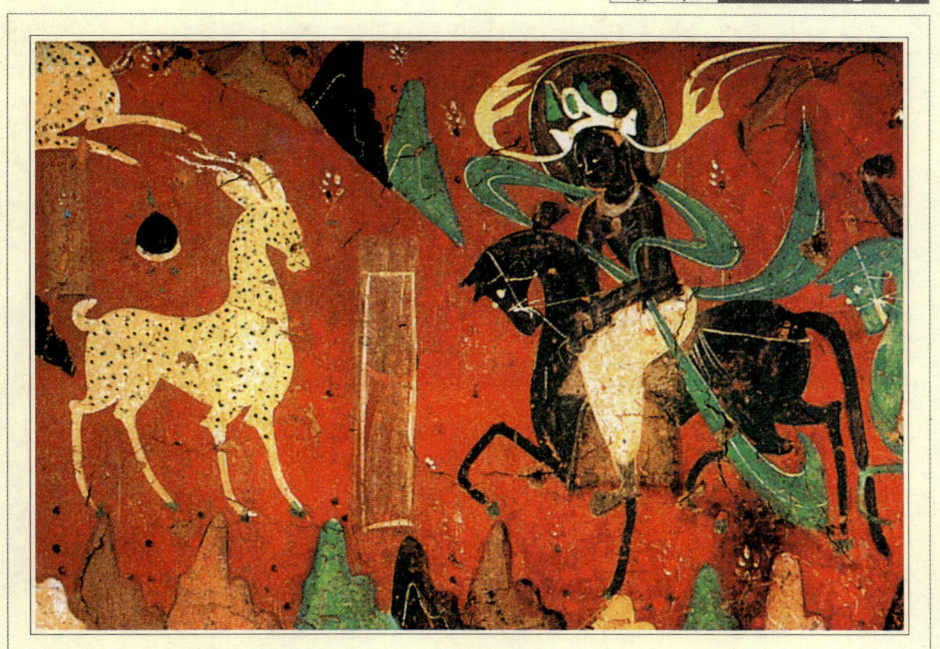

敦煌北魏佛教石窟中的九色鹿故事

"九色鹿拯救溺水之人"是佛本生故事之一,佛本生故事描绘了释迦牟尼生前的各种善行,宣扬"因果报应"和"苦修行善",是敦煌早期壁画中广泛流行的题材。图为北魏时期的佛教石窟壁画。

为人子,当以此事敬顺父母。父母复以五事敬亲其子。云何为五?一者,制子不听为善。二者,指授示其善处。三者,慈爱入骨彻髓。四者,为子求善婚娶。五者,随时供给所须。善生,子于父母敬顺恭奉,则彼方安稳,无所忧畏。

善生,弟子敬奉师长复有五事。……善生,夫之敬妻亦有五事。……善生,夫为人者,当以五事亲敬亲族。……善生,主于僮使以五事教授。……善生,檀越当以五事供奉沙门、婆罗门……

以上是佛教经典《长阿含经》卷11中的一段经文。不难看出,释迦牟尼的思想与孔子、曾子的思想是相通的,对照《孝经》,它们的意思是一样的,都强调对父母亲的孝。

佛教中的《盂兰盆经》,因讲述释迦弟子目连入地狱救拔母亲的故事,而被誉为中国"佛教孝经",此故事在中国广为流传,有不同的注本。佛教所宣讲的盂兰盆会已成为中元节的主要形式,无论僧俗,都得参加,中元节成了孝子表达孝思的重要节日。在古籍文献中,有众多的有关中元节孝子孝思的诗歌,如赵必象在中元日有《代老亲荐祖母疏语》:"萱草堂空,重孝子思亲之念。盂兰场设正地官宥过之,时枕块呼天瓣香皈佛。伏念先妣,某宽以立心,和于待物,四十守寡,坚誓节于栢舟,百指远游,复堕身于茅苇,喜继世联龙门之选,念仲孙未凤偶之谐,尤冀享于长年,获尽观于美事。奈菽水之奉弗,逮而薤露之悲,忽兴逝者如斯。继二雏而

萨埵太子舍身饲虎

中国传统认为"身体发肤，受之父母"，毁伤则为不孝行为。佛教宣扬仁爱众生，为了天下的任何生命皆可舍身。图为萨埵太子舍身饲虎的故事。依照中国的孝道传统来看，父母尚在，而如此不珍惜自己的生命，是为不孝。

长往养，而不待独一子之送终，床头余药犹存，耳畔遗音如在，难掘泉而相见，痛触地以兴哀，梦幻七十六年。谁料弃生于东邑间关二千余里，何当归葬于北邙。"此文的作者赵必象是宋宗室，是南宋末人，曾参与文天祥的复国运动。从文中不难看出，赵必象在盂兰节那天，想起了逝去的祖母，文章虽不长，但对祖母的生活细节回顾得很是细腻，最后提到了祖母不能归葬北邙的遗恨。

僧人孝子

佛教中，有一个著名的孝子，在敦煌卷子中叫"闪子"，其故事大致如下：

闪子者，嘉夷国人也。父母年老，并皆丧明。闪子晨夕侍养无缺，常着鹿皮之衣，与鹿为伴，担瓶取水，在鹿郡（群）中。时遇国王出城游猎，乃见山下有鹿群行，遂止，张弓射之。悟（误）中闪子，失声叫云："一箭煞三人！"王闻之（知）有人叫，下马而问。闪子答言："父母年老，又俱丧明。侍养无人，必定饿死。"语了身亡。诗曰：

闪子行尊孝老亲，不恨君王射此身。

父母年老失两目，谁之（知）一箭煞三人。

这个敦煌卷子中的闪子，是印度人，在佛典《六度集经》卷5、《杂宝藏经》卷1、《大正大藏经》卷3中的《佛说睒子经》《佛说菩萨睒子经》等经文中，都记载着同样的故事：佛祖释迦在修行时，见到嘉夷国的一对盲人夫妇贫寒无子，愿意入山修道。于是，菩萨为帮助他们免受饥饿与虎狼之灾，愿意托生做他们的儿子。盲人夫妇得子之后，非常喜爱，给他取了个名字，叫做睒子。睒子穿着鹿皮做的衣服，与鹿交上了朋友。

一次，睒子提着瓶到河边去打水时，遇上了嘉夷国王在山上打猎，国王误将睒子看成是鹿，射了睒子一箭。中了毒箭的睒子大叫起来，嘉夷国的国王才知道射到了一个人，就向睒子谢罪。睒子对自己受伤倒是没有抱怨，只担心自己死后，父母无人奉养，就托嘉夷国的国王，说自己死后，要国王代自己来奉养父母。嘉夷国王就陪伴着睒子的父母来到睒子的遗体旁，睒子的父母号啕大哭，哭声震天，感动了天帝释，帝释拿来神药水灌入睒子之口。结果，毒箭自己拔了出来。睒子复活了，于是大家都很高兴。

睒子的故事，当然是随着佛教经典一同

北朝时的残存佛像

北魏太武帝灭佛原因是多方面的。起初，太武帝与北魏前两帝一样，并好佛老。其后经宰相崔浩劝谏信奉道教，改信寇谦之的天师道，并改年号为太平真君，开始排斥佛教。公元445年，卢水的盖吴领兵起义，太武帝亲自带兵镇压。第二年，为搜捕盖吴残党，在法性寺发现大量兵器，武帝怀疑沙门与盖吴串通，于是展开声势浩大的灭佛行动。图为北朝时代的残存佛像。

萨埵太子本生图

本生故事是指释迦诞生在净饭王家为太子之前的许多行善积德的故事。故事出自《金光明经》，是摩诃萨埵太子舍身救虎仔的故事。图为北魏作品，分为太子刺血、舍身投崖、饿虎围食、两兄悲号、国王王妃痛哭、造塔埋骨等情节。

传入中国的，但是何时传入中国，则难以确定。从文献的记载来看，睒子故事当是在南北朝时传入中国，现在最早记载睒子故事的是南朝梁代释僧佑的《出三藏记集》卷3中的《新集安公古异经》，此后隋唐时期的佛教经典都有此故事。

那么，中国化的睒子是个什么样子呢？南宋杰出的书画家赵孟頫的族兄赵孟坚画有《赵子固二十四孝书画合璧》，其中就有睒子的故事。赵孟坚对自己所画的睒子，有一条记载，说："周睒子，性至孝，父母年老，俱患双目，思食鹿乳。睒子乃衣鹿衣，去深山入鹿群之中，取鹿乳供亲。猎者见而欲射之。睒子具以情告，乃免。"这个睒子在中国变成了周朝时期的人了；在佛教中是打水，在中国则变成取鹿乳；最后，佛教中的睒子中了毒箭，但在中国则没有中过毒箭。

从以上简单的分析比较可以知道，佛教中有大量的内容是讲孝行，若就数量上来看，并不比中国的少。虽然说佛教中的孝，经过了中国人的改造，或者在翻译时经过加工，尽可能地让它中国化，但出家奉佛在中国仍然被视为是不孝的，原因在哪里呢？这就涉及到三个方面的问题：第一，也是讨论得最多的问题，是沙门敬王者的问题；第二是出家人理发受戒问题；第三是佛教徒出家意味着不能赡养父母。这三个方面都与中国的文化传统直接抵触，故佛教在初期传播阶段，就遭到了中国部分人的猛烈抨击，双方进行过多次论战。

单衣顺母　王震　近代

画家没有受到文献资料所载"闵子骞单衣顺母"故事情节的限制，而是在此基础上加以延伸，展开丰富的想象，画面表现的是闵子骞驾车出差错后，父亲单独将其关在屋子训斥的场面。画面疏朗简练，空旷的屋子更好地衬托出了子骞此时心境。

沙门敬王者

关于沙门敬王者的问题，这是朝廷最为担心的事，但在印度，这则不是个问题。《佛遗教经》对出家人的要求是，"不应参预世事，好结贵人"，以为僧人的地位要高于世俗之人，哪里有僧人向王者行礼的事。另外，《梵冈经》也有规定："出家人法，不礼拜国王、父母、六亲，亦不敬事鬼神。"《涅槃经》也说："出家人不礼敬在家人。"佛教的这些规定，在中国被视为大逆不道，是重罪。因为佛教中的这些规定，直接与王权发生冲突，最为不安的是朝廷，朝廷也最先对此做出反应。咸康六年（340年），东晋庾冰曾两度代晋成帝下诏书，其一是《代晋成帝沙门不应尽敬诏》，此诏书下达之后，立即就遭到了何充等人的反对，何充有《奏沙门不应尽敬表》、《沙门不应尽敬表》及《重奏沙门不应尽敬表》等。这表面上看起来是沙门敬王者一事，实际上，是晋朝当时门阀士族之间的斗争。庾冰为了回敬何充等人，就又有《重代晋成帝沙门不应尽敬诏》重申沙门敬王者的重要性。不过，此事后来不了了之。

事隔六十三年之后，东晋元兴元年（402年）太尉桓玄再次提出沙门礼拜王者的问题，桓玄有《与八座论沙门敬事书》重提沙门敬王者事。

此次，桓玄吸取了庾冰辩论失败的教训，在文中拿出老子这样的人来做比方：即使是老子这样的圣人，也得尊重王侯，哪有沙门不尊王者的道理。这次辩论的规模要远远大于六十多年前的那一次，参与的人较多，《弘明集》中就收录有桓玄的书信及诏书十三篇。而反对桓玄的也不在少数，桓谦、王谧、卞嗣之、袁恪之、释慧远、释支遁等僧俗者一同上阵，与桓玄论战。不过，这次与庾冰那次论争一样，表面上看起来是僧、俗之争，实际上，还夹杂着权力之间的争斗。有关沙门敬王者事，在唐朝以前就多有争论，每次都是不了了之。到唐朝，唐玄宗曾两次发布诏书，一次是在开元二年（714年），一次是在开元二十一年（733年），下敕命僧尼道士女冠例行致敬父母。这场持续了几百年的争论，最后以朝廷的胜利而告终。

佛像轴

此图为明代吴彬所作，画一古佛盘膝高坐，弟子在下面恭敬而立场景。此幅作品细密和粗劲厚重兼有，佛像仪态娴静，面部表情沉静，佛教教义因宣传"孝养父母，仁慈友善"而在印度和中国得到广泛传播。

沙门的剃发

至于沙门之剃发，向来被认为是不孝的重要证据之一。沙门剃发，直接违反了《孝经》中的规定，《孝经》中有"身体发肤，受之父母，不敢毁伤，孝之始也"的说法，故沙门剃发，常常就成了中国人攻击的对象。不过，在《广弘明集》卷10中，收录了一段替沙门剃发辩护的文章，文章虽然不长，但确实有一定说服力：

余昔每引《孝经》之不毁伤，以讥沙门之去须发，谓其反先王之道，失忠孝之义。今则悟其不然矣，若夫事君亲而尽节，虽杀身而称仁，亏忠孝而偷存，徒全肤而非义。论美见危，而致命礼，防临难而苟免，何得一概而讥毁，伤雷同而顾肤发，割股纳肝伤则甚矣，剃须落发毁乃微焉？立忠不顾其命，论者莫之咎，求道不爱其毛，何独以为过汤恤蒸民，尚焚躯以祈泽墨，敦兼爱欲摩足而至顶，况夫上为君父，深求福利，须发之毁，何足顾哉？且夫，圣人之教有殊

观音地藏十王图

地藏菩萨是佛教中尽孝道的楷模。在其本愿故事中，地藏菩萨为从地狱中救度其母，使母亲升入天堂，自愿普度天下众生，使其去恶从善。因此，世人一般所谓的佛家"割爱辞亲，出家修行"为之不孝，与佛家所谓的孝道的方式是不一样的。佛家弟子尽管不能亲临父母，侍奉左右，但他们却竭尽一生普度天下众生，为父母积德积功。图为观音地藏十王图。

途而同归，君子之道，或反经而合义，则泰伯其人也。废在家之就养，托采药而不归，弃中国之服章，依剪发以为饰，反经悖礼，莫甚于斯。然而仲尼称之曰：泰伯，其谓至德矣！其故何也，虽迹背君亲，而心忠于家国，形亏百越，而德全乎，三让，故泰伯弃衣冠之制而无损于至德，则沙门舍缙绅之容，亦何伤乎妙道。虽易服改貌，违臣子之常仪，而信道归心，愿

> ### 德行语录
>
> 子曰："父母在,不远游①,游必有方②。"
>
> 《论语·里仁篇第四》
>
> 【注释】①游:指游学、宦游,经商等活动。②方:确切的地方。
> 【译文】孔子说:"父母在世,不要远离家乡去游学。如果一定要出游,也必须要有确定的地方。"

君亲之多福,苦其身意,修出家之众善,遗其君父,以历劫之深,庆其为忠孝不亦多乎?谓善沙门为不忠,未之信矣。

此段辩护文章,虽可能是出自沙门之手借俗人之口说出来,但是立论确实较为成功,辩论非常有力。文章的意思是说,一个人是否忠孝,不看他是否剃须发,即使有须发的人,若是不忠不孝,留着须发,又有何用呢?既然剃须发是不孝,那割股纳肝就是孝吗?作者在最后得出结论,以为孝与不孝,不能拿须发、服饰等表面上的东西来判断,只要忠于家国,"形亏"是没有关系的。

武帝灭佛的本意

出家人不能奉养父母,这在《孝经》中是最为本质的东西,也是最为严重的。孝道,本质上就是讲在物质上对父母的赡养。在这一点上,中国之孝与佛教之间是论战不断。东汉时的牟融曾著述有《理惑论》,站在佛教的立场上为其辩护。但查《后汉书》牟融传,只字未提牟融信佛一事。据《理惑论》序言称,牟融是在晚年才信佛教的,至于《理惑论》是否是出自牟融之手,在此就不去讨论,但其中一些辩论的观点倒是值得注意。对于俗家人指责佛教徒出家不能孝养父母一事,牟融是这样说的:

五经之义,立嫡以长,太王见昌之志,转季为嫡,遂成周业,以致太平。娶妻之义,必告父母,舜不告而娶,以成大伦。贞士须聘,请贤臣待征召,伊尹负鼎干汤,宁戚叩角,要齐汤以致王,齐以之霸。礼男女不亲,授嫂溺则援之以手,权其急也。苟见其大不拘于小,大人岂拘常也。须大挐觌世之无常,财货非己宝,故恣意布施,以成大道,父国受其祚,怨家不得入,至于成佛,父母兄弟皆得度,世是不为孝,是不为仁,孰为仁孝哉?

牟融的观点可归结为,沙门出家得度,也可以帮助父母兄弟都得度,怎么能说是不孝呢?

削发出家　壁画　北魏

此图绘佛门弟子在佛的见证下削发出家的情景。

《弘明集》及后来出的《广弘明集》,都是出自佛徒之手,故有偏袒释迦之意。但其中系统的资料,使我们有幸一窥唐朝之前的僧、俗之争之大概。由于其中的内容太多,以下仅举一例加以说明。中国历史上有著名的三武灭佛①的说法,其中以北周武帝的灭佛规模最大,影响最为深远。武帝曾多次下诏书,叫僧徒还俗,好奉养父母。

在《弘明集》中的《叙释慧远抗周武帝废教事》,记录有慧远与武帝之间的一场辩论,摘如下,可知释迦是如何看待孝养父母的。

远曰:诏云,退僧还家,崇孝养者。孔经亦云,立身行道,以显父母,即是孝行,何必还家。帝曰:父母恩重,交资色养,弃亲向疏,未成至孝。

远曰:若如来言陛下左右,皆有二亲,何不放之,乃使长役五年,不见父母。

帝曰:朕亦依番上下得归侍奉。

远曰:佛亦听僧冬夏随缘修道,春秋归家侍养。故目连乞食饷母,如来担棺临葬,此理大通未可。

以上是慧远与武帝之间的一段对话。从中可知,佛教也是讲孝养的,只是与世俗不同罢了。辩论的结果,以武帝"无答"而告终。

---

① 三武灭佛:佛教传入中国之后,由于触犯了统治阶级的利益,中国历史上曾经发生过三次大规模的反佛运动,而这三个灭佛的皇帝的称号中都有一个"武"字,故史书上称作"三武灭佛"。第一次是北魏太武帝拓跋焘于444年下令禁止贵族招揽佛教徒。446年,禁止佛教传播,拆毁寺庙,勒令和尚、尼姑还俗。第二次是北周周武帝灭佛。第三次是唐朝武宗于845年发起的灭佛运动,共毁掉大小佛教寺庙近5万座。

道教之孝
DAOJIAOZHIXIAO

道家学说的开创者老子、庄子都是讲孝行的；之后，历代道家的代表人物莫不强调孝行，认为学道之人，首先要学会尽孝。

道教是中国土生的教派，虽然和儒学之间有矛盾和冲突，但它更多地是对儒学的补充。在中国，士人有"入世则持儒学，出世则信道教"的说法。道教在许多教义上，受到儒学的影响，有的甚至直接借用儒学的思想。以下，先来看看道家是如何看待"孝"的：

老子

老子，姓李，名耳，谥曰聃，字伯阳，楚国苦县（今鹿邑县）人。春秋时期伟大的思想家，道家的创始人。曾做过周朝的守藏史（管理藏书的史官）。他与孔丘同时代。孔子到周，曾向他问礼。

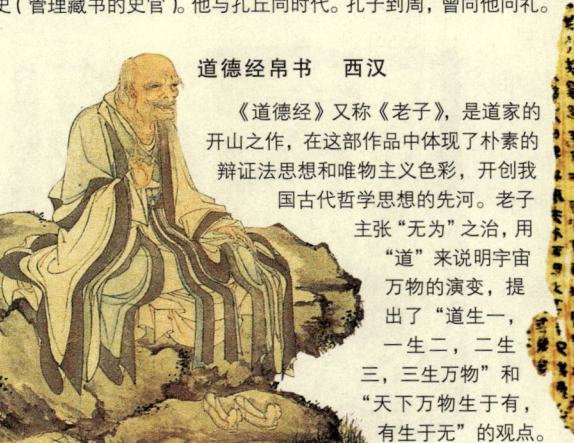

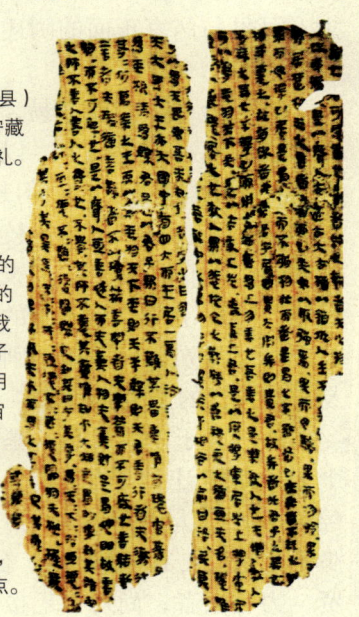

道德经帛书　西汉

《道德经》又称《老子》，是道家的开山之作，在这部作品中体现了朴素的辩证法思想和唯物主义色彩，开创我国古代哲学思想的先河。老子主张"无为"之治，用"道"来说明宇宙万物的演变，提出了"道生一，一生二，二生三，三生万物"和"天下万物生于有，有生于无"的观点。

庄周梦蝶图　明代

《庄子·齐物论》载：昔者庄周梦为蝴蝶，翩翩然蝴蝶也，（自喻适志与）不知周也。俄然觉，则蘧蘧然周也。不知周之梦为蝴蝶与？蝴蝶之梦周与？周与蝴蝶则必有分也，此之为物化。庄周梦蝴蝶强调了老庄的虚静论，只有虚静以待，排除一切干扰，方得庄周梦蝶的境界。

桂宫列楹联，百行孝为先。
文祖能行孝，馨香万万年。
故其于一身，成道即成仙。
成仙即成圣，成圣即兼贤。
光明开日月，爱慕通地天。
世人欲希孝，孝真百行原。

此诗是道士张三丰的《天口篇》的部分，其实，它的内容是通篇讲孝道的。诗的内容强调一点，要想成仙，先得尽孝。

老庄论孝

道教的教义，有大量的内容是讲孝道的。我们可以先看看老子在《老子》中是如何讲孝的。《老子》第十八章有"六亲不和，有孝慈"，又说，"国家混乱，有忠臣"，第十九章有"绝圣弃智，民利百倍；绝仁弃义，民复孝慈"等言论。老子孝的思想中，更加强调不睦之时的孝、国乱之时的忠。可见与儒家正面的阐述是有差别的。

《庄子》有"以敬孝易，以爱孝难"之说，意思是说，以敬礼来行孝是容易做到的，但是，以赤诚之心去行孝，是比较难做到的。又如"忘亲易，使亲忘我难"，意思是说，做子女的容易忘掉父母亲，而父母亲则不易忘掉自己的子女。

道教关于孝的思想，基本上是继承老庄的思想。《太平经》中有"父母者日衰老，力日少不足也。夫子何男何女，智、贤、力有余者，尚乃当还报其

宋元时期画像砖

此画像砖描绘了"拾葚供母"、"啮指痛心"以及"行佣供母"三个孝子故事，在构图上巧妙以线划分空间，使两个内容处于远近不同的空间里。

父母功恩而供养之也","佃家谨力子,平旦日作,日入面临卢,不避劳苦,日有积聚,家中雍雍,以养父母"等一些劝孝的言论,非常通俗易懂。《太平经》也有诸如"夫天地至慈,唯不孝大逆,天地不赦","孝善之人,人亦不侵之也;侵孝善之人,天为治之"等一类的言论,仿佛就是《孝经》的另一种说法。《太平经》还强调忠、孝两全:"为帝王生出慈孝之臣也。夫孝子之忧父母也,善臣之忧君也,乃当如此矣。"学术界一般将葛洪视为道家学说的集大成者。他之所以著名,就是因为他有一套炼丹成仙的理论。但是,他在道学名著《抱朴子·内篇》中虽然介绍了炼丹成仙的技术秘诀,却不忘告诫那些想成仙的人,仅仅掌握了成仙的秘诀还不够,还有更为重要的事情要做,那就是要忠、孝。忠、孝是修炼成仙的必备条件,"欲求仙者,要当以忠孝和顺仁信为本。若德行不修,而但务方术,皆不得长生也"。

　　道教讲成仙,仙道与人道之间毕竟存在着矛盾。如何处理这一关系,就成了道教所必须面对的;解决这一矛盾,也是道教所面临的任务之一。《无上秘要》卷15中有"父母之命,不可不从,宜先从之。人道既备,余可投身。违父之教,仙无由成"。又说,"仁爱慈孝,恭奉尊长,敬承二亲"。《洞玄安志经》强调,学道之人,则要先学会尽孝。

老子授经图　任颐　清代

　　孔子的"孝"在道家那里同样适用,儒家"孝"讲究入世、忠君敬母等符合"三纲"、"五常"的行为;道家出世成仙所必备的条件同样是忠孝之行。图为《老子授经图》。

《净明忠孝全书》

道教是中国土生的教派，在许多方面都受儒家学说的影响。儒家在读经的顺序上，第一个要读的就是《孝经》，实际上就是要蒙童先学会做人、尽孝。道教也一样，在两宋时，中国产生了一个道教教派，这个教派就是净明道，它有一个特别之处，就是讲孝。净明道主要传播的范围在江西南昌一带，它将晋朝道士许逊奉为祖师。许逊是南昌人，西晋司马炎太康元年（280年）为蜀旌阳令，师事女真谌母。永嘉末，海昏大蛇断道，遂仗剑斩之，宁康二年四十二口与鸡犬皆上升，今封为真君。将许逊奉为净明道的祖师，是早在唐朝就有的事，只是影响不大。到了宋朝，有道士周真公、何守证等，再次利用对许逊的信仰，聚众传道，影响不断扩大，至此，净明道正式形成，但其影响仍然有限。直到进入元朝之后，情况为之一变，这个让净明道重新发展壮大的人，是刘玉。然而，对于这个刘玉，史载不详，元朝确实有个叫"刘玉"的，著述有《诗缵绪》一书，这书是研究《诗经》的，主要发挥了朱熹的观点，但刘玉似乎没有学过什么仙外之术。《江西通志》

郭子仪上寿图 砖雕 清代

净明道是儒道互补的一个道派，其思想以"忠孝"为本。它倡行忠孝建功，倡导忠孝神仙的思想，认为欲成仙道，先修人道，人事尽时，天理自见。只有这样，才能达到净明道修炼的境界。图为清代砖雕《郭子仪上寿图》。

德行语录

孟子曰："不孝有三，无后为大。舜不告而娶，为无后也。君子以为犹告也。"

《孟子·离娄上》

【译文】 孟子说："不孝有三种情况，其中又以没有后代的罪过为最大。大舜结婚时，没有禀告父母，为的是怕自己将来没有后代。所以，君子认为大舜虽然没有将结婚一事禀告父母，但实际上和禀告了一样。"

卷103记载的"刘玉",应当就是我们这里要说的"刘玉",但其生平实在是太简单,没有给我们留下有价值的线索:"刘玉,字颐真。随父徙居洪州,遇胡洞真,张洪崖授以秘术,许旌阳亲降其家,授以中黄大道《八极真诠》。五十二岁化去,三年启窆视之为空函,人称为刘玉真。"

那么,净明道的教义《净明忠孝全书》到底讲的什么呢?"净明传教法师黄言,净明只是正心诚意,忠孝只是扶持纲常。但学人习闻此语烂熟了,多是忽略过去,此间却务真践实履工夫,方与四字符契。且大忠者,一物不欺;大孝者,一体皆爱;净者,一物不染;明者,一物不触。不染不触,忠孝自得。又曰:忠者,忠于君也。心君为万神之主宰,一念欺心,即不忠也。"这是将"净明忠孝"四个字进行了解释,"净明"说的是修行,而"忠孝"则是修行必须要具备的基础。《净明忠孝全书》中忠孝的言论较多,如在卷5中,有"忠孝者,臣子之良知良能,人人具此天理,非分外事"。显然,这些言论是吸收了王阳明的良知之说,完全是理学化的净明道。卷3中则说:"心君为万神之主宰,一念欺心,即不忠也。……明理只是不昧心天,心中有天者,理即是也。谓如人能敬爱父母,便是不昧此道理,不忘来处,知

窦燕山教子图轴　清代

此图为清代画家任薰所作,描绘了五代时期词学家窦燕山教子读书的场景。《三字经》中有载:"窦燕山,有义方。教五子,名俱扬。"在中国古代家庭中,父母对子女的教育是第一位的,父母多期望儿子考取功名,报效国家,为国尽忠,为家争光。这也体现了古代教育"忠孝"两方面的内容。

鸡犬升天

汉王充《论衡·道虚》："儒书言：淮南王学道，招会天下有道之人，倾一国之尊，下道术之士，是以道术之士并会淮南，奇方异术，莫不争出。王遂得道，举家升天，畜产皆仙，犬吠于天上，鸡鸣于云中。"

后代多用于讽刺意义，多指一人得势与其相关人等都跟着得到好处。

有本源。"这些话，实际上来源于陆九渊的学说。陆九渊在与朱熹辩论时，朱熹批驳陆九渊剽窃了佛教的理论，而陆九渊则攻击朱熹盗取了历史上道家的理论。其实，学问原本就是互相影响的，这从《净明忠孝全书》中能够清楚地看出来。该书从传统的儒学、后来的陆学、朱熹之理学、明朝的王学等之中，均多有吸收借鉴。

道教以教派多而著称，但是，将忠孝二字作为教派的名称，这在中国历史上是绝无仅有的，而将忠、孝二字纳入教派名称的，就是刘玉。元朝初年的道教经典《太上灵宝净明四规明鉴经》的言论，颇能说明问题。由于此篇形成于元初，是净明道的全盛之时，它的理论无疑具有一定的代表性："道者性所有，固非外而烁；孝悌道之本，固非强而为。得孝悌而推之忠，故积而成行，行备而造日充，是以尚士学道，忠、孝以立本也，本立而道日生也。"中国历史上，公开宣传以忠孝立教的，只有净明道了。这和汉朝以来朝廷所谓的以孝治国，在本质上是一样的。忠孝在净明道的修行中的作用是非常强大的，要想立功，先得忠孝，《太上灵宝明四规明鉴经》中有："忠孝备而可以成本，可以立功，立功之道无阳福，无阴鹭，无物累，无人非，无鬼责，所以上合于三元，下合于万物也。下土呼符水治药饵已人之一疾，救人之一病而谓之功？非功也，此道家之事方便法门耳。"净明在此处所说的立功，类似于佛教中的普度众生，所谓"立功"，不是只救一人一物，而是施救于万物，惠及于万民，要做到这一点的，就是忠、孝。修道的目的是成仙，那么忠、孝在成仙的道路中起着怎样的作用呢？同样《太上灵宝明四规明鉴经》给了我们答案："学道以致仙，仙非难也，忠孝者先之不忠不孝而求乎道而冀乎仙，未之有也。比干杀身以成忠，生者人之所甚爱，比干不爱其身而全身以求道，信道有备知其不误，其为仙也。大舜终身以成孝，劳者人所甚畏，大舜不惮其劳，而服劳以求道，依道有备知其不误，其为信也。忠孝之道非必长生，而长生之性存，死而不昧，列于仙班，谓之长生。"此段经文中提到的比干是中国历史上最为著名的忠臣，而舜是中国历史上第一大孝子。尤其是比干，因忠诚而被剖心，所以，这里说比干是杀身以成忠。同样，要想成仙，就得像比干、大舜一样，尽忠尽孝，即使是死也在所不辞。只有那样，才能最终达到成仙的目的。

《文昌孝经》

要说元朝时的净明忠孝道，是以忠孝作为修行的手段，通过忠孝来达到修行成仙的目的，道教中，还有一部著名的经典，就是《文昌孝经》，是名副其实的道教中的《孝经》。是书的作者不详，据明代少保大学士耶浚仲所著《文昌孝经原序》称，作者应当是宋朝人，只不过是借文昌帝之口，劝人尽忠尽孝而已。显然，这个《文昌孝经》是仿照《孝经》而做的，言论上，实际是对儒家学说的解读，如《辩孝章第三》："百先之行，根从心起"，"始知百行，惟孝为源"。又如"孝治一身，一身斯立；孝治一家，一家斯顺；孝治一国，一国斯仁；孝治天下，天下斯升；孝事天地，天地斯成"。《文昌孝经》中说："养亲口体，未足为孝，养亲心志，方为至孝；生不能养，殁虽尽孝，未足为孝，生既能养，殁亦尽孝，方为至孝。"看了这种表达，对照我们前面已经谈到的孔子的所

汉代说唱俑

汉代时社会安定、经济繁荣，提倡"孝廉荐举"制度，出现以厚葬表孝悌的风气，在厚葬文化的带动之下，促进陶俑制作技术的发展和改良。图中的说唱俑形象憨厚、喜气，左手举槌欲击左臂挟持之鼓，神情幽默生动，极富感染力。说唱俑边唱边舞的形式，是中国古代戏曲的源头。

举孝廉

孝廉是汉武帝时设立的察举考试的一种科目。孝，指孝子，廉，指廉洁之士，孝廉是孝顺父母、办事廉正的意思。后来被举荐的人也称为"孝廉"。

孝廉是察举制常科中最重要的科目。汉武帝时，采纳董仲舒的建议，于元光元年（前134年）下诏郡国每年察举孝者、廉者各一人。不久，这种察举就通称为举孝廉，并成为汉代察举制中最为重要的岁举科目，"名公巨卿多出之"，是汉代政府官员的重要来源。

孝廉举至中央后，按制度并不立即授以实职，而是入郎署为郎官，承担宫廷宿卫，熟悉朝廷行政事务后，经选拔，根据品第结果被任命不同的职位，如地方的县令、长、相，或中央的有关官职。

德行语录

父母有过，下气怡色①，柔声以谏。谏若不入，起敬起孝②，说则复谏③；不说，与其得罪于乡党州闾④，宁孰谏⑤。父母怒，不说而挞之流血，不敢疾怨，起敬起孝。

《礼记·内则》

【注释】①下气怡色：下气，说话低声；怡色，和悦的神态。②起敬起孝：起，更加。③说则复谏："说"通"悦"。④乡党州闾：乡党，同一乡中人称"乡党"。州闾，基础行政组织。⑤宁孰谏：殷勤劝阻。

【译文】父母有过错，要低声而面色和悦地用柔和的声调进行劝谏。劝谏不听，要更加恭敬，更加孝顺，等到父母心情愉快时再进行劝谏；父母不高兴，与其让父母得罪地方上的人，宁可犯颜殷勤劝谏。父母大怒不高兴，鞭打自己，以至流血，也不敢怨恨父母，要对父母更加恭敬，更加孝顺。

谓的"色养"，就知道这是对儒家孝道的另一种解释。但是，这里与儒家的孝道理论有所不同，道教通常比较重视生前的修行，不太看重死后之事。父母在世，做子女的要尽孝，父母死了，也尽孝，当然称得上是孝。若是父母在世，子女没能尽孝，死后再尽孝，则就不能成其为孝了。也就是说，道教更加重视生前之孝，这不同于孔子、曾子之孝，孔子及曾子非常强调死后的祭祀，大约也是出于先秦时期祭祀的习俗。

《文昌孝经》涉及面很广，它是仿照《孝经》制定出来的，像《孝经》一样，它也涵盖了社会生活的各个方面，这里就不再展开讨论了。

第三章

以孝治天下

自汉朝开始，《孝经》一书成了此后中国皇家的必读之书。魏晋南北朝时，朝廷创造出了独有的留养制度。在政绩和私生活中都颇有争议的唐玄宗所注释的《孝经》，是十三经注疏中唯一的皇帝的注释。宋朝是中国历史上孝文化登峰造极的开始，朝廷对愚孝一类的行为，通常持支持的态度。朱元璋无疑是中国历史上在和平时期杀大臣最多的一个人，但他在父母面前却自称为「孝子皇帝」，这也是独无仅有的。作为少数民族的满人，基本上接受了汉族的孝文化。

孝进入政治体制之中
XIAOJINRUZHENGZHI TIZHIZHIZHONG

汉代，中国历史上第一次将孝悌作为一种官职，这不仅仅是新增了一个官职的问题，更重要的是，它代表了朝廷的导向；提倡孝，促使百姓向孝、行孝，以官职作为榜样和表率。

皇室子弟必读书

虽然说中国人以重孝著称，但将孝纳入政治制度中，成为国民生活的一部分，则是从汉朝开始的。汉朝何以开始将孝提高到政治的高度呢？这与之前秦的暴政有关系，汉朝实际上是从秦的暴政中吸取教训。对于当时情况，汉初政论家贾谊在《新书·治安策》中写道：

曩之为秦者，今转而为汉矣，然其遗风余俗，犹尚未改。今世以侈奢相竞，而上亡制度，弃礼谊、廉耻日甚，可谓月异而岁不同矣。逐利不耳，虑

德行语录

曾子曰："慎终①追远②，民德归厚矣。"

《论语·学而第一》

【注释】 ①终：指老死。②远：指祖先。

【译文】 曾子说："谨慎地办理好父母的丧事，虔诚地去追念祭祀自己的祖先，这样的话，就可以使老百姓的道德风俗变得淳朴厚道了。"

非顾行也，今其甚者杀父兄矣……白昼大都之中剚吏而夺之金……至于俗流失，世坏败，因恬而不知怪，虑不动于耳目，以为适然耳。

从贾谊的说法中，我们知道汉初之时，遗留了秦朝时的一些恶俗，朝廷也是从秦的灭亡吸取教训，认为有必要采取新的治理国家的政策，其中之一便是孝治。汉朝为了达到以孝治天下的目的，采取了一系列的措施。

首先是汉朝皇室弟子必须接受孝道教育，教材中有《孝经》。据《汉书·景十三王传》，"后数月，下诏曰：'广川惠王于朕为兄，朕不忍绝其宗庙，其以惠王孙去为广川王。'去即缪王齐太子也，师受《易》、《论语》、《孝经》皆通。"除此之外，在宣帝、昭帝时规定，《孝经》作为皇太子、皇后、宫妃的学习教材，这一点在《汉书·昭帝纪》中有记载："（朕）修故帝王之事，通《保傅传》、《孝经》、《论语》、《尚书》，未云有明。"由于皇太子将来要管理国家，所以，对皇太子的要求更高一些，皇太子对各种经文都得背诵，其中当然也包括《孝经》。

孝悌官职

汉代直接设孝悌官职，促使人们向孝。《古文孝经》有"孝悌之至，通于神明，光于四海，无所不通。诗云：自西、自东、自南、自北无思不服"。孝悌通常是动词，在《孝经》中，古文、今文都有阐述，孝则天下顺，孝悌

墓主人与侍从图　墓室壁画　汉代

汉代去古不远，神仙之说盛行，又加崇尚孝道，故极重厚葬。图为汉代墓室壁画，墓主人端坐，身旁立一侍从。这幅壁画将其生前生活中的细节真实地展现了出来。

忠孝廉节四屏条　近代

忠孝廉节是儒家的基本道德规范。忠约束个人对国家的态度，孝为个人对父母及兄弟的态度，廉为个人（多指官员）之于百姓，节则特指人的自身修养。可以说，这四个字，将一个人与社会、亲人及自我修身方面都做了系统的规定。

也者，其为仁之本。但到了汉代，中国历史上第一次将孝悌作为一种官职，这不纯粹是新增了一个官职的问题，更重要的是，它代表了朝廷的导向，提倡孝，促使百姓向孝、行孝，以官职作为榜样、表率。汉朝，基层主持教化的是三老①。严格地讲，三老不是官，是乡村中资格较老、有一定权威的村野老夫，《后汉书·百官志》载："掌教化。凡有孝子顺孙，贞女义妇，让财救患，及学士为民法式者，皆扁表其门，以兴善行。"孝悌一职是在汉高后时设，"初置孝悌、力田二千石（各一人）"，文帝之时，尚下诏书曰："孝悌天下之大顺也；力田，为生之本也；三老，众民之师也；廉吏，民之表也。朕甚嘉此二三大夫之行，今万家之县，云无应令。"

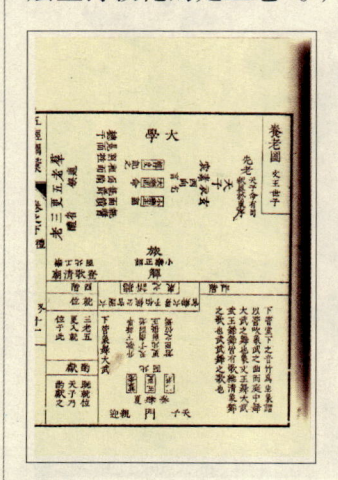

两汉的孝道教育

在学校推广孝道教育，孝作为一门专门的课程，进入了学校。汉代将《孝经》作为教材，推广到了学校。汉文帝时，开始设置《孝经》博士，《孝经》成了一门专门的学问，由专人研究，并教授。汉代授课的次序是，首先是小学，从《孝经》、《论语》开始。从汉代一直到南宋，《孝经》在次序上一直排在《论语》之前。至朱熹，《论语》的地位提高，排在了《孝经》之前。汉宣帝时，当时朝廷颁布命令，在最低级的庠、序中要置《孝经》师一人，这是《孝经》成为一般学校的教材的开始，这也是《孝经》发展史上的一个里程碑。以此为开端，《孝经》成为了中国古代的圣书。民间私学也要讲授《孝经》。东汉时，邴原入私学，"一冬之间，诵《孝经》、《论语》"。不独如此，武人也得学习《孝经》，《后汉书·儒林传》中有"自期门羽林之士，悉令通《孝经》章句"的记载。

家族、家庭的孝道教

养老图
图为后代所整理的汉代养老制度表。对天子、公卿、庶人有着不同的表述。

汉代砖刻上的酿酒图
历史上禁酒极为普遍，除了政治原因外，更多的还是粮食问题引起的。汉代时造酒技术已比较成熟，酒主要以粮食酿制，但当时粮食紧张，朝廷为了保障养老政策的实施颁布禁酒令。

---

①三老，是指老人中知天、地、人之事者。

育主要是表现在"家诫"、"家训"中,这在中国向来很发达,它们主要起教化的作用,是地方、国家治安的重要补充,起到稳定社会的功能。在"家诫"、"家训"中,以孝治家是重要的内容之一。据《后汉书·仇览传》的记载,仇览是陈留考城人,在乡里当亭长,维持社会治安,劝导教化。仇览刚到亭里时,亭里有个叫陈元的,独与母亲居住,不孝养母亲,他母亲将他告到了仇览那里,于是仇览招呼陈元,给陈元《孝经》,叫他编读,直到陈元悔过为止。陈元后来成了一个孝子。

临钟瑶千字文　王羲之　晋代

孝道是古代幼童在小学(蒙学)时学习的重要内容。流传最广的蒙养教材是《三字经》《百家姓》和《千字文》,这些书教育孩子们从小孝敬父母,顺从兄长。如《三字经》中以黄香九岁时就为父母暖被窝,孔融四岁就把梨让与兄长为例子,教育孩子要从小孝顺。

　　在汉朝的家庭教育中,孝道是重要的内容之一。在《华阳国志》卷10下中记载有杜泰姬教育子女的方法,其标题是"杜氏之教,父母是遵"。杜泰姬一生有七男七女,皆有令德,尚告诫诸女及妇人说:"吾之妊身在乎正顺,及其生也,恩存于抚爱,其长之也,威仪以先后之,体貌以左右之,恭敬以监临之,懃恪以劝之,孝顺以内之,忠信以发之,是以皆成而无不善,汝曹庶几勿忘吾法也。"这里,杜泰姬在向别人传授她教子的方法,希望其他的女人,尤其是要做母亲的来仿效她。杜泰姬的方法就是,母亲在怀孕的时候,就要进行胎教,然后,随着年龄的增长,施以不同的教育方法,其中,孝道教育就是重要的内容之一。

汉代尊老制度

　　比起先秦,汉代的重孝、敬孝不仅是停留在宣传上,政府开始在其中扮演积极的角色,其中之一,便是养老制度的初步建立。养老、敬老成了汉代以孝治国的国策之一。

　　汉代,年过六十为老,但实际上,只有年龄在七十岁以上者,才称得上是高龄。在《后汉书·礼仪志》中记载着汉代于仲秋季节辟雍[①]时躬

[①] 辟雍:《说文》将"辟"字解释为"墙"的意思,"雍"是"天子享宴"的地方。也有将"辟雍"解释为天子之学的。辟雍在不同的时代,有着不同的意思,到了秦汉之后,辟雍更像是明堂了,也就是天子议事或祭祀之地。

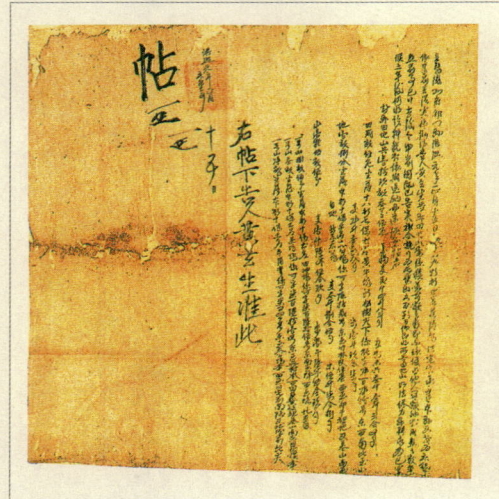

垦地产业凭证

图中的开垦事帖是明初发给直隶徽州府祁门县农民黄玄生的开垦荒地的产业凭证，帖中明确规定，这块土地永远归黄氏所有，三年之后要依照规定纳税。中国历朝历代都高礼优待老人，并制定相应的养老制度。"免老"是对达到年龄标准的编户齐民免除徭役的养老制度，秦代时早已出现。"免老"对象的最低年龄一般在六十岁左右，汉初时此制度的实行有爵位等级的限制，享有爵位者有放宽年龄的优待。

《列女传》

胎教一词源于中国古代，早在《列女传》中就有胎教论的记述。古人认为，胎儿在母体中能够受孕妇情绪、言行的感化，为了孕育德才兼备的后代，所以孕妇必须谨守礼仪，给胎儿以良好的影响。

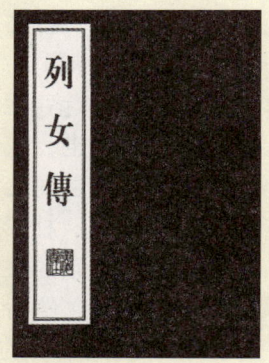

养"三老"、"五更"时的盛大场面：

先吉日，司徒上太傅若讲师故三公人名，用其德行年耆高者一人为老，次一人为更也。皆服都纻大袍单衣，皂缘领袖中衣，冠进贤，扶（玉）[王]杖。五更亦如此，不杖。皆齐于太学讲堂。其日，乘舆先到辟雍礼殿，御座东厢，遣使者安车迎三老、五更。天子迎于门屏，交礼，道自阼阶，三老升自宾阶。至阶，天子揖如礼。三老升，东面，三公设几，九卿正履，天子亲袒割牲，执酱而馈，执爵而酳，祝鲠在前，祝饐在后。五更南面，公进供礼，亦如之。

从这段文字的描述中，可以看出，在汉代辟雍躬养时有着非常繁复的仪式，上至皇帝，下到百官，都得参加。

给老人以优厚的物质待遇，是汉代具体的养老措施。汉文帝元年，颁布有定制："令县道，年八十以上，赐米人月一石，肉二十斤，酒五斗。其九十以上，又赐帛人二匹，絮三斤。赐物及当禀鬻米者，长吏阅视，丞若尉致。""赐年九十以上帛人二匹，絮三斤。八十以上米人三石。鳏寡孤独帛人二匹，絮三斤。"在汉宣帝之时，"加赐高年帛。赐金钱，鳏寡孤独各有差"。由于当时粮食产量不高，为了保证有足够的粮食来保证这一养老政策的顺利执行，朝廷下了禁酒令，禁止将粮食酿酒。除了这些规定的政策之外，还有一些不定期的赏赐，这主要是在皇帝登基庆典或者发生了水旱灾害时，有一些临时性的发放。如在汉光武帝二十九年二月，光武帝对一些因冤狱而昭雪的老年人，"赐天下男子爵，人二级，鳏、寡、孤、独、笃癃、贫不能自存者粟，人五斛"，接着，五月，因大水，光武帝照例是赏赐老人粟五斛。

对于老年人犯罪，适当地放宽刑罚。汉朝初年，朝廷在刑法上采取宽容的态度，这主要还是吸取了秦亡的教训。汉初惠帝初即位之时，就发布诏令："民年七十以上，若不满十岁，有罪当刑者，皆完之。"意思是说，七十岁以上和十岁以下的若犯罪，就不加肉刑，也不剃头发。到了汉宣帝时，宣帝下诏书说："年八十以上……当鞠系者，颂系之。"意思是说，不给那些年八十以上的犯人上镣铐。至汉宣帝元康四年，宣帝又下一诏："朕念夫耆老之人，发齿堕落，血气既衰，亦无暴逆之心，今或罹于文法，执于囹圄，不得终其年命，朕甚怜之。自今以来，诸年八十非诬告、杀伤人，它皆勿坐。"在汉代，多个皇帝都致力于废除肉刑，这不只是指对一般的犯法的人，尤其是考虑到照顾老年人。到了汉成帝时，对老年人的犯罪处罚就更加宽松了，规定年七十以上的老者，"非首，杀伤人，毋告劾，它毋所坐"。也就是说，对老年人犯罪，只限于杀人罪中的主犯，次要犯罪或其他的一般的刑事犯罪就一概免罪了。西汉自汉初的惠帝开始，历朝皇帝都采取不同措施，想尽办法来照顾老年人，尽可能地减轻老年人的罪责，直至成帝时，将老年人的罪责只与杀人一项联系起来。可见，汉朝一代，是非常照顾老年人的，这是敬老的重要内容之一，也是汉朝以孝治天下的主要表现之一。

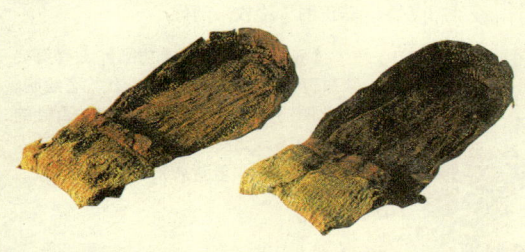

对于老年人，土地可以买卖，免除税收。汉朝对受田在年龄上有一些规定，《汉书·食货志》对当时的受田的情况有记载："民年二十受田，六十归田。"通常，六十岁以上的老年人，在归还公田之后，若是仅靠私田是无法维持生计的，于是，只能做一些买卖来补贴家用。但依

汉代的麻屦

皮靴丝屦是古人穿用的靴鞋的种类，图中所示为汉代时期的麻屦。麻屦也就是麻鞋，周代时便已出现，由麻、葛编制而成。同时，秦汉时期，木屐也开始在社会上流行。

德行语录

能以事亲，谓之孝；能以事兄，谓之悌①；能以事上，谓之顺；能以使下，谓之君。

《荀子·王制篇第九》卷五

【注释】①悌：敬爱兄长。
【译文】能以礼义侍奉自己的父母亲的，叫做孝；能以礼义敬爱兄长的，叫做悌；能以礼义遵从上级的，叫做顺；能以礼义趋使下属的，叫做君。

照汉朝的法律，所有的买卖，都得交税收，只有年龄在六十以上的男女，才可以享受免税的待遇。此规定在西汉成帝建始三年有着明确的规定：男子"六十以上毋子男为鲲，女子六十以上毋子男者为寡，贾市毋租"，对这些无儿子的六十岁以上的男女老者，朝廷给予特别的照顾，这些都可以视为孝治的一部分。

这些规定，对稳定社会起着重要的作用，也具有强大的导向功能。除此之外，对于那些家里有九十岁以上的老者，朝廷会命令子孙奉养，朝廷对奉养者采取免除赋税的优惠政策，鼓励子孙尽孝。相关的记载出现在《汉书·武帝本纪》中："令得身率妻、妾遂供养之事。"汉代通常对七十岁的男子授王杖，以视尊重，并享受一定的廪给，也就是由政府定期地给老人一定的米、肉等。但同时规定，对赡养受王杖的人，也享有免除税役的优惠。西汉宣帝本始二年（前72年）作出这一规定，41年后，朝廷将这一年龄规定提前了十年，也就是六十岁以上的男子若无子男的，若是有人愿意奉养他们，都在免除赋役之列。

汉代养老制度的许多具体规定，对后世影响巨大，并被后世所沿用。

养正图　冷枚　清代

《养正图》又称《圣功图》，是带有启蒙教育性质的作品，明清两代均有绘制。此图册描绘历代贤明君主爱护百姓的故事。此图则描绘了诸位执杖老人携幼孙提篮背袋领米的热闹场景。

刺绣"寿"字

此"寿"字饰彩艳丽，以粉红绸为底，端庄大方，其中暗含道教中八位仙人手中所持之物。

当然，汉代的养老制度，对先秦有一定的继承关系，但先秦的养老，多是一些理想的传说，尚未形成制度性的东西，但不能说先秦的养老就毫无意义，先秦的养老传说，可以作为汉代养老制度的一个源头。汉代的恤刑制度①、王杖制度及辟雍制度，都是从先秦借鉴过来的。汉代的养老制度，大约可以分为三个阶段：第一个时期是自汉朝建立到汉宣帝之时，这一时期，汉朝初立，统治者吸取了秦朝灭亡的教训，采取黄老之治的政策。在养老政策上，表现为汉高帝设三老，汉惠帝行恤刑制度，到文帝时，继续推行廪给制度，养老之制初具规模。第二个时期，自宣帝到西汉末期，这个时期是汉朝养老制度的发展期。在养老制度上，独具特色的孝廉制度，是从汉武帝开始的。到了汉宣帝时，宣帝将汉景帝时创设的八旬老人问罪不戴镣铐再次放宽，对八旬老者戴镣铐，只涉及诬告和杀人两罪，其余皆不问。宣帝之时，还有一些重要的措施，对于六十岁以上的老者施行王杖制度、免税制度，都是以诏书的形式发布，可见朝廷的重视。第三个阶段，是东汉时期。东汉时期的养老制度，可视为西汉的继续，但东汉的养老在制度上没有创新。东汉初的明帝时期，开始陆陆续续地恢复西汉时期的辟雍、养三老五更等制度。但随着东汉中后期的外戚和宦官的干权，皇权被削弱，各项制度也随之流于形式，其中当然包括养老制度。汉代养老制度的衰落，也是中国古代养老制度的衰落，此后的中国，虽然有的朝代仿照汉代的做法，但只是提倡而已，根本上就不能和汉代的养老制度相比。也难怪，元代的马端临②对后世的养老制度的衰落，发出如此的感叹："按古者，天子之视学，多为养老设也，虽东汉之时犹然。自汉以后，养老之礼浸废，而人主之幸学者，或以讲经，或以释奠，盖自为一事矣。"这是马端临在撰写《文献通考》时，总结元朝以前诸朝代的制度，所得出的精辟的见解，也算是对这个古代养老制度的一个总结。

建宁二年举孝廉除郎中拜
碑刻　汉代

"举孝廉"本是我国古代选拔官员的察举制中的主要一种，盛行于汉朝，主要特征是由地方长官在辖区内随时考察、选取人才并推荐给上级或中央，经过试用考核再任命官职。孝廉，即指孝顺和廉洁，董仲舒认为"求忠臣必于孝子之门"，故考察官吏最注重其是否恪守孝道。

---

①恤刑制度，即慎用刑罚。最早在《尚书·舜典》中就有"钦哉钦哉，惟刑之恤哉"的记载。
②马端临（1254—1323年）：字贵与，原饶州乐平（今属江西）人，史学家、目录学家。年少聪明好学，博览群书。父廷鸾系南宋宰相，以荫补承事郎。宋亡，端临隐居不仕，后为学官。潜心学术二十余年，撰成我国中世纪仅见的历史巨著《文献通考》三百八十四卷。该书以杜佑《通典》为蓝本，记述自唐天宝至宋嘉定五年典章文物，并拾遗补缺天宝以前之史迹，共分二十四类。

魏晋时期的孝治

WEIJINSHIQIDEXIAOZHI

魏晋南北朝是中国历史上的第一个大分裂时期，在长达三百多年的混乱中，正统的儒家学说受到来自佛教、道教的冲击，尤其是佛教，对中国正统学说的冲击尤为巨大。孝作为儒家学说的核心，在某种程度上得到了加强。这种加强，既表现为在外来文化的冲击之下的自我保护，也表现出当时特殊的历史背景下的特有文化特征。孝与当时的清议制度紧密相连。

选官论孝行

自从汉朝将孝廉作为一种正式的官职来评判人物，中国古代历朝都将这一制度沿用了下来，只是在具体的方法上不同而已。魏晋南北朝时的清议的重要内容之一，便是孝与不孝。在司马懿执政的时候，司马懿曾问政于夏侯玄。夏侯玄是曹魏时期的重要人物，也是玄学的早期重要代表人物，他虽然大谈玄学，但仍然将他虚玄的玄学与政治上的选拔人才严格地分开。夏侯玄回答司马懿的《时事议》一文收在《三国志·文类》卷37中。夏侯玄

曹全碑

《曹全碑》，全称《汉郃阳令曹全碑》，明万历初在今陕西合阳县出土，是晋代王敞等人为纪念曹全功绩所立。曹全，字景完，敦煌效谷人，东汉灵帝时举"孝廉"，胞弟夭亡后，曹全弃官归家。灵帝光和六年，曹全再次被举孝廉。次年，曹全被调任合阳县，镇压郭家，响应黄巾军的起义，在镇压过程中，曹全采取了抚慰老人、招抚流亡以及体恤病残聋哑等缓和矛盾的措施，得到全县百姓的爱戴。

> ## 德行语录
>
> 孟子曰："世俗所谓不孝者五：惰其四支①，不顾父母之养，一不孝也；博弈好饮酒，不顾父母之养，二不孝也；好货财，私妻子，不顾父母之养，三不孝也；从②耳目之欲，以为父母戮③，四不孝也；好勇斗很④，以危父母，五不孝也。"
>
> 《孟子·离娄下》
>
> 【注释】①四支：四肢。②从：通"纵"。③戮：侮辱、羞辱。④很：通"狠"。
>
> 【译文】孟子说："一般以为，不孝有五种情况：四肢懒惰，不赡养自己的父母，这是第一种不孝；酗酒聚赌，不赡养自己的父母，这是第二种不孝；贪吝钱财，只顾自己的老婆孩子，不赡养父母，这是第三种不孝；放纵自己的声色享乐，使自己的父母感到了羞辱，这是第四种不孝；逞勇好斗，连累到了自己的父母，这是第五种不孝。"

一开始就提出了选拔官员当以孝作为主要的标准："夫官才用人，国之柄也。故铨衡专于台阁，上之分也，孝行存乎闾巷，优劣任之乡人，下之叙也。"接下来，夏侯玄论述道："孝行著于家门，岂不忠恪于在官乎？仁恕称于九族，岂不达于为政乎？义断行于乡党，岂不堪于任事乎？"夏侯玄的意思是要以孝行、仁恕和义断作为九品中正制录取的标准，而孝行排在第一位。在魏晋时期，许多官员，遭人清议，因不孝而罢官，常常发生。

陈寿贬官

典型的一例便是西晋时《三国志》的作者陈寿（233—297年）。陈寿是三国蜀国、西晋时的著名史学家，他的著名，就是因为著述有《三国志》一书。然而，就是这样一位杰出的史学家，有几件事，一直围绕着他争论不休。一起公案是，陈寿是否利用撰写《三国志》的机会，有意贬低诸葛亮？原因是陈寿的父亲是那个失街亭的马谡的参军。马谡被诸葛亮给宰了，陈寿的父亲也被罚。当然，这个问题不在本书的讨论范围，此处不再展开分析。这里要说的是关于陈寿的另一起历史公案，陈寿对他的父母的孝顺问题。在孝顺问题上，陈寿有两次遭到清议，一次是在蜀汉之时，陈寿被贬官在家，他的父亲在此期间去世，陈寿服丧。正好陈寿在这时身体不适，就叫家里的仆人给自己熬药，此事被客人看见了，一时间，都贬议陈寿，认为陈寿在服丧期间吃药，是违背礼制的。入晋之后，陈寿在朝廷做官，授御史治书，然不久因母亲去世而去官。陈寿的母亲生前有遗言，死后就近葬在洛阳，陈寿就按照母亲的遗愿，将母亲葬在洛阳。但不

《今文孝经》

《孝经》自遭秦火焚烧，河间人颜芝藏之，汉初，由颜芝的儿子颜贞献给皇帝，此即是今文孝经，共十八章。今文孝经最为著名的注本是汉郑玄所注，但郑玄之注仍然遭到过怀疑。唐朝就今文、古文孝经展开讨论，著名的史学家刘知几主张行孔注废郑注，但遭到众人的反对。最后的结果是，唐玄宗在御注《孝经》时，以今文孝经为准，故此后历朝，都以今文孝经为主。直到清朝阮元主修十三经注疏时，仍确定使用唐玄宗的御注为范本，今文孝经的地位一直都在古文孝经之上。

温 峤

温峤，东晋大臣，字太真，太原祁县人，是汉护羌校尉温序之后，自小就以孝悌在地方出名。纵观他的一生，基本上都是在动乱和平乱之中度过的。咸和初为江州刺史，封始安郡公，累官至骠骑大将军，卒于平苏峻之乱，终年四十一岁。

久，又有人清议陈寿，说陈寿未能将他的母亲葬在老家四川，陈寿因此事再次被贬官。

温峤葬母

温峤葬母之事，在当时也是一起著名的事件，甚至于惊动了朝廷。温峤（288—329年），字太真，太原祁县人，在少时，就以孝悌闻名乡里，此后成为晋室南渡时的一员大将，能够左右时局。就在温峤即将授官散骑侍郎时，遭到了母亲崔氏的反对，为此，温峤与母亲发生了争吵。正在这时，母亲突然去世了。由于北方战乱，温峤无法将他的母亲归葬到老家太原祁县，这在当时是不孝之事。于是，温峤坚决请求北归葬其母。此事后来由皇帝诏三司八坐议论，结果大家都说："昔伍员志复私仇，先假诸侯之力，东奔阖闾，位为上将，然后鞭荆王之尸。若峤以母未葬，没在胡虏者，乃应竭其智谋，仰凭皇灵，使逆寇冰消，反哀墓次，岂可稍以乖嫌，废其远图哉。"实际上，大家是出于安全及长远的考虑，都劝温峤不要冒险北葬其母。从皇帝下诏书专门讨论此事，可见"孝"在当时是非常重大的一件事。从孔愉的传说中，我们知道，温峤正是因为未能将母亲归葬老家，而在之后的九品评品中未能通过。而阻止温峤过关的人，就是孔愉。孔愉是会稽人，东晋初年的重臣，有人将他视为晋室再造之人。在苏峻叛乱中，温峤立有大功，孔愉亲自到温峤处看望他，温峤也释前嫌，握着孔愉的手痛哭着说："天下丧乱，忠孝道废，能持古人之节岁寒不凋者，唯君一人耳。"从温峤葬母一事，可以看出，晋朝时，孝行在政治上的作用是巨大的，直接影响到社会的评价，影响到一个人的升迁。

以上谈的只不过是典型的两例而已，此类事情，在《晋书》《南史》《北史》中的记载是很多的，此处就不一一列举了。清议固然有巨大的道义的力量，但在当时南北分裂、战乱纷繁之时，父母不能归葬，或做子女的不能够赶到千里之外的家乡为父母守孝，为数很多。若是都按照陈寿、温峤的方式来办理，势必会影响到政府的正常运转。三国时，魏军与吴军战于东关（今安徽巢湖附近），魏军战败，官兵死伤很多，按照惯例，若是死者家属居家守丧的话，将严重地影响日常生活和政治活动。于是，朝廷为此事特地发布诏书，"尸骸不还者，制其子弟除丧以后不废婚宦"，这就是后来《晋书·礼志》中所谓的"东关故事"。由于晋朝皇室感觉到了一些孝行已经严重地干扰了人们的日常生活和政治活动，就规定：死丧之家"限行三年之礼，毕而除之"。此后，皇帝也因此多次发布诏书，干预此事，使得"东关故事"成为常制。这场战事，对晋朝时孝行观念产生了积极影响。

留养制度

魏晋南北朝继承了汉朝制度，设有孝廉这一官职，因孝做官的人很多，以下仅举数例。北魏时的房景伯，是房法寿的族子，字长晖，其传在《魏书》卷43中。少丧父，以孝著称，养母甚谨。后由尚书卢渊推荐，做到齐州刺史，迁清河太守。在

百子嬉春图
佚名 宋代

该图描绘一百多名儿童在庭院嬉戏玩耍的场面，场景异常热闹。古代皇帝结婚大礼洞房中的喜帐、喜被上多绣此图案，被称为"百子帐"或"百子被"，表达了古代家庭祈求多子多孙、家族兴旺的愿望。

深闺女子图

在古代，女子除了要孝顺父母尤其是自己的公婆外，还要严守所谓的"妇道"，最基本的就是要深居简出，也就是我们平日里所说的"大门不出，二门不迈"。对于妇女的这种要求从魏晋时期就存在了，到明清时期达到顶峰，此图描绘的就是清代一位贵族夫人静坐的形象。

清河太守任上，有个贝丘妇女告发自己的儿子不孝，房景伯将此事告诉了母亲崔氏，房的母亲就邀请这位妇女到家来同住同吃，叫那个不孝子站在一旁看房景伯是如何供食的。如此，十多天后，这位不孝子开始悔过，要求回家，但房的母亲崔氏说："此虽面惭，其心未也。"于是，又将他们留了二十多天，不孝子叩头流血，直到他的母亲涕泣，乞求回家，然后才让他们回去，这个不孝子最终以孝闻名。南朝梁时的刘景昕，河东人，事母以孝著称。他的母亲病了三十多年，刘景昕一直伺候母亲，有一天，刘景昕的母亲突然好了，乡里都认为是刘景昕的诚恳感动了上天，才使得母亲的病好了。荆州刺史湘东王绎听说此事后，就将刘景昕升为主簿。

南北朝时期，政府在孝行制度上的一项重要创举是建立留养制度。留养制度是指：当死刑犯的祖父母或父母年老，家中又无其他的奉养人时，法律规定，将赦免罪犯的死罪。

政府大力倡导孝行，孝德为天下第一道德。正史是中国古代的官方历史，是得到皇帝认可的，是朝廷褒贬的重要工具之一。从正史中的变化，也可以看出中国古代社会风俗的变迁。正史中，最早的孝友传、忠义传，就是从魏晋南北朝开始的，这绝不是偶然的。最早给孝子、忠义者立传，是在《晋书》中，这是一个具有划时代意义的事件，自此以后，其他的正史，多仿照此例，给孝子、忠节者立传，表彰孝行与忠节者，使这些具有榜样作用的人物品德得到传播，对社会起到激励作用，影响了中国此后一千多年的历史。

我们要了解中国历史上的孝行人物，大多数可以在正史中找到。《三

德行语录

人少，则慕①父母；知好色，则慕少艾②；有妻子，则慕妻子；仕则慕君，不得于君则热中③。大孝终身慕父母。五十而慕者，予于大舜见之矣。

《孟子·万章上》

【注释】①慕：爱慕。②少艾：年轻美貌的女人。③热中：焦急到了心中发热。

【译文】在年幼的时候，会爱慕自己的父母；当到了喜欢女子的时候，就会爱慕年轻漂亮的姑娘；当有了妻子以后，就会爱慕妻子；当做了官后，就会爱慕君王的地位，在自己得不到君王的赏识的时候，心中就会焦急得发热。不过，对于那些孝顺的人，始终都会爱慕自己的父母。至于到了五十岁都还爱慕自己父母的，我在大舜身上见到了。

国志·魏书·司马芝传》卷12中，记载司马芝因尽孝而免于被盗贼所杀的故事。司马芝，字子华，河内温人，年轻的时候是书生。战乱之时，避乱荆州于鲁阳山（今河南鲁阳），遇到盗贼，同行的人都弃老弱者后逃跑了，只有司马芝独自坐守老母亲。盗贼到后，拿刀架在司马芝的脖子上，司马芝叩头说："母老，唯在诸君。"盗贼说："此孝子也，杀之不义。"于是，就放过了司马芝，司马芝就用鹿车推载母亲，逃到了江南，在南方居住十余年，躬耕守节。南朝宋时，也发生过类似的故事。据《宋书·孝义》卷91载，吴兴乌程人潘综，在孙恩之乱时，

耕种、蒸馍烙饼、童戏　砖画　魏晋

这三幅图分别表现了一个家庭中的男子、女性和孩童的形象。男子耕种劳作，女子负责家务，加上玩耍的童子，则构成了一个标准的、充满秩序的家庭。

妖党攻破村邑，潘综与父潘骠共走避贼，潘骠因年老体弱，行动迟缓，叛军逼近，潘骠对潘综说，我已经逃不脱了，你赶紧逃跑，不然，我们两个都得死掉。于是，潘骠疲惫地坐在地上，潘综迎上去对叛军叩头说："父年老，乞赐生命。"叛军到后，潘骠也请叛军说："儿年少自能走，今为老子，不走去。老子不惜死，乞活此儿。"叛军用刀砍杀潘骠，潘综将父亲抱在腹下，叛军连砍潘综的头四刀，潘综一时晕倒。这时，有一个叛军赶到，见到此种情景，就说："卿欲举大事，此儿以死救父，云何可杀，杀孝子不祥。"叛军停留了许久，潘氏父子因此得生。潘综守死孝道，全亲济难，与乌程另一个以孝著称的吴逵，得到当时吴兴太守王韶之的表彰，两人都被举为孝廉，潘综因此而除遂昌长。太守王韶之，离郡之时，曾赠四言诗，其中的第三首诗是：

　　仁义伊在，惟吴（逵）惟潘（综）。
　　心积纯孝，事著艰难。
　　投死如归，淑问若兰。
　　吴实履仁，心力偕单。

曹操逼宫　年画

东汉末年曹操势力逐渐增大，汉献帝周边都是曹操耳目。伏皇后恐惧曹操势力，密书一封交给父亲伏完，要求父亲策划对付曹操，后事情败露，伏皇后被曹操囚禁于宫中牢狱至死，其两个儿子也被迫饮毒酒而死。这就是今天戏剧中传唱的《曹操逼宫》，因曹操脸谱为白色，故也称《白逼宫》。曹操重孝，因"举孝廉"而进入官场，相传其就是以"不孝"为借口杀害孔融，以掩盖其某些政治目的，可见当时对不孝的惩罚是相当严厉的，甚至到了杀头的地步。

固此苦节，易彼岁寒。
霜雪虽厚，松柏丸丸。

在《南史·孝义传》卷73中，记载着萧叡明孝行的故事，这个故事值得一提。萧叡明是南兰陵人。其孝行在《南齐书》卷55中，记载得很简单，不过，在《南史》卷73中记载稍微要详细一些。萧叡明的母亲，中风多年卧床，萧叡明昼夜祷告，"时寒，叡明下泪为之冰，如箭额上叩头血，亦冰不溜，忽有一人以小石函授之，曰：此疗夫人病！叡明跪受之，忽不见。以函奉母，函中唯有三寸绢丹书，为日月字，母服之，即平复"。这是《南齐书》中的记载，这种记载有些神奇的色彩。在《南史》中的记载是："叡明初仕员外殿中将军，少有至性，奉亲谨笃。母病，躬祷，夕不假寐，及亡，不胜哀而卒。"萧叡明的孝行，得到了皇帝的褒奖，南齐武帝永明五年（487年），皇帝下诏书，"龙骧将军安西中兵参军松滋令萧叡明，爱敬淳深，色养尽礼，丧过乎哀，遂致毁灭，虽未达圣教，而一至可愍。宜加荣命，以矜善人，可赠中书郎"。有趣的是，在《南史》萧叡明传的后面，附有一个叫做朱绪的传，而这个朱绪则与萧叡明正好相反，对母不孝。这个朱绪是秣陵人，无品行。他的母亲病了多年，忽然，想喝菰羹，朱绪的妻子就到市场上买了菰，做成羹，打算给婆母喝。朱绪见后说:"病复,安能食?"于是,就自己先尝了尝,将羹喝尽。朱绪的母亲大怒说:"我病欲此羹,汝何心并唊尽,天若有知,当令汝哽死。"朱绪听后,非常不快,很快,就吐血,第二天就死了。萧叡明听说后,非常悲愤,几天吃不下饭,并问朱绪的尸体在何处,要亲手去砍他几刀。随后又说,"他会弄脏了我的刀",于是就停了下来。

汉文帝时,就设有《孝经》博士,可见朝廷对《孝经》的重视。但在南齐之时,为是否将《孝经》设为博士,发生过一场争论,争论的双方是吴郡吴人陆澄和琅琊临沂人王俭。陆澄认为,"《孝经》,小学之类,不宜列在帝典"。陆澄之所以反对将《孝经》立为帝典,还有一个因素,就是陆澄认为《孝经》非郑玄注。"观其用辞,不与注书相类。案玄自序所注众书,亦无《孝经》"。王俭立即反驳道:"仆以此书,明百行之首,实人

鹿乳奉亲

儒家文化倡导奉亲要竭力尽心,郯子冒着生命危险,闯入山林为亲取鹿乳可谓尽心尽力。此清刻本《二十四孝图说·鹿乳奉亲》,描绘的是郯子从鹿皮下现身,请求猎人不要射杀的片刻,脚边提壶内装着刚刚挤取的少量鹿乳。

《宋高宗书孝经马和之绘图册》

孝是子女事奉父母的行为准则,其内容丰富。儿女在父母跟前,有所使唤时,要立即答应。对于父母的旨意,不能违背怠惰。凡交给自己办的事,都要记下,然后亲手处理。在父母面前不要随便讥评别人,亦不要随便嘻笑,不得放纵自己,心要肃敬,貌要庄重。父母在世不可以替朋友卖命,亦不可有自己的私蓄。

伦所先。《七略》、《艺文》并陈之六艺，不与《苍颉》、《凡将》之流也。郑注虚实，前代不嫌，意谓可安，仍旧立置。"王俭时为尚书令，博学多闻，其学问以《孝经》著称。这场争论，是否就说明了《孝经》的地位在下降呢？如果将这一现象放在当时的大的文化背景之下看，当然是。因为，魏晋南北朝时期，整个的中国传统的儒学都受到来自佛教的冲击，但从另外一个角度来看，正是外来文化的冲击，也使得传统的儒学更加纯正。据《南史》卷50载，刘瓛，字子珪，沛郡相人。齐高帝初即位之时，就召刘瓛入华林园谈话，齐高帝问刘瓛执政之道理，刘瓛回答说："政在《孝经》。宋氏所以亡，陛下所以得之，是也。"齐高帝咨嗟曰："儒者之言，可宝万世。"显然，当时君臣对《孝经》都是较为看重的。当时的帝王参与研究《孝经》的很多，南朝梁武帝，一般人提到他时，就会想到他是一个菩萨皇帝，但他在学术上颇有成就，他曾撰写过《孝经讲疏》、《制旨孝经义》等书。他还自己亲上讲坛，向大臣们讲《孝经》。此一时期，以孝为题的诗文，也是较多的。我们今天能够见到的中国历史最早的以《孝经》命名的诗，就是出自这个时期的人物傅咸。傅咸（239—294年），西晋文学家。字长虞，北地泥阳（今陕西耀县东南）人，傅玄之子。其《孝经》诗，也是我们今天能仅见古代以《孝经》为题咏的诗：

　　立身行道，始于事亲。
　　上下无怨，不恶于人。
　　孝无终始，不离其身。
　　三者备矣，以临其民。

《孝感赋》和《孝思赋》

我们在古籍中仅见的一篇

进食图
砖画　魏晋

为父母侍奉饮食是孝子孝孙最基本的课程。图为魏晋砖画，绘于墓室之中。

扇枕温衾

黄香，东汉时人，九岁丧母，黄香侍奉父亲极尽孝心。每逢酷暑都要为父亲扇枕席，寒冬则用体温为父亲暖被褥，其孝行在乡里广为流传，几乎户户都知晓，十二岁时，黄香被"举孝廉"。图为清刻本《二十四孝图·扇枕温衾》，黄香摇扇扇席，老父一旁欣慰注视。此画中也许为突出黄香扇席的具体情节，将卧室安排于正厅中，以此突出画作的感化教育功能。

《孝感赋》是南朝宋杰出的文学家谢灵运写的，此赋作于他贬官到岭南时，表现出他对故土的怀念之情。赋的前几句是：

举高樯于杨潭，眇投迹于炎州。贯庐江之长路，出彭蠡而南浮。于时月孟节，季岁亦告暨。离乡眷壤，改时怀气，恋丘坟而萦心，忆桑梓而零泪。

此赋开篇点明行程。谢灵运自杨潭乘船南下，经庐江，出彭蠡（鄱阳湖），到广州。作者因为不能自持而为所欲为，在地方上不能与地方官很好地合作，在朝廷得不到重用，皇室虽然多次袒护过他，但最终不为皇室所容，他被贬到广州的时期当是在宋元嘉九年（433年），谢在广州只待了一年，便在广州弃市，时间是宋元嘉十年（434年），谢灵运时年四十九。

上面谈到梁武帝对《孝经》的研究，不独如此，梁武帝还有一篇著名的《孝思赋》。在赋前的序言中，梁武帝道出了写作《孝思赋》的原因："想缘情生，情缘想起，物类相感，故其然也。每读《孝子传》，未尝不终轴辍书，悲恨拊心呜咽。年未髫龀，内失所恃，余恂翎孹奶媪相长。齿过弱冠，外失所怙。"原来，梁武帝儿时就死了父亲，靠母亲的抚养长大成人，故每读《孝子传》，就合上书悲泣。

甘肃榆林窟壁画曹义金行香图

行香活动起源于后魏到齐梁时期，活动的目的多种多样，一般多用来许愿、祭祀，同时也是"孝道"的一个方面。自古以来，"尽孝道"便是中华民族的优良美德，故儒家非常注重丧葬，并制有丧礼。在中国古代，丧礼规定丧家妇女要到除灵的第二日才可以换回素服，然后去寺庙行香后，才可回家省亲。这样既做到尽孝道，又做到了除去身上晦气。

虽然学术界一般认为魏晋南北朝是一个文化多元的时期，但儒家学说仍然占据着重要的地位，这与统治阶层的大力宣传是分不开的。由于当时王朝更迭很快，多是依靠武力取得政权，合法性值得怀疑，所以，每一朝新的统治者上台，都不便提倡"忠"，而是大力倡导孝，实际上是间接地提倡忠君思想。由于朝廷大力提倡孝行，故这一时期的孝行具有普遍性，这从《晋书》的孝友传中可以看出。六朝时期，九品中正制在评价人物的品行时，孝是重要的内容之一，但九品中正制主要是政府选拔官员的制度，针对的是门阀士族，故由于制度的导向，所以，整个的社会都提倡孝就不足为怪了。当时的社会是一切都以孝为标准，若是某人戴上了不孝的帽子，就意味着可以否定他的一切。故六朝的孝，有些偏离了孝的本质，更加注重于形式。在这种大的氛围之下，民间讲孝也是在所难免，普通人行孝，可以举孝廉，孝廉不只是一个官名，更多是社会引导，起到一种社会规范的作用。

唐玄宗御注《孝经》

TANGXUANZONG YUZHUXIAOJING

《孝经》是一部系统的著作，全书一千七百九十九字，共十八章，是十三经中最短的经文，但几乎涵盖了社会生活的各个方面，成为中国古代政治、经济生活的重要组成部分，影响了中国达两千多年。

皇帝重孝

学术界有一种观点，唐朝是一个不太重孝的社会。理由是，唐朝初年的玄武门之变，唐太宗杀兄屠弟，有逼迫父亲退位等等不孝的行为。为此，《资治通鉴》的作者之一范祖禹在《唐鉴》中，对唐太宗的不孝的行为提出了批评："建成虽无功，太子也；太宗虽有功，藩王也。太子，君之贰，父之统也，是无君父也。立子以长不以功，所有重先君之世也，故周公不有天下，弟虽齐圣不先于兄久矣。"唐朝还有一事，在安史

唐太宗

唐太宗（599—649年），即李世民，唐开国皇帝高祖李渊次子。武德九年（626年）六月四日，在玄武门杀死了太子李建成和自己的四弟齐王李元吉，史称"玄武门之变"。两天以后唐高祖即下诏立李世民为太子，八月即传位于他。学术界有一种观点，认为他杀兄弟、夺父位是不孝的皇帝。

之乱时，唐玄宗正在向蜀中逃跑，结果，太子李亨在灵武自立，直到两个月之后，唐玄宗才知道自己已经是太上皇了。有人据此以为，唐朝是一个不太重孝的朝代，当然，这只是代表了一种说法。像唐太宗通过玄武门之变这种激烈的方式继位，李亨在唐玄宗不知情的情况下做了皇帝，这种情况并非唐朝独有，即使是宋明清时期，号称中国孝文化到了登峰造极的时代，皇室内部的争斗仍不断。

毫无疑问，唐朝也是重孝的。以下，我们从几个方面来看唐朝时期的孝的文化。首先，从政府行为来看，唐朝仍然沿用了孝廉力田的选拔制度。在唐朝这样一个高度重视词赋考试的时代，唐玄宗曾为此特地下了一个诏书《孝悌力田举人不令考试词策敕》：

敕孝悌力田，风化之本。苟有其实，未必求名。比来将此同举人考试词策，便与及第，以为常科，是开侥幸之门，殊乖敦劝之意。自今以后，不得更然。其有孝悌闻于郡邑，力田推于邻里，两事兼者，状迹殊尤者，委所由长官特以名荐，朕当别有处分，更不须随考试例申送。

从唐玄宗的这份诏书中，不难看出，皇帝对孝廉力田的考试方式颇不满，认为这样不利于宣讲孝道。

在孝悌力田中降低词赋考试的要求，这本可以理解，不过，这一评价标准也影响到了正规的进士科考。唐朝的科举考试中，《孝经》为士子的必修科目，也是必考科目之一。虽然科举考试主要是看考试成绩，但孝行仍然起一定的作用，这一规定是在唐代宗时，由苏州吴人归崇敬

恣蚊饱血　清刻本

此刻本将周围环境描绘得一一俱全，竹篮、斗笠、蓑衣、矮凳、茶壶、长桌等都极好地烘托了家庭的温馨，老父躺在竹床上合目安睡，嘴角微露笑意，而一旁伏在长桌上的小吴猛，则紧缩脖颈，将头埋在臂弯中，蹲坐在他面前的花斑狗与成群的蚊子将环境点化得更加生动。

孔子庙堂碑

虞世南（558—638年），字伯施，越州余姚（今属浙江）人。官至秘书监，封永兴县子，故世称"虞永兴"，享年81岁，赐礼部尚书。他是"初唐四家"之一，他的书法源二王（王羲之、王献之）的风格。图为他的书法代表作《孔子庙堂碑》。

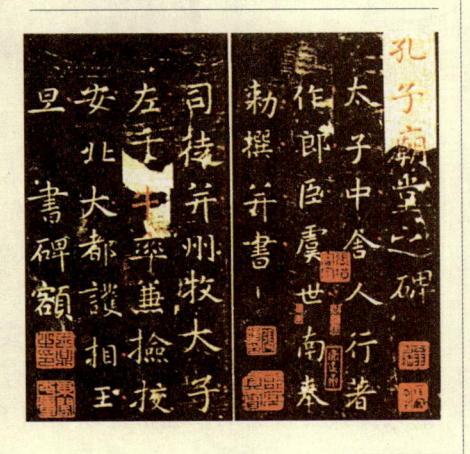

褒奖守令

历代帝王十分重视吏治，认为吏治的好坏直接关系国家的安危，因此太守、县令的选拔任用历来被重视，如果官吏任职期间政绩卓著，皇帝一般会下诏褒奖，赏赐金帛并提官升职。"父母官"一词便来源于西汉元帝和东汉光武帝时南阳郡的两位太守召信臣和杜诗，他们爱戴百姓，亲临田间指导生产，因此民间有"前有召父，后有杜母"之说，后世常常将太守关爱百姓与百姓爱戴太守的关系喻为父母与子女的关系。

颜家庙碑

全称《唐故通议大夫行薛王友柱国赠秘书少监国子祭酒太子少保颜君庙碑铭并序》，是公元780年颜真卿72岁时为父亲惟贞立庙写的碑文，主要记述了自己的家族历史，全书结体匀称饱满，堪称其楷书代表作。

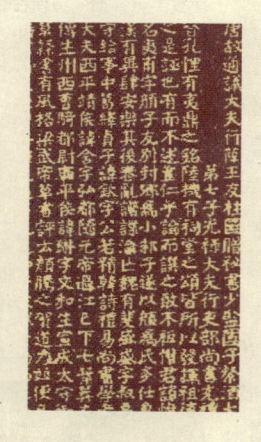

提出来的。归崇敬，字正礼，治礼家学，遭父丧，孝闻乡里。当时，皇太子想到国学行齿胄礼，归崇敬以学与官名皆不正，就提出了建议，在他所提的建议中，其中就涉及到礼部考试法：

请罢帖经，于所习经问大义二十而得十八，《论语》、《孝经》十得八，为通；策三道，以本经对，通二为及第。其孝行闻乡里者，举解具言，试日义阙一二，许兼收焉。天下乡贡如之，习业考试，并以明经为名，得第授官，与进士同。

归崇敬的建议被朝廷采纳，成为当时科举考试的一项重要举措，它规定了孝行在科举中的重要性，参加科举考试的考生，若有孝行者，可以放宽录取标准。

新旧唐书中，记载了一些通过孝悌力田而进入仕宦的，这部分人可谓是佼佼者，任敬臣是其中的一个典型人物。据《新唐书·孝友传》卷195载，任敬臣，字希古，棣州人。五岁丧母，显得非常悲伤。七岁时，就问父亲：若何可以报母？他的父亲回答说：扬名显亲可也。于是，任敬臣就努力读书，最后举孝廉，授著作局正字。父亲死的时候，任敬臣多次晕倒过去。他的继母就说：儿不胜丧，谓孝可乎？任敬臣就吃了些馎粥，服除，迁秘书郎。任敬臣是唐初时的人，当时，虞世南非常看重他，曾将任敬臣的年终考评拟为书上考，但任敬臣拒绝了。任敬臣在当时不过是无数孝廉中的一个突出的例子，至于其他的人，就不再述说了。

上面谈到的是通过孝悌力田科举的正当途径取得官位的，唐朝还有一种孝悌选拔人才的方式，这种方式是作为正规考试之外的补充，就是不定期，也不进行考试，而直接由政府通过考察的方式任命。能够通过这种方式提拔为官员的，通常是以孝闻于天下的学子。如元让，雍州武功人。

弱冠之时，明经擢第，但就在这时，他的母亲生病，元让就放弃了做官，亲自侍候母亲吃药，数十余年间不出乡里。母亲死后，元让就在母亲的墓旁盖了茅屋，蓬发不栉沐，菜食饮水而已。唐高宗咸亨年间，孝敬监国下令表其门闾；永淳元年，巡察使上奏，称元让孝悌殊异，擢拜太子右内率府长史。后以岁满还乡，邻里乡人有所争讼的，不到州县，而是直接请元让来裁决。武则天圣历中，中宗居春宫，召拜元让为太子司议郎。武则天说："卿既能孝于家，必能忠于国，今授此职，须知朕意，宜以孝道辅弼我儿。"

唐代的孝假制度

此前和此后的朝代，都未有此种制度，故在此特别提一下。所谓的孝假，就是免征居父母丧者的劳役赋税。这一规定是在天宝元年正月一日的赦文中规定的："如闻百姓之内，有户高丁多，苟为规避，父母见在，乃别籍异居，宜令州县勘会。其一家之中有十丁已上者，放两丁征行赋役。五丁已上，放一丁。即令同籍共居，以敦风教。其侍丁孝假，免差科。"这一规定，实际上出自唐玄宗的《改元天宝赦》，原文如下："侍老八十已上者，宜委州县官每加存问，仍量赐粟帛。侍丁者，令其养老。孝假者，矜其在丧，此王政优容，俾申情礼。"

朝廷除了将有孝行的人直接通过考试的方式，或者直接提拔做官之

德行语录

孝子所以不从命有三，从命则亲危，不从命则亲安；孝子不从命乃衷①，从命则亲辱，不从命则亲荣；孝子不从命乃义，从命则禽兽，不从命则修饰②。孝子不从命乃敬，故可以从而不从，是不子③也，未可以从而从，是不衷也。

《荀子·子道篇第二十九》卷二十

【注释】①衷：衷善，指善发自衷心。②修饰：使臻完美，更加美观。③子：君子。

【译文】孝子之所以不屈从于命运有三种情况，孝子若屈从命运的安排，父母亲就会陷入危险，不屈从命运安排，那么，父母亲就会安定；孝子不屈从于命运就会衷善，屈从于命运，父母亲就受到了侮辱，不屈从于命运，父母亲就会光荣；孝子不屈从于命运就是遵从了道义，屈从于命运就是禽兽，不屈从于命运就会更加臻于完美。孝子不屈从于命运就是敬亲，所以，本来可以屈从于命运的安排，而不屈服，这种人就是君子，本来可以不屈从而却屈从了，这种人就是不衷善。

古代老人的住行　王弘力　近代

中国自古以来就有敬老养老的优良传统。散载于古代文献中的养老论述相当丰富。宋代陈直撰著的《养老奉亲书》是现存最早的养老专著。本书从名称到内容都反映了养老这个主题。举凡老年人的衣、食、住、行、性情、娱乐、防病、用药、禁忌等各方面均有合理的记述。

隋文帝　阎立本　唐代

隋文帝（541—604年），隋朝建立者。名杨坚，弘农华阴（今属陕西）人。他是一个有作为的皇帝，经济上推行均田制，整顿户籍；政治上任用贤臣，他认为孝顺父母是贤臣的标准之一。

外，再就是通过树立典型人物，旌表孝行。唐朝在立国之初，就开始积极表彰有孝行的人。有唐一代，首先受到表彰的人是宋兴贵，唐高祖李渊于武德二年（619年）为了表彰宋兴贵，颁发过诏书，此诏书完整地保存在《旧唐书》宋兴贵的传中，《旧唐书》简单地记载了宋兴贵的家世。宋兴贵是雍州万年（西安）人，累世同居，躬耕致养，至宋兴贵已四从矣。唐高祖闻而嘉之，武德二年诏曰："人禀五常，仁义为重，士有百行，孝敬为先。自古哲王，经邦致治，设教垂范，皆尚于斯。叔世浇讹，人多伪薄。修身克己，事资诱劝。朕恭膺灵命，抚临四海，愍兹弊俗，方思迁导。宋兴贵立操雍和，志情友穆，同居合爨累代，积年务本力农，崇谦履顺，弘长名教，敦励风俗，宜加褒显，以劝将来，可表其门闾，蠲免课役，布告天下，使明知之。"从皇帝的诏书中可以看出，朝廷对有孝行的人会免去一定的赋役，以示表彰。《新唐书》孝友的第一句便是："唐受命二百八十八年，以孝悌名通朝廷者，多闾巷刺草之民，皆得书于史官。"随后所列出人物共有153人，也就是这153人，都是被朝廷表彰过的。另外还有因家庭和睦的36家，也受到过朝廷的表彰，也被一一列出。对于突出的人物或者家庭，会在孝友传中单独立传。

继承汉制，唐朝重开养老制度。唐太宗《赐孝义高年粟帛诏》说："高年八十以上，赐粟二石，九十以上，三石，百岁，加绢二疋。"除此之外，再就是朝廷对高年者有一些临时性的赏赐。在法律量刑上，唐朝也是仿照汉朝的做法，对高龄犯法者，给予他们一定的照顾。具体的做法是，"七十以上，……犯流罪以下亦听赎。八十以上，……反逆杀人，应死者，上请，盗及伤人亦收赎余皆勿论。九十以上，……虽有死罪，不加刑"。这些规定，都明确地记载在《唐律疏议》中，适用于法律规定的人群。

科举必考书

和前朝一样，唐朝时期，《孝经》是上至皇帝、下到百姓的必读之书，在唐朝的"举人条例"中有明确的规定："一立身入仕，莫先于《礼》、《尚书》明王道，《论语》诠百行，《孝经》德之本，学者所宜先习。其明经通此，谓之两经，举《论语》、《孝经》为之翼助。"可见《孝经》是当时参加科举考试的必学书。具体的考试之时，有两种方式来考试《孝经》，一是口试："请皆令习《孝经》、《论语》，其《孝经》口问五道，《论语》口问十道，须问答精熟，知其义理。"另一种方式是，若在学校就已经系统地学习了《孝经》等规定的书目，那在考试时，可由考生任选考试，至于《孝经》可以免试："如先习诸经书者，任随所习试之，不须更试《孝经》、《论语》。"唐玄宗曾下诏书，要国人家藏《孝经》一部。天宝三年（744年），唐玄宗要亲祭长年未祭祀的九宫坛，诏书由潞州涉县人孙逖所拟定，即《亲祭九宫坛大赦天下制》，中有"自今以后，令天下家藏《孝经》一本，精勤诵习。乡学之中，倍增教授，郡县官吏，明申劝课，百姓间有孝行过人乡间钦伏者，所由长官具见以名荐"。就是这句话，常常为后来的学者所引

《孝经》书影

《孝经注疏》（右）

唐玄宗李隆基注，唐陆德明音释，作者选择诸家注本之精华，摄取义理，用为注解成书，颁行天下。此书基本上保留了唐以前各家注本的风格，是对此前《孝经》注的总结。

步辇图

阎立本代表作，描绘的是贞观十五年唐太宗会见吐蕃（今西藏地区）赞普松赞干布派来迎亲的使者的场景。图画中的唐太宗即使在接见使者时穿的依然是日常的便服，但在祭拜祖先时则必须穿礼服，这说明唐朝对祭拜祖先的重视。

用，从中可以看出唐朝对《孝经》的重视程度。

唐玄宗御注《孝经》

在唐朝的皇帝中，唐初的几位皇帝尤其偏好《孝经》。其中最为重视《孝经》的，恐怕就是唐玄宗了。由于《孝经》分为古文孝经和今文孝经，学者无所适从，为了便于学习和研究，唐玄宗于开元元年（713年）三月，特地下了诏书《令诸儒质定古文孝经尚书诏》："《孝经》、《尚书》有古文本孔郑注，其中指趣颇多踳驳，精义妙理。若无所归，作业用心，复何所适宜。令诸儒并访后进达解者，质定奏闻。"唐朝是我国经学的一个大总结时期，经文的整理，在唐朝取得了巨大的成就，其中就包括《孝经》的整理工作。也正是经过这次整理，《孝经》的版本基本上就定了下来，我们今天所见到和常常谈到的《孝经》，就是唐朝整理的。不独如此，唐玄宗还亲自给《孝经》做注释，唐玄宗御注《孝经》的时间，是在开元十年（722年），颁行是在是年的六月。唐玄宗后来命令大臣河南人元行冲书写御注孝经疏义，列于学官，作为教材。据注前的序言称，举六家之异同，会五经之旨趣，约文敷义，分注错经写之琐琐，庶补将来。唐玄宗所说的六家，指的是王肃、刘劭、虞翻、韦昭、刘炫、陆澄六家之说，并参仿孔郑旧义。唐玄宗并不是中国历史上第一个给《孝经》做注释的皇帝，但却

古代上征下举的选官制度

"上征下举"是古代上级选拔，下级举荐的一项选官制度。从西汉开始，直到科举制度出现之前，这项制度一直是一条十分重要的仕宦途径，即使有了科举制度以后，也作为选官的一种辅助手段。

云台二十八将

　　光武帝刘秀接受过正统的儒家思想教育，提倡儒家的"忠孝节义"，图中描绘的是武帝中兴时期的功臣，以邓禹为首，共计二十八人。此图为武帝之子刘庄命人所绘，以此缅怀二十八将之功。

是最为著名的，也是最为有影响的一个皇帝。原因就是到了清朝，阮元在编选十三经的版本时，比较多种注释之后，挑选了唐玄宗注的《孝经》，这无疑是对唐玄宗的学术成就的肯定。因为，在中国历史上，给《孝经》做注的人不下数百家，其中好的注本很多，而阮元能够独具慧眼地挑选唐玄宗的注本，说明唐玄宗的注释得到了后人的普遍认同。所以，我们今天有幸见到在十三经注疏中，唯一的皇帝注的一部经书——《孝经》。玄宗注《孝经》后，唐散骑常侍张昔，曾写有《孝经台赋》，即是赞扬唐玄宗的，其赋的开头几句如下：

　　孝惟行先，教实理本。故玄宗探宣尼之旨，为圣理之阃。爰索隐以钩深，或词约而意远。然后勒睿旨于他山之石，树崇台为儒林之苑。天文焕发，知孝道之克宣，微旨高悬，示仁风之已返。上崇君德，下达人情。

　　唐高宗就声称自己在所有的古籍中，偏好《孝经》："朕颇耽坟藉，至于《孝经》偏所习睹。然孝之为德，弘益实深，故云：德教加于百姓，刑于四海，是知孝道之为大也。"由于唐高宗自己喜好《孝经》一书，就命令洛州新安人赵弘智于百福殿讲《孝经》，召中书门下三

铜浮图

　　对于佛教的孝道，历代以来都对此有所争议。唐代的韩愈就认为出家为僧为不孝亲之举，并以此为题与大癫和尚展开对话。然而，佛家讲究的是大孝、智孝，这与世人所理解的孝道思想是有出入的，并且佛家在经文与建筑中保留下来了很多孝道的内容。图为阿育王塔的《铜浮图》。相传唐代的子邻法师为母超度，曾在阿育王塔前礼拜哭泣。

德行语录

凡为人子之礼，冬温而夏清①，昏定而晨省②，在丑夷不争③。

《礼记·曲礼上》

【注释】①冬温而夏清："清"读 qīng，"凉"的意思。②昏定而晨省：定，指为父母安放枕席。"省"读 xǐng，"看望"、"问候"的意思，如"省亲"。③丑夷不争：丑，众。夷，侪。孔疏"皆等类之名"，又疏："朋侪等辈，喜争胜负，亡身及亲，故宣诫之以不争。"

【译文】做儿子之礼，就是要使父母冬天感到温暖，夏天感到清凉，傍晚要为父母铺上枕席，早晨要向父母请安，在同辈中不要与众人争斗。

品及弘文馆学士太学儒者，并预讲筵，赵弘智演畅微言，备陈五孝，学士等难问相继，赵弘智酬应如响。

在唐朝的皇帝之中，唐太宗也对《孝经》颇有研究，在《旧唐书》唐太宗的本纪中，记载有唐太宗与唐朝号称第一的经学家孔颖达之间关于曾子与闵子谁更孝的辩论。事情是这样的，贞观十四年（640年）三月，唐太宗幸国子学，亲临释奠，祭酒孔颖达讲《孝经》，太宗问颖达曰："夫子门人曾、闵俱称大孝，而今独为曾说，不为闵说，何耶？"孔颖达回答说："曾孝而全独，为曾能达也。"唐太宗驳之曰："朕闻《家语》云：曾晳使曾参锄瓜，曾参而误断其瓜藤，曾晳大怒，就拿起大杖以击打曾子的背，曾子手仆地晕倒了，一会儿才苏醒过来。孔子听了之后，告诉门人曰：曾参来了，不要让他进来。既而曾子请焉，孔子曰：舜之事父母也，母亲让舜常常在一旁。舜的父母要打舜，一时找不到小棍子，就找了个大棍子，舜见了就走。至于曾参，委身以等待父亲的暴怒，是让父亲于不义，这才是最大的不孝。"孔颖达不能对。太宗又谓侍臣诸儒："各生异意，皆非圣人论孝之本旨也。孝者，善事父母，自家刑国忠于其君，战陈勇，朋友信，扬名显亲，此之谓孝，具在经典，而论者多离其文，迥出事外，以此为教，劳而非法，何谓孝之道耶？"从这段记载来看，唐太宗对《孝经》及孝的理解，都是很深刻的，即使像孔颖达这样的大儒也驳不倒他。

由于政府的提倡，皇帝带头研究，《孝经》在唐朝得到了普及，起到了巨大的道德教化作用。皇太子必读之书中，首先就是《孝经》、《论语》。据《旧唐书》褚无量传载，褚无量见皇太子及郯王嗣直等五人，年近十岁，尚未就学。褚无量就缮写《论语》、《孝经》各五本以献，皇帝见后就说：吾知无量的意思。褚无量就令选经明笃行之士，国子博士郗恒通、郭谦光、左拾遗潘元祚等，为太子及郯王以下侍读。武则天做皇帝的第一

唐肃宗灵武即位

唐肃宗李亨，756—762年在位，唐玄宗第三子。天宝十五年，安禄山攻陷潼关，玄宗携妃子等逃亡四川蜀山避难。公元756年，李亨在灵武即位，改元至德，尊玄宗为太上皇。至德二年，玄宗从四川返还长安，宦官李辅国因劝肃宗即位有功深得宠信，千方百计借故离间玄宗与肃宗的关系，迫使玄宗迁居太极宫甘露殿，忧郁寡欢度过晚年。

年，有一次到御明堂，重开儒释道三教，当时内史邢文伟讲《孝经》，讲完之后，武则天就命令侍臣及僧、道士等，依次论议，直到太阳偏西才算完。有趣的是，这段文字中提到武则天要僧人、道士也参与讨论《孝经》一书，这也算得上是唐朝时期儒、释、道三教并存的一个证据，也可看出儒、释、道之间互相渗透，互相影响。

对于不孝的人，唐朝与其他朝代一样，常常要这些不孝子诵《孝经》，这是一种常见的方法。唐朝郑州荥泽人郑元璹，在隋朝就是著名的大将，入唐之后屡立战功，高祖、太宗都很看重他，后累转左武侯大将军，坐事免，寻起为宜州刺史，复封沛国公。郑元璹办事老练，所到之处，颇有声誉。但就是这样一位深得皇帝喜爱的大将，有一个不好的地方，就是对继母有失温清之礼。因为这个原因，隋文帝曾赐给郑元璹《孝经》，直到郑元璹事亲为止。后来，郑元璹又不以孝闻，清议鄙之二十年。《旧唐书》中记载的另一件事是，雍州万年（西安）人韦景骏，韦景骏在开元中为贵乡令（今河北大名县），当时有母子相讼告到韦景骏处。韦景骏就对这个不孝子说："吾少孤，每见人养亲，自恨终天无分，汝幸在温清之地，何得如此，锡类不行令之罪也。"说着，韦景骏就哭了起来，于是，就取来《孝经》给这位不孝子，命令他诵读。于是母子感悟，各请改悔，遂称慈孝。

宋高宗御书《孝经》

SONGGAOZONG YUSHUXIAOJING

宋朝皇帝多擅长书法，在中国古代史上，历代皇帝书写《孝经》最多、最为著名的，就是宋朝的皇帝。宋太祖、宋高宗都曾御书过《孝经》。

九庙三宫已尽倾，尚从海岛寄神京。
血书矮壁存吾节，气贯长虹任汝烹。
身陨九京忠义着，名香七聚鬼神惊。
海风萧飒含悲愤，疑是当时肆骂声。

《孝诗》留芳

以上所引的诗名是《处士林公》，而此诗的作者是宋末元初的刘麟瑞。此诗所咏的"处士林公"，指的是宋末林同，林同是福建人，其生平在古籍中的记载互相矛盾。林同一家都以忠孝而著称，林同的父亲林公遇，字养正，荫补宁化尉，以不忍违亲，乞奉祠

黄庭坚书法

"品高皆自伦常起，文厚需从典籍来"，意思就是说只有恪守伦理道德的基本要求，才能成为品高德尚的人，学识的深厚则来自对典籍的学习理解。这句话应从黄庭坚的日常生活实践中来，是其学识、孝道品德等方面的一个显现。

服阕，调户曹不就。自营精舍以居，扁曰：寒斋。林同是其长子。林同兄弟几人俱有隐操，元兵至福州时，都抗节死之。《宋史·忠义传》卷452中的林空斋，据后来的人考证，这个林空斋，就是林同，《宋史》中的记载有误。元兵到福清时，林同视死若归，"盛服坐堂上，啮指血书壁云：生为忠义臣，死为忠义鬼，草间虽可活，吾不忍生尔。诸君何为者，自古皆有死"。被抓后，不屈而死。刘麟瑞诗中"血书矮壁存吾节"说的就是此事。在这里之所以要先引用《处士林公》一诗，原因是林同有一卷诗，即《孝诗》，这是中国历史上最早的以孝为主题，专门咏孝的诗集。诗中将宋朝以前的称得上有孝行的人物，多采取一人一咏的方式，凡圣人之孝十首，贤者之孝二百四十首，仙佛之孝十首，异域之孝十首，物类之孝十首。林同的做人，就如林同的诗集《孝诗》一样，为后世做了榜样。然《孝诗》出自宋朝，绝非偶然，中国自宋朝开始，忠孝逐步进入了一个新的时期，人们一般将宋明清这段时期，视作中国古代孝文化的高峰时期。

宋朝所出的忠孝之士，是此前任何一个朝代都不能够比的，林同只不过是其中的一个代表而已。但是，宋朝之立国，似乎谈不上什么忠孝，赵匡胤的陈桥兵变，实际上是乱臣贼子的行为。正因为如此，宋在立国之初，不提忠君，而更多的是提倡孝道，

芙蓉锦鸡图　赵佶　宋代

此图因有宋徽宗赵佶的题诗，传为其所作。宋代的皇帝都爱好书法，其中宋徽宗独创"瘦金体"，铁划银钩，劲瘦淡雅。

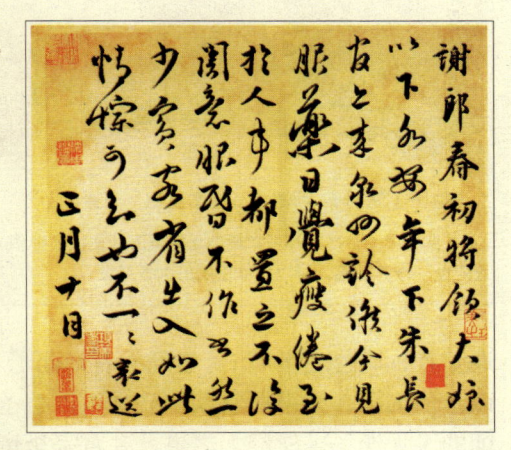

蔡襄书法

蔡襄(1012—1067年)，字君谟，仙游县人，与苏轼、黄庭坚、米芾，并称"宋四家"。他的书法学习王羲之、颜真卿、柳公权，浑厚端庄，雄伟道丽。他官至三司使，是一个正直清明的好官，同时蔡襄一生孝顺，从不违悖母命，其替母还愿成为千古美传。

利用忠孝一体的同构体系，达到求忠的目的。

日夕观览《孝经图》

与往朝一样，宋朝皇帝也喜欢讲孝与《孝经》，将《孝经》作为治理国家的经典来使用。北宋时的杨安国，字君倚，密州安邱人，是当时著名学者，学问渊博，讲经二十七年，仁宗皇帝非常欣赏他。有一次，他讲到《周官》至"大荒大札则薄征缓刑"时，就乘机向仁宗皇帝说，"古所谓缓刑，乃贳过误之民尔。今众持兵仗取民廪食，一切宽之，恐无以禁奸"。仁宗皇帝说："不然，天下皆吾赤子，迫于饿莩，至起为盗州县，既不能振恤，乃捕而杀之，不亦甚乎？"杨安国要皇帝将《尚书·无逸篇》书写在迩英阁之后屏上，以视提醒。为什么杨安国要提出这个要求呢？原来，这个《无逸篇》有人解释为"知民之劳苦，不敢荒废自安也"，实际上是叫皇帝要爱惜民力。仁宗皇帝随即叫蔡襄书《无逸篇》，同时，皇帝又叫另一位大臣王洙书写《孝经》之"天子、孝治、圣治、广要道"四章，列置左右。仁宗皇帝让人将《孝经》书写出来，置于左右，实则是要牢记天子之孝——君行博爱，广敬之道，使人皆不慢恶其亲，则德教加被天下，当为四夷之所法则。大约过了四五十年，至哲宗时，《资治通鉴》的作者之一范祖禹，在《上哲宗乞置〈无逸〉〈孝经〉图》中说道，"臣窃以《无

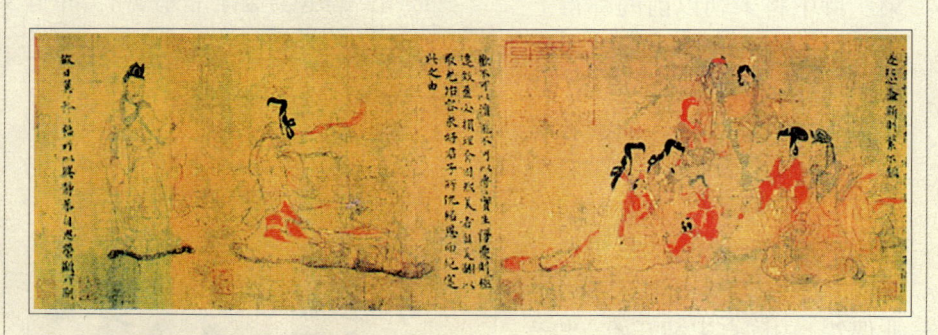

女史箴图（局部） 顾恺之 绢本设色 东晋

《女史箴图》是东晋画家顾恺之根据西晋文学家张华《女史箴》一文而绘，叙说了妇女应该怎样立身处世、修养品德，可以称作中国的女孝经图。

逸》者，周公之至诫；《孝经》者，孔子之大训。陛下嗣守祖宗鸿业，方以孝治天下，二书所宜朝夕观省，以益圣德"。接下来，范祖禹重提仁宗朝的《无逸》、《孝经》之事，要哲宗皇帝仿照仁宗的做法，"陛下宜以为法。今迩英阁《尚书》图序于屏间，而《无逸》、《孝经》二图不复张列，臣欲乞指挥所司检寻，如旧图尚在，乞置之左右，如已不存，即乞特命侍臣善书者书之"。此奏章是著作郎范祖禹于元祐二年（1087年）时写的。

郭暧"打金枝"

唐代宗时，郭子仪第三子郭暧娶升平公主为妻。适逢一日郭子仪诞辰，众子媳全都来拜寿，唯升平公主依仗皇家权势，迟迟未至。席间郭暧形孤影单，受尽弟兄的奚落。宴罢归宫后，郭暧怒斥妻子作为郭家的媳妇，不为父祝寿，不遵守孝道，并动手打了升平公主。身为金枝玉叶的公主跑回皇宫向父亲诉苦，请求严惩郭暧。后郭子仪亲自绑子上殿请罪，代宗非但没有惩治郭暧，还对他加官晋爵，并以为人之妻要谨守孝道、依从夫君、孝敬公婆之理来教诲公主。

宋太祖、宋高宗御书《孝经》

宋朝皇帝多擅长书法，在中国古代史上，历代皇帝书写《孝经》最多的、最为著名的，就是宋朝的皇帝。北宋初年的宋太祖，就御草过《孝经》。宋太宗淳化三年（992年）十月遣中使李怀节以御草书《千字文》一卷，付秘阁，李至请于御制秘阁赞碑，阴勒石碑。宋太祖见后就对身边的大臣说："《千字文》，盖梁武帝得钟繇书，破碑千余字，俾周兴嗣以韵次之，词理固无可取，非垂世立教之文，《孝经》乃百行之本，朕尝亲书，勒之碑阴可也。"于是，宋太宗亲书《孝经》，赐予李至，阴刻石碑。显然，宋太宗亲书《孝经》的想法非常明确，希望通过御书刻石的目的，达到教化的目的。遗憾的是，宋太宗的御草《孝经》后来失传了。

真正说来，中国历史上御书《孝经》最为著名、影响最大的当是南宋初年宋高宗了。宋高宗此次御书《孝经》是应臭名昭著的秦桧再三请求。此次书写，是在绍兴二年（1132年），宋高宗先书写，继出《易》、《诗》、《书》、《春秋左传论》、《孟》及《中庸》、《大学》、《学记》、《儒

清代女子鞋

宋代皇帝宋高宗对孝道的推崇，间接地影响了后世对孝道的认识，以及对于妇女举止行动上的禁锢。明清时期的妇女除了要竭尽全力孝顺父母之外，还受到当时风气的影响要裹脚，裹脚直接摧残着妇女的身心健康。图中是清代裹脚妇女所穿的鞋子。

行经解》等篇总数千万言，书成之后，刊于太学。过了四五十年后，宋孝宗于淳熙中，建阁奉安，并亲书匾曰"光尧石经之阁"。后来，新安朱熹修白鹿书院，奏请御书石经本，就是宋高宗所书本。宋高宗此次御书《孝经》的影响，波及到整个南宋所辖之地。先是于辛未下诏诸州以御书《孝经》刊刻石碑，赐给现任官及在籍学生。甚至有人将绍兴十一年（1141年）的绍兴议和的成功，也归功于宋高宗的御书《孝经》的功劳。当时的殿中侍御史汪勃就对高宗说：皇上"独擅圣人之德，上天昭鉴，果定和议"，要求高宗皇帝下诏书，"令募工摹刻，使家至户，晓以彰圣孝"。要是每家每户都要刊刻一通御书《孝经》，那工程未必太大，实行起来也是不可能，不过，要各州的府学刊刻御书《孝经》，倒是确实做到了。我们从一些零星的资料中可以看出，在一些州的州学中，有刊刻的御书《孝经》碑，南宋理宗时的《景定严州续志》卷4中记载，在严州（今浙江建德）府的大成殿中，就立有御书《孝经》石碑。另外，建康（今南京）府学也刻有高宗的御书《孝经》，高宗赐秦桧真草相间字体的《孝经》，当时的建康守臣晁谦之刻石郡学，秦桧及晁谦之跋于下，后经火不全。至于湖州的御书《孝经》石碑，是在绍兴十四年，由太守张宇立石在州学。常州的高宗御书《孝经》石刻，是淳熙中时的守臣林祖洽立在州学的御书阁。后人在谈到宋朝的皇帝时，总是免不了要褒贬几句钦宗、高宗、孝宗等皇帝，总是希望能够将他们的书画爱好与误国联系起来。其实，后人对宋朝

《孝经图》局部　马和之　宋代

孝文化作为儒家文化的伦理根基，本质核心为"孝治"。两宋时期，孝道文化发展到极致，统治者推行孝道教化，奉行尊老国策，旌表孝行，在百姓中形成了浓厚的孝道氛围。图为宋代画家马和之以高宗所书《孝经》为蓝本所绘的图册。

的皇帝可能都存在一些误解，宋太宗就曾表达过自己的书法观点："朕退朝观书外，留意字画，虽非帝王事业，不愈游畋声乐乎？"宋高宗更是将书法与宣传神圣的经学联系起来，书法与读经两得，他曾明确表示："写字当写书，不惟学字，又得经书不忘。"

宋朝，《孝经》、《论语》等书，照例是训练皇太子的必读书。大中祥符二年（1009年），宋真宗对大名莘人宰相王旦（957—1017年）说："朕在东宫讲《尚书》凡七遍，《论语》、《孝经》亦皆数四，今宗室诸王所习，惟在经籍，昨奏讲《尚书》第五卷，此甚可喜也。"看来，真宗皇帝是亲自给皇太子讲《孝经》等经籍。真宗朝中，给皇太子讲经的主要人物是邢昺，邢昺是翰林侍读学士、礼部尚书。邢昺给皇太子所讲经书，主要有《孝经》、《礼记》、《论语》、《易》、《诗》、《左氏春秋》等书。邢昺在经学上成就非常突出，今十三经注疏本中，由邢昺注疏的有《论语》、《尔雅》及《孝经》三种。邢昺死于大中祥符三年（1010年），死时，真宗皇帝诏太医诊视，并临问赐名药一奁、白金器千两、缯彩千匹。依照"国朝故事"，非宗戚将相，皇上是不省疾临丧之的，真宗皇帝之前，享有此待遇的，只有两个人，一个是郭贽，再就是邢昺。可见皇室对邢昺这位师父的重视。仁宗天圣二年（1024年）乙丑（二月），召辅臣到崇政殿西庑观讲《孝经》，三月，仁宗皇帝赐马宗元三品服，以讲《孝经》，马宗元当时与邢昺同时在皇宫中任侍讲，只是他的地位较邢昺要低一些。

讲学图

在中国传统中，师徒关系仅次于父子关系，即俗谚所说的"生我者父母，教我者师傅"，所以侍奉老师也同侍奉父亲一样。

清乾隆款寿桃纹天球瓶

天球瓶开始烧制于明永乐宣德时期，器型受西方文化影响，造型为圆口、直颈、腹浑圆、假圈足。清代康熙时期仿古之风盛行，雍正、乾隆时期天球最为流行。图为清乾隆款寿桃纹天球瓶，通体以粉彩为饰，瓶身绘桃枝一枝，枝上绘有八个寿桃及盛开的桃花和花蕾，主题纹样选用寿桃含有多福多寿的寓意。

朝野尊孝

朝廷取士，与往朝一样，《孝经》也是学子必读之书。不过，北宋初，

明代绘画中戴勒子的妇女

勒子，俗称包头，是一条中间宽两头窄的长缎子，多用于戴在眉额之间，明清时候甚为流行。画中一妇人怀抱孩子，母子亲昵之情跃然纸上。

《灼文帖》 欧阳修 北宋

欧阳修，北宋时代书法家、文学家。欧阳修死后，葬于新郑的旌贤乡，其后其祖母、儿孙死后都被葬于此地，形成墓群。后世子嗣，为尽孝守墓多移居至此地，形成村落。中国有句老话：子孙孝，家族兴。欧氏家族能形成村落，正说明此理。

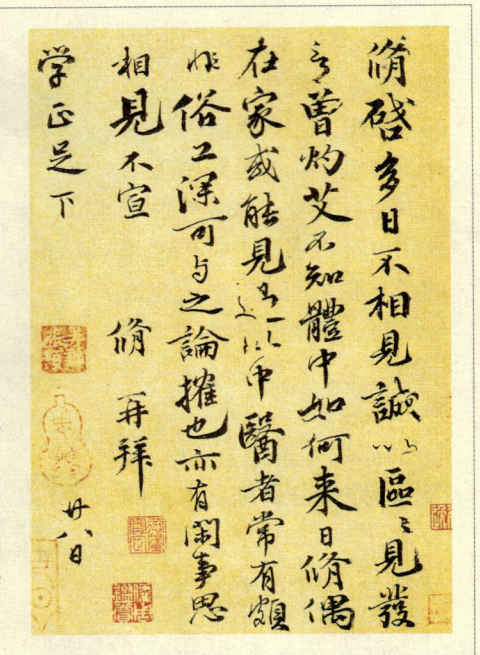

在具体的考试科目之中，要求还是有一些不同。北宋初年，取士设科，循用唐制进士，所试诗赋、论策行之百余岁。但到了熙宁初，神宗皇帝崇尚儒术，训发义理，以兴人才，谓章句破碎大道，乃罢诗赋，试以经义。儒士一变，皆至于道。北宋的科举考试科目，在神宗、哲宗两朝，经历了巨大变革，这次变革，引发了一系列的讨论。哲宗皇帝在元祐元年（1086年）闰二月为此特地发布了一个诏书，要求礼部与两省学士、待制御史、台国子监司业将集议的意见闻奏，当时朝廷改科场制度的建议是：第一场试本经义，第二场试诗赋，第三场试论，第四场试策试，新科明法除断案外，试《论语》、《孝经》义。虽然从神宗开始就在科举中提高了经学的地位，但仍有一些大臣认为这还不够，司马光就是其一。司马光在闰二月的讨论结束后，于三月初五上《乞先举经行札子》，谈了自己对科举科目的看法，"以臣所见，莫若依先朝成法，合明经、进士为一科，立《周易》、《尚书》、《诗》、《周礼》、《仪礼》、《礼记》、《春秋》、《孝经》、《论语》为九经，令天下学官，依注疏讲说，学者博观诸家，自择短长，各从所好"，"第一场先试《孝经》、《论语》大义，五道内，《孝经》一道，论语四道"。在科举考试中，经的地位进一步提高，这当然也包括了《孝经》。就在司马光奏章两个月后，也就是元祐元年五月，程颐有《上哲宗三学看详条制》，此奏章是讨论武学制的，我们可以清楚地看出，程颐要求在武学制中添入《孝经》等经书，"武学制，看详所治经书有《三略》、《六韬》、《尉缭子》，鄙浅无取，今减去，却添入《孝经》、《论语》、《孟子》、《左氏传》言兵事"。从司马光、程颐这些名臣的奏言中可以看出，他们不论是出于何种目的，其结果都是一样的，那就是要提高经学的地位，《孝经》被要求纳入武学制中。文臣之中，要求武将习《孝经》的不在少数，早在仁宗朝时的富弼就在景祐元年（1034年）的《上仁宗论武举武学》中提到此事。奏章中富弼提到两个典故，一是汉明帝时，期门羽林之士，悉令通《孝经》；一是孙权要求吕蒙、蒋钦习经书。最后，富弼下结论说，"兵术既精，史传既博。然后中年一校，三岁大比，当杂问兵术、史传之策，才者出试之，不才者尚许在学。是国家常有良将，布于四方，夷狄奸雄，知我有大备，安敢轻动"。

地方官在治理地方的政务中，也是多以《孝经》为根本来教化百姓。《宋史·赵景纬》卷425中的赵景纬，字德父，临安府于潜人（今杭州临安人）。在知台州府时，以化民成俗为先务，首取陈述古《谕俗文书》示诸邑，且自为之说，使其民更相告谕、讽诵、服行，期无失坠。约束官吏扰民五事，取《孝经·庶人章》为四言咏赞其义，使朝夕歌之，至有为之感涕者。举遗逸车若水、林正心于朝。旌孝行、作训孝文，以励其俗。

宋朝民间讲孝，比起以往的朝代，更加普及一些，这一方面固然与印刷术的革新有关，另一方面，与地方官员、乡贤的推广是密不可分的。宋朝的家训、乡规民约大量出现，多将孝道作为推广教化的首选，如赵普的《王氏孝义歌》，邵雍的《孝父母三十二章》、《孝悌歌十章》，赵景纬的《训孝文》，真德秀的《泉州劝孝文》、《潭州谕俗文》，万衣的《赠柳泗澜孝子歌》等。在政府的提倡和乡绅的促进下，宋朝出了许多感人的孝子的故事，其中，最为感人的孝子故事是《宋史》卷459中记载的徐积的事迹。徐积，字仲车，楚州山阳人。他的孝行出于天禀，在他三岁的时候，父死了，徐积是旦旦求之甚哀。母亲让他读《孝经》，则往往泪落不止。徐积事母至孝，朝夕冠带定省。徐积的父亲名石，故徐积终身不用石器，走路遇到石头，就避而不践。有的人就问徐积何以如此，徐积回答说："吾遇之则怵然伤吾心，思吾亲，故不忍加足其上

重阳节　王弘力　近代

农历九月九日是中国的重阳节，也叫重九。九为阳数之极，"九九"亦含长久、长寿之意。重阳时节正值民间秋祭荐祖，故重阳节有尊老敬老之意。

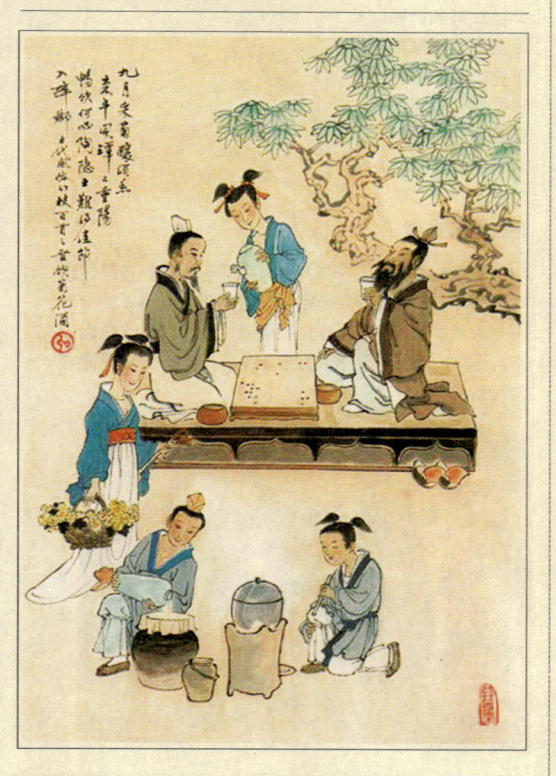

尔。"徐积的母亲死后，徐积是七日水浆不入口，悲恸呕血，在母亲的墓旁筑室住了三年，睡在草席上，戴着孝帽，下雪的晚上，就伏墓上不停地哭泣。有一次，翰林学士吕凑正好经过徐积的草庐，刚好听到徐积的哭声，吕凑不禁为之感动，也落下了眼泪，说道："使鬼神有知，亦垂涕也。"也许正因为这个孝的故事太过于感人，流传很广，至清朝，贵为皇帝的雍正，撰有《御制读〈宋史〉徐积传》一文，对编写《宋史》的主纂脱脱，提出了强烈的批评。文中说，读《宋史》徐积传，"未尝不三叹史笔之难得，而怪脱脱辈之无史识也。观其读《孝经》辄泪落不止，雪夜伏墓侧悲恸呕血，是乃本于天性之自然。彼遇石则惕然伤心而思亲，亦其出于至性，有不能自已者。而为史者，例当守千秋法则之正，一字褒贬之公，凡不合经常之行，虽嘉，可删。设惜其淹没而无闻，则自有稗官野史。在吾故曰：史笔非难，史识为尤难。而怪脱脱辈之无史识也"。

仲由像

仲由，字子路，春秋时期的鲁国人。仲由是孔子的七十二贤之一，他除了为人直爽、待人厚道之外，最为人称赞的是他的孝顺。其中"为亲负米"的故事是最为广传的，讲的是仲由年轻的时候家里很贫困，常常靠吃野菜充饥，为了不让父母挨饿，他常常跑到百里之外为父母背米的故事。

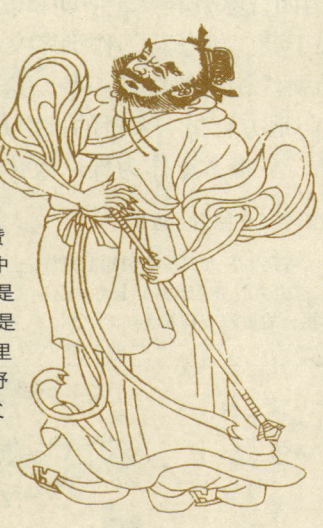

宋代孝行砖雕

元朝成书的《二十四孝》是中国一本宣扬传统儒家孝道的蒙学读物，其中选辑了为封建王朝所称颂的自上古至宋代的24个孝男孝女的事迹，叙之以文，咏之以诗，绘之以图，用于培养儿童的封建孝德，并在民间广为传播。

以《孝经》陪葬

宋朝时，《孝经》在丧葬中也常常会用到。《宋史》载有两个例子，从中我们可以窥见《孝经》在民俗中的重要影响。在《宋史》卷287或《续资治通鉴长编》卷95中，载有王嗣宗以《孝经》陪葬一事。王嗣宗，字希阮，汾州人。王嗣宗尤其是和睦宗族的榜样，他抚养诸侄子就如同是自己的儿子，著遗戒以训子孙，告诫子孙，不得分家析产。他在死前，立下遗嘱，叫子女在他坟墓中放入《孝经》、弓剑、笔砚等。天禧五年（1021年）卒，年七十八。真宗皇帝为此废朝，赠侍中，谥曰：景庄。另有一事是《宋史》卷442中，也是真宗皇帝时的事。穆修，字伯长，郓州人。穆修幼嗜学，但不事章句。后穆修预选，赐进士出身，调泰州司理参军，负才与

甘肃固原出土的北魏孝子漆棺人物画

孝子故事在历代的不同艺术样式中均有表现。图为北魏孝子棺漆画，描绘了舜、郭巨等孝子的形象，人物旁边有题文。虽表现的是古代人物，人物却穿着裤褶服，戴鲜卑帽，从另一侧面反映出与汉文化的交流。

圯桥进履

此图讲的是张良在受到一位老翁的羞辱之后，依然没有怨气的帮老人捡起了掉在水中的鞋子，还恭敬地帮老人穿上了鞋子的故事。张良也因为自己的知书达理、尊重老人，得到老人赠送的《太公兵法》，因此成功地辅佐刘邦建立了汉室。

众龃龉。此后，穆修在官场中一直不顺，宰相曾想结识穆修，且打算任他为学官，但穆修最终不去见宰相。穆修的母亲死后，他自己背上母亲的棺材去墓地埋葬，每天诵读《孝经》丧记，而不用浮屠做佛事。

　　在奉老、敬老上，宋朝基本上继承了前朝的做法，只是在具体的政策上有些细微的差别。宋朝奉老、敬老，首先表现在给高龄老者的物质补助上。太平兴国八年（983年），宋太宗赐京畿高年帛，显然，这是临时性的政策。雍熙元年十二月（984年），宋太宗"召京城耆耋百岁以上者，凡百许人至长春殿，上亲加慰抚。老人皆言：自五代以来，未有如今日之盛也。各赐束帛遣之"。可见，自五代十国以来，由于战乱，奉老、敬老的风俗，已是多年无人施行了。端拱元年（988年），宋太宗再次赐京城的高年帛。太宗曾下诏，对赤县①父老，令本府宴犒年九十以上的，并授摄官，赐粟帛终身，至于八十岁以上的，赐爵一级。随太宗之后的真宗，也是不定期地发布一些临时性的措施，照顾高龄老者。天禧元年（1017年）九月，对年老八十者，赐茶帛除其课役。随后的仁宗皇帝，初即位时，就大赦天下，天圣元年（1023年）三月，仁宗皇帝下诏降西京（洛阳）的

①赤县：指京城内的县。宋朝有赤县、畿县、县三种。畿县指京城附近的县。县即诸县，指一般的县。

罪犯之罪一等,将徒刑以下的赦免,凡是"城内民八十以上,免其家徭役,赐茶人三斤、帛二疋"。在嘉祐四年(1059年),对民年八十以上,每遇长宁干元节,容许百姓赴州县,设宴请父母,对于年八十的,与免一丁,着为式权(变通之意)。宋朝由于长期处于战乱,我们能见到的奉老、敬老的资料,主要还是集中在北宋时期,且主要是太宗、真宗、仁宗朝,其他皇帝即使是临时的措施,也不多见,这与当时的社会背景是密不可分的。正是由于宋朝处在不稳定的时期,所以,宋朝的养老政策多是临时性的,在这点上,宋朝显然比不上汉朝、唐朝,汉唐都有法定的养老政策。

虽然宋朝在物质养老上,由于当时特殊的社会环境而有所倒退,比不上汉唐,但法律上给予老年人的照顾,则基本上继承了唐朝的制度,具体的规定基本上是照抄唐朝的法律。

对老年犯罪者,在量刑上,是做了充分照顾的。所谓的"收赎",就是可以以钱来赎罪。所谓的"上请",是指对于要判死刑的老者,地方上无权裁决,得上请圣上,而皇上实际上是往往免于其死刑。所谓的"不加刑",是指对于老年死刑犯者,不得执行死刑。这些对老年人犯罪的特别照顾,表现出了宋王朝对老者的关心,推行以孝治国的方针。这些规定,更加有利于社会的稳定,也能得到社会的认同。

旌表孝行孝德,树立孝行模范,历朝都是积极推广的,宋朝也不例外。宋太祖赵匡胤于开宝三年(970年)发布诏书,"诏民五千户,举孝弟彰闻,德行纯茂者一人,奇才异行,不拘此限,里间郡国,递审联署以闻,仍为治装诣阙"。赵匡胤此次诏书,是在他做了正好十年皇帝之后的事。此次诏书的目的非常清楚,就是要表彰有孝行的人,将那些选上的人,送往京城,其宣传的目的非常明显。南宋孝宗皇帝淳熙二年(1175年)十二月,皇帝有诏书曰:"有孝行

银镀金七重塔　北宋

此塔在浙江省瑞安市慧光塔塔基出土,塔身由银片组成,通体镏金。塔为七层阁楼的设计,二到七楼各放置盘坐佛像,塔设有底座,在底座与第一层之间围有栏杆,栏杆上刻施主的发愿文。去寺庙上香请愿是古代人常有的活动之一,多为家中婆媳结伴而往,除了上香拜佛以外,行香人往往还刻留愿望以及卜卦等活动,内容不外乎科举高第、早生贵子、老幼安康以及家业兴旺等方面。

节义着乡间者，令长吏以闻，当议旌录。"就在此诏书发布之后，安福县（今江西安福县）递上一个状子，奉议郎知袁州，分宜县谢谔，及贡士李璲等，共有1353人写有联署信称："伏见贡士刘承弼，孝友天至，文行粹美，事亲以至孝。闻居母丧，哀毁柴立。父病既死，承弼吁天陨绝，愿以身代父，蹶然而苏，又三十年乃终，里人异焉。叔父廷圭、廷直，第太常奉不自给，承弼每绝甘，分少以助之。同产弟永弼，既为叔父廷圭后，承弼复分以己田。承弼受业于雩都知县刘安世，既没，率同学制师服。安福县令刘穀死，官下卧在地，承弼为棺殓。丞尤穷空，至鬻幼女，承弼闻之，即鞠于家，及嫁，后己女先丞女。故相刘沆远孙有女，贫不能归，承弼亦任之，尝属年饥道殣相望，承弼曰，劝分实难，请从我，始率子弟倒廪赈之不受一钱。"此状子递上去之后，朝廷非常认真地对待此事，将此状下于朝臣议论，当时礼部尚书臣惟权、侍郎臣素员、外郎臣端

回鹘式蒙古文字

蒙古族与汉族在文化上存在诸多的差异，对孝的理解不同，蒙古人并没有回家省亲和为父母守墓的习俗。蒙古文是在回鹘字母的基础上创制，不论在写法还是读音上与汉语截然不同。

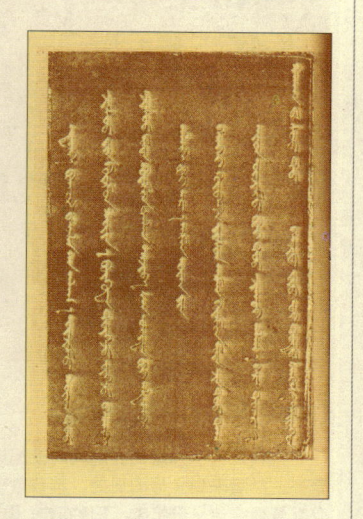

都认为，"刘承弼，宜旌表门闾"，于是皇帝为此特下诏书："可仍令长吏致礼。"最后，有尚书省下文至吉州安福县，由安福县在刘承弼的家门前"立棹楔门，夹之以台，台高十有二尺，饰以丹垩，艺以嘉木"。刘承弼在《宋史》中无传，所幸的是，刘承弼的感人的事迹，由他的一位老乡，著名的文学家吉州吉水人杨万里记载了下来。为此事，杨万里有《刘氏旌表门闾记》，此文载杨万里的文集《诚斋集》和《江西通志》中，正是此文，使我们能够从中一窥宋朝孝文化的风貌。刘承弼的故事，只是宋朝众多旌表孝悌事例中的一个，后来许多相似的孝行事迹，受到了朝廷的褒奖。

为了论述的完整性，在此将元朝的孝行简略地阐述如下。一般人认为，元朝统治者是不太讲究孝，显然，这与蒙古族的习俗有着很大的关系，毕竟，蒙古族并不像汉族那样，有着上千年的孝文化的熏陶。当蒙古人主中原后，给人的印象就是，蒙古人不太讲孝。当然，我们能从史籍中找到一些资料来说明这一点。据《元史》记载，丘处机面谒太祖成吉思汗时，曾给成吉思汗大谈"欲一天下者，必在乎不嗜杀人"，"敬天爱民为本"，"清心寡欲为要"等道理。然而，有一天打雷，太祖问丘处机这是何故？丘处机回答说："雷，天威也。人罪莫大于不孝。不孝，则不顺乎天，故天威震动，以警之。似闻境内不孝者多，陛下宜明天威，以导有众。"于是，太祖听从了丘处机的意见。从这段文字的记载中，可以看出，蒙古族与汉族在孝文化上有着不同的理解。

《宋高宗书孝经马和之绘图册》

古代儿女和儿媳们在鸡鸣时就起床梳洗,穿戴整齐,然后来到父母的居处,恭恭敬敬地问候,小心翼翼地服侍父母起床、下地行走、盥洗和饮食。一日三餐的饮食都要请示父母,满足他们的意愿。

山西孝义纸窗皮影

早在七八千年前的新石器时代就有人类在孝河流域繁衍。隋朝末年,郑兴"割股奉母"的故事就发生在这里,唐贞观元年(627年),因"邑人郑兴孝行闻于朝",唐太宗亲赐"孝义"一名,县名自此由永安县改为孝义县。

元朝禁愚孝

从《宋史》中的记载,可以看出,刲股、割肝、卧冰等孝行在民间较为普遍,且得到政府的表彰。但元代从一开始就禁止刲股、割肝、卧冰等孝行,时间是在至元七年(1270年,元朝有两个至元年号,元朝第一皇帝世祖忽必烈至元年号,自1264—1294年,此至元长达31年。另一个至元年号是元朝最后一个皇帝顺帝的,自1335至1340年,长达6年)。元朝禁止刲股一事,有一个标志性的事件,那就是御史台以新城杜添儿割股奉母,请求旌表,经过尚书省的议论,议论的结果以为,杜添儿的行为是毁伤亲体,不予表彰。显然,此事是在至元七年之后的事。不过,元朝有几起刲股之事得到过朝廷的表彰。如珠赫,山丹州人,母年七十余,患风疾,药饵不效,珠赫割股肉进啖,遂愈。岁余复作,不能行,珠赫手涤溷秽,护视甚周,造板舆载母,夫妇共舁,行园田以娱之。后卒,居丧有礼,乡间称焉。再就是潭州万户伊喇琼子李嘉努,他九岁母病，医言不可治，李嘉努刲股肉，煮糜以进，病乃痊。最后是抚州路总管管如林、浑州民朱天祥，并以母疾刲股，旌其家。对于这几个人刲股而受到了政府的表彰，一般推测是在至元七年之前的事，也就是元朝政府颁布禁令之前的时期。元朝政府将禁止剜肝刲股一事，明确地写入法律，此规定可见《元史》卷105，中有"诸为子行孝，辄以剜肝、刲股、埋儿之属为孝者，并禁止之"。不过，至元七年的禁令是否严格地执行了，这个值得我们怀疑，原因是我们在《元史》中看到有大量的刲股、割肝、卧冰孝行记载，至少说明了这些极端的孝行在民间是盛行的。如《元史》卷200载：秦氏二女，河南南阳人，逸其名。父尝有危疾，医云不可攻，姊闭户默祷，凿己脑和药进饮，遂愈父，后复病欲绝，妹刲股肉置粥中，父小啜即苏。孙氏女，河间人，父病癞十年，女祷于天，求以身代，且吮其脓血，旬月而愈。许氏女，安丰人，父疾割股啖之，乃痊。张氏女，庐州人，嫁为高垕妻，母病目丧明，张氏归省，母泣，以舌舐之，目忽能视。州县各以状闻，褒表之。类似的事例，在《元史》中有许多记载。另一个最为典型的例子，也是在前面已经提到过的二十四孝的故事，正是出自元代，这就间接地说明了元代孝行是普及的。那么，若是将元代与宋代比较的话，差别在哪里呢？客观地讲，应当是汉族人还是讲自己的传统的孝，而蒙古族则对汉族式的孝较为淡薄。由于政权掌握在蒙古族的手中，故朝廷的一些政策就免不了与宋朝以来的汉族人的社会孝行方面的习俗有所冲突。

啮指痛心　画像砖　宋元时期

曾子父母在世时，很多国家都曾邀请他做官任职，曾子都以父母尚在，不忍心远离父母去为别人做事为由拒绝了。但史书上也有其在莒地做官的记载，相传他是为了得到俸禄养亲才出仕的。图中描绘的是曾参打柴归来询问母亲事由的场景，从他谦恭行礼问候的形象，都可联想到对母亲是如何的尊敬。

一个没有省亲制度的朝代

元代没有官员省亲制度，这是一个典型的例子。宋代有着完整的官员省亲制度，在汉族人看来，省亲也是尽孝心，尽孝心又被视为是忠君，两者之间是互动的，是一种良性关系。但是，元代长期是没有官员省亲制度的，这对于汉族官员来讲，是不孝的表现。据《元史》卷13载，忽必烈至元二十二年（1285年），"左丞吕师夔乞假五月，省母江州，帝许之。因谕安图曰：此事汝蒙古人不知"。这个安图，是当时的右丞相，当时，忽必烈身边没有其他的汉族大臣。文宗天历二年（1329年），此时，已是

德行语录

子曰:"父母之年,不可不知也。一则以喜,一则以惧。"

《礼记·曲礼上》

【译文】孔子说:"父母的年龄,不可以不知道。一方面为他们的长寿而高兴,一方面又为他们年老而恐惧。"

元朝中期了,但是官员省亲制度仍然没有,此时,又有人明确地提出了建立官员省亲制度,这人就是河北道廉访副使僧嘉努,他说道:"自古求忠臣必于孝子之门。今官于朝者,十年不省亲者有之,非无思亲之心,实由朝廷无给假省亲之制,而有擅离官次之禁。古律,诸职官父母在三百里,于三年听一给定省假二十日,无父母者,五年听一给拜墓假十日,以此推之,父母在三百里以至万里,宜计道里远近定立假期,其应省亲匿而不省亲者,坐以罪,若诈冒假期,规避以掩其罪,与诈奔丧者同科。"僧嘉努的这段话,给我们提供了一些有用的信息,说明汉族官员有诈冒假期或诈奔丧的,通过这种方式,来达到省亲尽孝的目的。当然,最为重要的是,僧嘉努提出了按照距离的远近来确定省亲的时间,而对于当省亲而不省亲,则处以刑罚。

明清有关孝的法律规定

自宫禁例

　　永乐二十二年令：凡自宫者，以不孝论。军犯罪，及本管头目，总小旗民犯罪及有司里老。

《明会典》卷七十九

　　宣德四年令：武职及子弟有犯不孝，并烝父妾收兄弟之妻，败伦伤化者，不许复职、承袭，永为定例。

　　疏义曰：不孝流者，谓闻父母丧，匿不举哀，流。告祖父母、父母者，绞，从者流。呪诅祖父母、父母者流。厌魅求爱媚者，流。
　　答曰：恐喝及强元，非不孝；加至流坐，非是。正刑律，贵原情，据理不合。

《明会典》卷一百零六

七曰不孝

　　谓告言：呪骂祖父母、父母、夫之祖父母、父母，及祖父母、父母在别籍异财，若奉养有缺；居父母丧身自嫁娶，若作乐释服从吉；间，祖父母、父母丧，匿不举哀，诈称祖父母、父母死。

《明会典》卷一百二十七

　　凡留养之犯，在他省获罪，审系游荡他乡、远离父母者，即属忘亲不孝之人。虽与例相符，不准留养。若系官役奉差、客商贸易，确实有据，及两省地界毗连，相距在数千里以内者，该督抚于定案察核明确，按其情罪轻重，照例将应侍缘，由于题本内声叙。

《大清律例》卷四

　　继母告子不孝，及伯叔父母、兄姊伯叔祖、同堂伯叔父母、兄姊奏告弟侄人等打骂者，俱行拘。四邻亲族人等，审勘是实，依律问断，若有诬枉，即与辩理，果有显迹伤痕，输情服罪者，不必行勘。

《大清律例》卷二十八

皇帝崇孝

HUANGDICHONGXIAO

在中国历史上，朱元璋无疑是最讲孝的皇帝。为了遵循孝道，他甚至将西周以来的一些礼制进行了改革。

自称"孝子皇帝"

自有"孝子"称呼以来，在中国古代史上已产生了许多孝子，但是在皇帝前冠以"孝子"二字，第一个以孝子皇帝自称的，就是明朝开国皇帝朱元璋。朱元璋将孝子皇帝的称呼以法律的形式确定了下来，朱元璋于正式登基的第二年，即洪武二年（1369年），就有诏书规定："止称孝子皇帝，不称臣，遣太子行礼，称命长子某，不称皇太子。"170年之后的嘉靖十七年（1538年），嘉靖诏令大祫祝文九庙帝后谥号，俱全书时，祫止书某祖某宗某皇帝，备行宣读。朱元璋的这些规定，同样也记载在《明史·礼志》中，内容大致相同：二年（洪武二年）诏，太庙祝文止称孝子皇帝，不称臣。凡遣皇太子

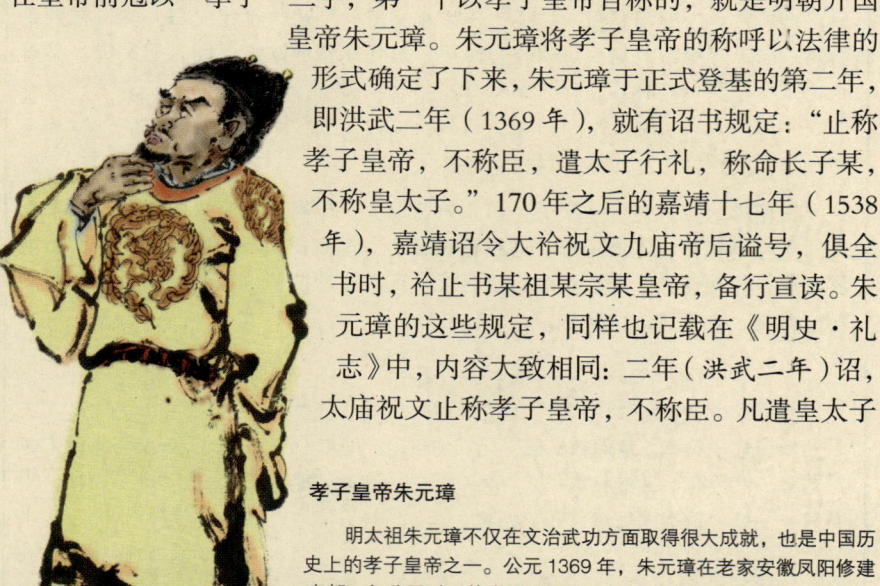

孝子皇帝朱元璋

明太祖朱元璋不仅在文治武功方面取得很大成就，也是中国历史上的孝子皇帝之一。公元1369年，朱元璋在老家安徽凤阳修建中都，与此同时，他在同城西南为父母大事修建明皇陵以尽孝心。据学者研究，明皇陵前的羊石雕，取"羊羔跪乳"的动物之孝典故，以此表达对父母养育之恩的感激。图为太祖朱元璋像。

行礼,止称命长子某,勿称皇太子,后称孝元孙皇帝,又改称孝曾孙嗣皇帝。

在中国历史上,朱元璋无疑是最讲孝的皇帝。有几次,朱元璋在太庙祭祀时,悲凄泪下,随从的大臣也受到感染,无不流涕。为了教育子孙行孝,朱元璋叫人绘《孝行图》,让子孙朝夕得览,牢记孝行、孝思。朱元璋讲孝,甚至将自西周以来的一些礼制进行改革。洪武七年(1374年),朱元璋的妃子成穆贵妃孙氏去世,死时年仅32岁,无子,朱元璋就命令周王肃行慈母服三年,东宫诸王皆期。朱元璋深知这是不符合礼制

徐达像

徐达(1332—1385年),字天德,元末明初濠州钟离(今安徽凤阳县)人,他是明王朝的开国将领,与朱元璋幼时即已交好,他在洪武十八年病逝,朱元璋追封他为中山王。

宋濂

宋濂(1310—1381年),字景濂,号潜溪,浦江(现在浙江义乌)人。明朝著名的文学家,他曾经被推荐为翰林院编修,因为侍养父母的原因,没有接受。朱元璋非常器重他,说他是"开国文臣第一人"。

常遇春

常遇春(1330—1369年),字伯仁,安徽怀远人,明朝的开国名将。曾经当过土匪,后来跟随了朱元璋。他体力过人,长于骑射,但是英年早逝,追封其为开平王。

的,为此,朱元璋特地将此事交给大臣们议论。讨论时,当时的礼部尚书牛谅等奏称:《仪礼》,父在,为母服期,庶母则无服。意思是说,按照《仪礼》的规定,若是父亲健在的话,这时庶母死了,子女是不需要给死去的庶母服丧的。若是依照此规定,朱元璋的儿子为贵妃孙氏服丧哪怕是一年都是不必要的,更别谈服丧三年了。朱元璋为了改革这种他认为是不合理的规定,就叫明初杰出的文学家宋濂等在历史中找依据。通过考证,宋濂最后得出结论:古人论服母丧者,凡四十二人,愿服三年者二十八人,服期年者十四人。朱元璋见古代确有子为庶母服丧三年的成例,就说:三年之丧,天下通丧,观愿服三年,视愿服期年者倍,岂非天理人情之所安乎。于是,将此立为定制,并敕儒臣作《孝慈录》,规定:子为父母、庶子为其母,皆斩衰三年;嫡子、众子为庶母,皆齐衰杖期。不独此,朱元璋还将《孝慈录》列于大明令,作为法律条款,刊示中外。

忠孝两全

早在朱元璋征战南北之时,就能充分地利用孝行孝恩来规劝手下的降将左君弼效命于他,这是一个经典的故事,常常被人提及。左君弼是庐州人(今合肥人),元朝大将。元顺帝至正二十四年(1364年),徐达、常

《二十四孝》瓶

元朝统治者入主中原后，推行"汉法"，实行儒家的政教思想与制度，特别是沿用自宋以来的程朱理学，大倡其忠孝节义之教，并编录了《二十四孝》。一方面是因为敬老养亲是中华民族的优良传统和美德，有源远流长的深厚的社会基础。另一方面，历代统治者也明白"事父母能竭其力，事君能致其身"的道理。

乾隆举办千叟宴的御笔牌匾

"千叟宴"始于清朝康熙，盛于乾隆时期，是清宫中规模最大、入席者最多的盛大御宴。按照清廷惯例，每五十年才举办一次千叟宴。1722年康熙帝在阳春园宴请全国七十岁以上老人2 417人。后来雍正、乾隆两朝也举办过类似的"千叟宴"。

遇春攻庐州，部将吴复先登挫敌，降其骁将楼儿张，左君弼穷蹙弃城，走安丰，徐达、常遇春一路穷追，再克安丰，将左君弼母亲、妻子作为人质，送往建康（今南京）。虽然母亲、妻子都被朱元璋所扣，但左君弼不为所动。这是一个典型的忠孝冲突的事例，前面我们讲到汉代的邳彤、赵苞及王陵的故事，这三个人都以忠君而著称，对于左君弼，现在面临着同样的问题。不过，有意思的是朱元璋在处理左君弼的妻、母问题时，却是技高一筹，他不是将左君弼的母亲、妻子杀掉后以解心头之恨，而是充分地利用左君弼的孝心，使左君弼为自己所用。四年之后的洪武元年（1368年），徐达引兵上黄河，克永城、归德，许州师至陈桥。左君弼自唐州走安丰，安丰复走汴梁，元汴梁守将李克彝使守陈州。这时，朱元璋派人给左君弼送去了一封非常感人的信，在信中，不忘谈到左君弼的母亲和妻子。

曩者，兵连祸结，非一人之失。予劳师暑月，与足下从事，足下乃舍其亲而奔异国，是皆轻信群下之言，以至于此，今足下奉异国之命，与予接壤，若欲兴师侵境，其中轻重自可量也。且予之国，乃足下父母之国，合肥乃足下丘陇之乡，天下兵兴，豪杰并起，岂惟乘时以就功名，亦欲保全父母妻子于乱世。足下以身为质，而求安于人，既已失策，复使垂白之母、糟糠之妻，天各一方，以日为岁。足下纵不以妻子为念，何忍忘情于老母哉！功名富贵可以再图，生身之亲不可复得，足下能留意，于是幡然而来，予当弃前，非仍复待以故。

左君弼得到朱元璋的书信时，仍犹豫不决，于是，朱元璋将他的母亲送到陈州，左君弼感动得流下了眼泪。到此，朱元璋的大兵下山东，西指汴洛，夜驱军民遁入河南，左君弼与珠彻等率所部兵至徐达处投降。

朱元璋登基之后，在任用人才上，特别重视人才的品德，他总是将德放在第一位,这可能与他的个人经历有着密切的关系。朱元璋之所以能在元末群雄割据中脱颖而出,正是由于他善用人才。他手下的大将,都是他儿时的伙伴,而他的谋士,则多出自浙东地区。朱元璋最为杰出的谋士大多出自民间,或者是小官吏,这些无疑影响到了他的人才观念。甲辰三月,朱元璋敕中书省:"今土宇日广,文武并用,卓荦奇伟之才,世岂无之,或隐于山林,或藏于士伍,非在上者开导引拔之,无以自见。自今有能上书陈言,敷宣治道武略出众者,参军及都督府具以名闻,或不能文章而识见可取,许诣阙面陈。"朱元璋个人经历,直接影响到了明朝初年的官员选拔政策。洪武六年(1373年),朱元璋取消了科举制度,官员直接通过推举产生,察举贤才,以德行为本,而文艺次之。所推举的名目有:贤良方正、孝悌力田、孝廉、秀才、人才、耆民。对于这些推举的人才,都礼送京师,以待擢用。尽管朱元璋在战乱之时,得益于别人向他推举的一批来自于民间的人才,但是,在和平时期,大规模的选拔人才,若继续采取推举的方式,必然弊多于利。洪武十七年(1374年),朱元璋将废除了达十年之久的科举制度又恢复了,但同时继续实行推举的方式,这样就有了两种选拔人才并行的方式。洪武十八年(1375年),朱元璋特诏举孝廉之士。朱元璋谕礼部臣曰:朕向者令有司举聪明正直之士,至者多非其人,甚孤所望。朕闻,古者选用孝廉,孝者,忠厚恺悌廉者,洁己清修,如此则能爱人守法,可以从政矣。其令州县,凡民有孝廉之行,着闻乡里者正官。与耆民以礼,遣送京师,非其人勿滥。

明朝初年的养老政策,无论其进步性,还是制度上的系统性,都超过了宋元两朝。洪武十九年(1376年),朱元璋诏有司存问高年贫民,年龄在八十以上的,每月给米五斗、酒三斗、肉五斤,年龄在九十岁以上的,每年加帛一匹、絮一斤,有田产者罢给米。对于朱元璋的家乡,则是另有规定,应天凤阳富民,年龄在八十以上的,赐爵社士,年龄在九十以上的,赐爵乡士。至于全国的天下富民,年龄在

涤亲溺器

黄庭坚,北宋时期的文学家、思想家,哲宗元祐年间担任太史一职。庭坚事母极孝,虽身居高位,公务繁忙,还每天坚持探望母亲,给母亲问安。母亲生病多年,庭坚侍奉左右,从不懈怠,甚至每天都要为母亲清洗溺器。图为清刻本《二十四孝图说·涤亲溺器》,表现的是黄庭坚在门口小河洗涤溺器的场景,黄庭坚身着官服,以此衬托黄庭坚虽公务繁忙还不忘为母涤器的孝心。

八十以上的，赐爵里士，年龄在九十以上的，赐爵社士，这些高年者，都享有与县官相同的礼节。对于鳏、寡、孤独，不能自存者，每给米六石。

以"孝"教化天下

清朝虽然也是少数民族建立的政权，但它与蒙古族的元朝，在孝的政策上，有着很大的不同。清朝政府在孝的方面的措施，更多的是积极主动。满族人入关后就大力倡导孝，这与蒙古人最初对汉族人的孝一无所知是大不相同的。中国历史上曾产生过六百多位皇帝，但给《孝经》做注的，只有屈指可数的五个皇帝：晋元帝、晋孝武帝、梁武帝、唐玄宗和顺治帝，而前三者所注皆不传，注释《孝经》成就最高的是唐玄宗，他的注疏被收入了十三经注疏。满族皇帝一开始就对汉族文化着迷，乃至于倾心研究。作为一个少数民族，它所建立的清朝，在对汉族文化的建设上，远远超过了汉族人建立的明朝所作的贡献。在这里，首先要说的就是清朝第一个皇帝顺治给《孝经》做注的事。刚入关之时，顺治皇帝对汉族文化尚没有到娴熟的程度，这从他遗留下来的书法可以看出。顺治帝于顺治十三年（1656年）御撰《孝经》。顺治所注《孝经》，成就上虽不及唐玄宗，但他的注文，今收录在《四库全书》中。顺治帝在序言中说道：

朕惟孝者，首百行而为五伦之本，天地所以成化，圣人所以立教，通之乎万世，而无敝，放之于四海而皆准，至矣哉！诚无以加矣。

顺治帝所注释的《孝经》，于顺治中镂板印行，但民间流传的很少，礼部尚书浙江秀水人杜臻购得宝藏，朱彝尊得览，著录于《经义考》之首。所以，我们要是翻开朱彝尊的《经义考》一书，首篇著录的就是顺治帝的御注《孝经》。顺治皇帝不独自己对《孝经》有研究，他还要求大臣对《孝经》作总结性的研究，这就是《孝经衍义》。是书规模为一百卷，在世

宫娥梳髻图　改绮　清代

此图描绘了清晨宫女起床后梳妆打扮的场景。图中宫娥清秀而纤弱，敷色清雅，其中一人披发而坐，另一人用手托起端坐宫女长发，从画面题字可知她们正在尝试梳理一种新的发型。在寂寞孤独的宫廷生活中，她们相互梳髻的举动给冰冷的后宫生活增添了一丝暖意。

祖顺治时，未能完成，直到康熙二十一年（1682年）春才完成，主要总纂官有叶方蔼学士、张英充总裁官、侍讲韩菼。书成之后，康熙帝于1690年4月24日亲为作序。

康熙皇帝也很重视以孝来教化国民，康熙九年（1670年）十月，发布《圣谕广训十六条》，其中的首条是"敦孝弟以重人伦"，由此可知，康熙帝深知孝在国民教化中的重要性。他在序言中晓谕：

朕惟至治之世，不专以法令为务，而以教化为先。其时人心醇良，风俗朴厚，刑措不用，比屋可封，长治久安，茂登上理，盖法令禁于一时，而教化维于可久。若徒恃法令而教化不先，是舍本而务末也。

满族人的丧礼

敬奉老人，是满族人由来已久的一种美德。满族人婚丧嫁娶的礼节，主要体现在一个"孝"字上，家中有老人去世，儿子、儿媳要穿孝衣百天，称为"大孝衫"。

康熙帝关于"敦孝弟以重人伦"一条，在随后编写的《江西通志》、《浙江通志》、《福建通志》、《河南通志》、《山东通志》、《四川通志》、《广东通志》中都有引用，其中的《江西通志》、《浙江通志》、《福建通志》和《山东通志》，则将其康熙帝的序言，全文传抄，冠于教化或者孝友之前。

清初的三个皇帝都在努力完成同一本书，那就是对《孝经》的研究成果进行系统整理，《孝经衍义》在顺治帝时便开始编辑，到康熙二十一年（1682年）才结束。但这部书实在是规模太大，多达一百卷，这是一部纯粹的学术性著作，对于普通老百姓的教化则作用不大。为了将这部学术著作变成一本通俗的读物，起到教化的作用，雍正皇帝于雍正五年要手下的大臣将这部洋洋一百卷的《孝经衍义》压缩为一卷，《四库总目提要》将此说明得很清楚：

德行语录

礼也者，贵者敬焉，老者孝焉，长者弟①焉，幼者慈焉，贱者惠焉。

《荀子·大略篇第二十七》卷十九

【注释】①弟：通"悌"，敬爱兄长。

【译文】礼义，就是对尊贵的人要对他表示尊敬，对老者要表示孝敬，对于兄长要爱敬，对幼弱者要表示慈爱，对下贱的人要施以恩惠。

千年桃实图　金城　近代

桃子与神龟、仙鹤一样，都是长寿的象征，在中国古代很早以前就存在"以桃祝寿"的习俗，并一直沿袭至今。桃子之所以能作为长寿的象征，这与其口感好以及有药用的功能是分不开的。图为千年桃实图，为近代画家金城所作，画中桃子饱满鲜艳，有被挤出纸面的体积感。"千年桃实"即有延年益寿之辞。

《四库全书总目提要》

《四库全书总目提要》又称《四库全书》，是乾隆皇帝发动全国的学者，历时十五年编纂而成，参与编写的有清永容、纪昀等。本书共分为经、史、子、集四部。在古文献中它的参考价值极大。

世祖章皇帝（顺治帝）既为之注，复有衍义之辑，而圣祖仁皇帝（康熙帝）缵成之，本末条贯义无遗蕴。世宗宪皇帝（雍正帝）虑其篇帙浩富，或未能家喻户晓，乃命约为此注，专释经文，以便诵习，而词旨显畅，俾读者贤愚共晓其体例。悉仿朱子《四书章句集注》，为之洵万古说经教孝之至极矣。

清代在选拔官员的方法上，基本上沿用了明代的做法，孝廉仍是选拔官员手段之一。孝廉方正科，始于康熙六十一年（1722年），世宗雍正帝登极时，就诏直省府、州、县、卫各举孝廉方正，赐六品章服，备召用。雍正元年（1723年），下诏曰："国家敦励风俗，首重贤良。前诏举孝廉方正，距今数月，未有疏闻。恐有司息于采访，虽有端方之品，无由上达。各督、抚速遵前诏，确访举奏。"不久浙江、直隶、福建、广西各推荐二人，用知县；年龄在五十五岁以上的，用知州。其后历朝御极，皆恩诏荐举以为常例。孝廉方正的选拔官员的方法推行了七十多年，到了乾隆时，此法已经有了过滥之嫌。于是，就有人提出了改革，这人便是刑部侍郎励宗万。他上言说："孝廉方正之举，稍有冒滥，即有屈抑。从前选举各官，鲜克公当。非乡井有力之富豪，即宫墙有名之学霸。追服官后，庸者或以劣黜，黠者或以赃败。请慎选举，以重名器。"最后，由吏部议准府、州、县、卫保举孝廉方正，应当由地方绅士里党合辞公举，州、县官采访公评，详稽事实。所举或系生员，由学官考核，给六品章服荣身。果有德行才识兼优者，督、抚逾格保荐赴部，九卿、翰、詹、科、道公同验看，候旨擢用。对于滥举者则以犯罪论处。

第四章 孝的种类

中国历史上第一个应当谈到的忠臣是夏桀手下的关龙逢，此后，忠臣便不绝于史书。朝廷、国民对于愚忠通常持肯定的态度。对于郭巨埋儿、刳股疗亲等愚孝，历朝的态度通常是矛盾的，朝廷多取否定的态度，民间多较宽容。历史上的孝子虽然以男性居多，但也不乏孝女，曹娥即是典型的代表。

国孝与国忠

GUOXIAOYUGUOZHONG

忠与孝本身是不可分割的。中国历史上，忠义之士极多，不可胜数。这些，都得益于孝道的推行。

中国第一忠臣关龙逄

唐朝玄宗朝时的张谓，与李白同时，且两人有交往。张谓，字正言，河内人，曾写有《夏大夫关公碑阴文》：

欧阳詹

欧阳詹,字行周,泉州晋江潘湖村人,善古文诗赋。唐贞元年间,曾全力支持韩愈、柳宗元所倡导的古文运动。感于夏代忠臣关龙逢直谏而死所作《吊关龙逢赋》(又作《怀忠赋》),以此表达对关龙逢尽忠直谏的敬仰。其著作集有《欧阳行周文集》。

李斯的书法

李斯的书法刚柔并济,圆浑挺健,字体呈长方形,简化和方整,线条圆润流畅,给人端庄稳重的感受。唐张怀瑾称颂李斯的小篆是"画如铁石,字若飞动"、"骨气丰匀,方圆妙绝"。

禹成九功,诞受天命。桀丧一德,悖于人心。为虺为蛇,如豺如虎,既毒螫焉,又吞噬焉。重之以昆吾,因之以妹喜,匹夫丑夏,多士怀殷。万方嚣然,九州岛危矣。公,夏后之诤臣也。以谓为臣之礼,不择其利,食君之禄,不避其害,亦知直言之贾,祸国瘵时,危欲其行之速也。亦知讽谏之徵,福里迁车,远恐其效之迟也。由是犯帝座,排天门,谋成深心,药进苦口,石可转也。不可夺其坚贞,身可杀也。不可捐其忠义,夫生死者。必然之常数,忠义者,不易之大节,位卑则迹远,禄厚则恩深,恩深则义重,于生全义可也。迹远则生,重于义全生可也。

这里只是节录了此篇碑文的前部分。张谓所谓的夏大夫指的是夏桀手下的忠臣关龙逢,此碑文正是歌颂关龙逢对夏桀的一片忠心,最后换来的是杀身之祸。比张谓稍晚一些的唐朝另一位诗人欧阳詹,所作的《吊关龙逢赋》(也叫《怀忠赋》)比起张谓的《夏大夫关公碑阴文》更为著名一些。欧阳詹,字行周,泉州晋江人,与韩愈、李观、李降、崔群、王涯、冯宿、庾承宣联第,皆天下选,时称龙虎榜。福建第一个中进士的,就是欧阳詹。欧阳詹做官做得很不顺,经过多次的努力,于贞元十五年(799年),任国子监四门助

锁谏图(局部)　阎立本　唐代

此图描绘了十六国汉的廷尉陈元达向皇帝刘聪冒死进谏的情景。刘聪是个荒淫奢侈而且残暴的匈奴君主,他要为其宠妃建华丽的凰仪殿,陈元达将自己锁在大树上冒死进谏劝阻,表达他对国家对君主的一片忠心。

比干

"比干剖心"的故事在民间妇孺皆知，广为流传。比干，商纣王之叔父，商纣王受妲己蛊惑，骄奢、嗜杀成性，比干以古代先帝创业的艰辛来规劝商纣王要重整朝纲，戒除荒淫，却因屡次"强谏于王"而被剖心。

十殿阎罗、八殿都市王

不孝不慈的人死后都会下地狱，这就是中国民间流传的说法。炮烙之刑非常残酷，后人把它列入极其恐怖的地狱阎罗殿中。图为阎罗殿中小鬼受炮烙之刑处罚的场景。

教，率其徒伏阙下，举韩愈为博士。不久北上山西，《吊关龙逢赋》就是在这时所写。赋前有序言，说明了写此赋的缘由。序曰："丙寅岁，因受谴，季冬之月，次于殷墟，历关龙逢墓焉。昔聆其风，未尝不回肠贯涕，睹夫茔垄，心又增伤，遂写愤于言为赋，以吊先生以忠谏致命，故以怀忠命篇。"

赋中所说的"炮烙"，是指关龙逢受炮烙之刑①而死。这一节之所以要首先谈关龙逢，就是因为关龙逢是中国历史上最早的忠臣，尽管他没有后来的比干那样著名，但我们谈中国历史上的忠臣时是回避不了关龙逢的。

由于先秦时期的资料缺乏，关于关龙逢的情况并不是很清楚。关龙逢，山西人，其墓在安邑县。孔子、李斯都提到过他，尤其是李斯，曾自比关龙逢。事情的经过是这样的，李斯当郎中令，赵高案治李斯，李斯拘执束缚，关在监狱中。他仰天叹息说："嗟乎，悲夫不道之君，何可为计哉？昔者，桀杀关龙逢，纣杀比干，吴王夫差杀伍子胥，此三臣者，岂不忠哉？然而不免于死，身死而所忠者，非也。今吾智不及三子，而二世之无道过于桀、纣、夫差，吾以忠死宜矣。且二世之治，岂不乱哉？日者夷其兄弟，而自立也，杀忠臣而贵贱人，作为阿房之宫，赋敛天下，吾非不谏也，而不吾听也。"从李斯的这段话中，说明他对秦二世

---

① 炮烙之刑：指将铜柱放在炭火上烧，然后强迫犯人在烧红的铜柱上行走，犯人站立不住，就会掉到炭火中被活活烧死。关于炮烙之刑的起源有两种说法，一是源于夏朝，一是商纣王创制。

还是忠心的,他对秦二世的残暴是极为不满的,将自己比作关龙逄、比干、伍子胥①式的忠臣,将秦二世比作暴君桀、纣、夫差。

至于关龙逄到底是死于何种刑法,宋朝时的罗泌撰有《路史》一书,在卷37中,他对关龙逄之死,提出了异议和推测。

罗泌在文中列举了关龙逄的谏瑶台②、谏酒池③、谏长夜之宫,因这三种不同记载的进谏而导致夏桀处死了他,死的方式则有两种,裂其四肢和炮烙之刑。不过,关于关龙逄受炮烙之刑而死的说法,流传得最广。

后世常常有人写诗文纪念关龙逄,除了刚在上面提到的唐人的两篇赋之外,唐朝王绩(太原祁人),有《祭关龙逄文》,文中提到了一个典故,"冯河暴虎"。这个典故源于《诗经·小雅·小旻之什·小旻》中的最后两句:"不敢暴虎,不干冯河。"对于这两句诗,有人这样解释:徒,搏,曰暴虎徒涉;曰冯(渡河)河小人。智虑不能及远,暴虎、冯河之患近在目前,则知避之。丧国、亡家之祸,远在岁月而不知忧也。故曰:战战兢兢,如临深渊,如履薄冰,临渊恐坠,而履冰恐陷,善为国者常如是矣。王绩文中引用此典故,是想说明夏桀只能看到眼前的危险,但不能像关龙逄那样有远见,能够预见到国家未来的危险。

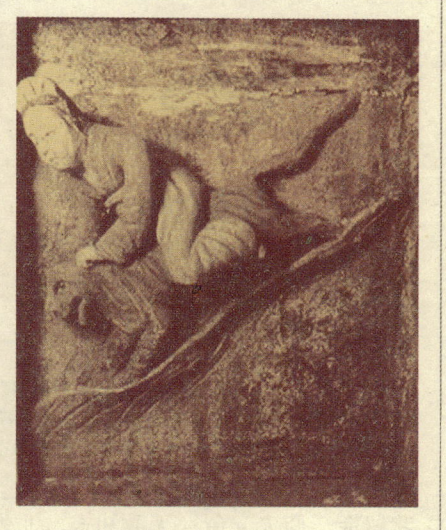

扼虎救父　砖雕　金代

晋朝人杨香,十四岁时随父亲在田间割稻,忽然跑来一只猛虎将父亲扑倒叼走,杨香为救父亲,急忙跳上前,全然不顾自己的安危,用尽全身力气扼住猛虎的咽喉,最终父亲获救。图为金代砖雕,表现的是杨香骑在虎背上从坡上冲下的惊险场面,画面采用对角线构图,更增添画面的生动性和紧张感。

比干剖心

先秦时期,谈到更多一些的忠臣恐怕是商朝的比干了,他比关龙逄更加受人关注。有关比干的资料稍微多一些,但仍很模糊。最早提到比干的是孔子,孔子在《论语》中有"微子去之,箕子为之奴,比干谏而死"的说法。微

---

① 伍子胥:(?—前484年)春秋楚人。名员,其父亲奢及兄尚皆为平王所杀。子胥奔吴,要吴王阖闾伐楚,经过五战而攻入楚国都城郢(今湖北省江陵县)。时平王已卒,子胥掘墓鞭尸,以报父兄之仇。吴王阖闾伐越,越王勾践请和,夫差许之,子胥进谏反对,吴王不听。后屡请谋越,吴王都不听。后子胥遭到太宰嚭谗言。夫差赐子胥自杀。子胥对其舍人说:"扶吾眼悬诸吴东门,以观越人之灭吴也",乃刎颈死。九年之后,越国果然灭吴国。

② 瑶台:夏桀的宫殿。夏桀造瑶台,穷奢极欲,以玉做台饰。

③ 酒池:夏桀无道,凿大池往其中注酒,酒池中可以行船。成语脯林酒池就是说的夏桀,夏也因此而亡国。

行刑图　汉代

古代中国以"刑"、"德"治国安邦,"刑罚"自然成为古代中国法律制度的重要组成部分,其演变也经历了一个长期过程。古代刑罚严酷凶残,"炮烙"、"凌迟"、"腰斩"、"车裂"等都是不同朝代演变创造的骇人听闻的残酷刑罚。

子、箕子、比干这三人,就是孔子所谓的"殷有三仁"。后来的《史记》卷3中,有较为详细的记载:西伯滋大,纣由是稍失权重。比干谏,弗听。商容贤者,百姓爱之,纣废之。及西伯伐饥国,灭之,纣之臣祖伊闻之,而咎周,恐,奔告纣曰:"天既讫我殷命,假人元龟,无敢知吉,非先王不相我后人,纣王淫虐用自绝,故天弃我,不有安食,不虞知天性,不迪率典。今我民罔不欲丧,曰:'天曷不降威,大命胡不至?'今王其奈何?"纣曰:"我生不有命在天乎!"祖伊反,曰:"纣不可谏矣。"纣愈淫乱不止。……微子数谏不听,乃与太师、少师谋遂去。比干曰:"为人臣者,不得不以死争。"乃强谏纣。纣怒,曰:"吾闻圣人心,有七窍。"剖比干,观其心。箕子惧,乃佯狂为奴,纣又囚之。殷之太师、少师乃持其祭乐器奔周。周武王于是遂率诸侯伐纣。纣亦发兵拒之牧野。三人与纣王之间的关系是,微子是纣庶兄,箕子、比干是纣的叔父。

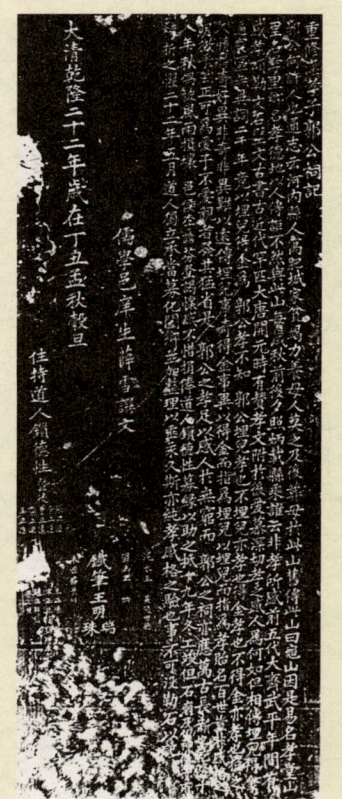

由于关龙逄、比干都是山西人,后人常常将此两人并称。有意思的是,南宋的金华人吕祖谦,在他所著述的《左氏博议》卷24中,有一个子目"晋不竞于楚",意思是说,在春秋之时,晋楚争霸时,晋国之所以不敌楚国,原因是"举夏之恶,皆归桀,举商之恶,皆归纣。虽有龙逄、比干之徒,持一篑而障横流,终莫能遏其归也。君子不幸而立暴君之朝,蹙頞疾首,坐视其君为恶之所归而不能遏,则有之矣。怙乱肆行,推恶于君,忍以其君为归恶之地者,是诚何心哉!晋灵公之不君,固众恶之所归也"。在吕祖

重修汉孝子郭公祠记　薛雪　清代

历代及地方官吏对"孝行"甚为重视,并颁发牌匾给世代出孝子的门第,并采取修缮孝子、孝妇祠堂等措施,以此彰表孝行,来整善乡风乡俗,使百姓尊老亲老。图为清代薛雪所撰的《重修汉孝子郭公祠记》,对汉代孝子郭巨埋儿奉母的孝行作了陈述。

谦看来，晋之失败，全在于其君王不听忠臣的劝告所致，而代表性的忠臣，就是关龙逄和比干。

《汉书》卷67中有朱云传。朱云，字游，鲁人。汉成帝时，张禹用事，朱云对皇上曰：："臣愿赐尚方斩马剑断佞臣一人，以厉其余。"上问谁也？朱云回答说："安昌侯张禹。"皇上大怒曰："居下讪上，罪死不赦。"御史将云下，云攀殿槛，槛折。朱云曰："臣愿从龙逄、比干游于地下。"此后，朱云辞官回老家，不复出仕。朱云以忠直著称，后世思其人而不可得，则作为韵语，以声其美。唐肃宗时，元载用事，故杜子美诗云："千载少似朱云人，至今折槛空嶙峋。"武则天时，傅游艺当道，朝中大臣都不满，当时的卢照邻为此写了一首诗云："昔有平陵男，姓朱名阿游。直发上冲冠，壮气横三秋。愿得斩马剑，先断佞臣头。天子玉槛折，将军丹血流。捐生不肯拜，视死其若休。"这里只是诗的前半部分，卢照邻在此咏朱云，是说当时立朝之士都不如朱云。不过，还是有人将元载、傅游艺这两个恶人告到皇上那里。

绝食而亡的刘宗周

中国的二十五史是最能够反映朝廷意见，代表官方意识的。在这些正史中，首列忠义传的是《晋书》，《晋书》编自唐朝，唐太宗亲自参与修编《宣帝纪》（司马懿）、《武帝纪》（司马炎）、《陆机传》及《王羲之》的《论赞》。此后的正史，多有忠义传，而且在编排上多在孝友传之前，说明朝廷对忠义是非常重视的。中国历史上，忠义之士极多，不可胜数。明末刘宗周在其著作《论语学案》卷9中有一段话，是专门讨论忠孝问题的，可以视为是明末具有代表性的看法。

刘宗周（1578—1645年），字启东，号念台，山阴人。万历三十一年（1603年）二十六岁，刘宗周到德清师事许孚远（敬庵）（1535—1604年）先生。万历四十年（1612年）三十五岁，过梁溪拜谒东林党魁高攀龙，时东林党独尊程朱，激烈反对王门左派

丁兰刻木　汉代画像石

《二十四孝》中丁兰刻木事亲的故事，带有明显的志怪传奇色彩。丁兰的妻子因用针"刺木母"手指，被丁兰以"不顺父母"之由赶出家门，着实令现代人难解，但在当时其妻是触犯了出嫁之女被赶回家的七个理由之一——不顺父母。图中画像石描绘的是丁兰事亲的另一则故事，从"丁兰二亲终殁，立木为父，邻人假物，报乃借与"的刻字可得知，丁兰对木刻父母言听计从，连邻人向丁家借东西都要报之，看他们脸色来考虑借与不借。

采薇图

《采薇图》，北宋末年李唐所作。公元前11世纪，周武王灭商，殷遗民伯夷、叔齐不食周粟，逃入首阳山上采摘薇蕨充饥，最终饿死。画家生于民族矛盾尖锐的北宋末年，想借此作品表达对抵抗外族入侵、歌颂民族气节的精神的赞扬。

之空谈。万历四十五年（1617年）四十岁时，著《论语学案》。天启六年（1626年）四十九岁，读书韩山草堂，于草堂中专用"慎独"[①]之功。刘宗周所谓的"慎独"为存养之功，而先儒之"慎独"是所谓的省察之功不同。刘宗周不事清朝，表现对亡明的忠心，于顺治二年（1645年）六十八岁，绝食而死，实现了他四十岁时在《论语学案》中的誓言，以死报国。至于其绝食的过程，黄宗羲有详细描述。黄宗羲那时很年轻，他自家乡余姚步行二百多里，到刘宗周家时，刘宗周已经绝食二十多天了，黄宗羲面见刘宗周时，刘宗周只是以点头表示打招呼，未能说一句话，几日后死去。其实，像刘宗周这样的，在明朝末期极多，只不过刘宗周因在学术上的成就非常突出，特别引人注目罢了。黄宗羲的学生万斯同于《儒林宗传》中列出了刘宗周较为著名的弟子十二人，这十二人都仿照老师刘宗周的做法，坚决不仕清廷，或死节，或落发为僧，或闭门著述。当然，这可能与刘宗周的学术也有一定的关系，"宗周虽源出良知，而能以慎独为宗，以敦行为本，临没犹以诚敬诲弟子，其学问特为笃实"。刘宗周之为人，"姜桂之性，介然不改，卒以首阳一饿，日月争光。在有明末叶，可称完人，非依草附木之流所可同日语矣"。刘宗周的学问与做人是最完美的结合，所以深得后人的好评。

愚 忠

后世对愚忠一词多持贬义。但最早"愚忠"一词并非贬义，至少是中性词，甚至有褒奖之义。古籍中，《管子》之《七臣七主》最早提到"愚忠"一

[①] 慎独：刘宗周提出，主要是讲究个人的道德修养功夫。刘宗周认为王阳明的"致良知"之学被王畿等人引向了禅学，故提出了"慎独"之说，以补王阳明的"致良知"说之弊。

词:"愚臣深罪厚罚,以为行重赋敛多兊道,以为上使身见憎,而主受其谤,故记称之曰:愚忠,谖贼此之谓也。"其次是《战国策》的《赵策》,苏秦读赵王说的话中有"臣故敢献其愚劾愚忠。为大王计,莫若安民无事,请无庸有为也"。后来,司马迁在写《史记》有关赵武灵王胡服骑射一段时,所用材料是抄录《战国策》的,其中有"公子成再拜稽首曰:臣固闻王之胡服也,臣不佞寝疾,未能趋走,以滋进也。王命之,臣敢对因竭其愚忠"。这里的"公子成",是赵武灵王的叔父,他最初反对赵武灵王的胡服骑射的政策。显然,古籍中最早所谓的"愚忠",都无贬义,是作为一种谦词使用的。后世有直接将自己的奏疏冠以"愚忠"二字的,这种现象主要是在明代。明胡世宁撰《略陈治要以献愚忠疏》、《陈言治道急务以效愚忠疏》。罗钦顺有《献纳愚忠疏》,此奏章写于正德六年秋,当时,罗钦顺为南京国子司业。罗钦顺是江西泰和人,是王阳明的最为重要的学生之一,因不满刘瑾而

刘宗周

刘宗周(1578—1645年),字启东,明绍兴山阴人。宗周勤奋好学,万历二十九年(1601年)中进士。为官刚正,敢直谏,曾弹劾宦官魏忠贤等,在仕途中曾多次被贬和引退。明朝灭亡后绝食而卒。刘宗周致力于讲学和著述理学思想,受王阳明影响较深,提出"诚敬""慎独"为宗之理学体系,其著作有《刘子全书》。

《御定佩文韵府》卷一之中二辑出

敦忠	陈忠	愚忠	诈忠	朴忠	开忠	履忠	
归忠	旌忠	褒忠	孤忠	公忠	观忠	夏忠	
大忠	遗忠	遗忠	效忠	输忠	进书忠	臣道忠	
妇寺忠	献替忠	内史忠	移孝作忠	增克忠	烦忠	惟忠	
竭忠	陋忠	最忠	致忠	秉忠	养忠	纳忠	
献忠	陆忠	馀忠	竹忠	光忠	资忠	循忠	
诚忠	废忠	课忠	劝忠	勤忠	四忠	所忠	
黄忠	杨忠	民作忠	赐李忠	三叶忠	赐名忠	弘演忠	
股肱忠	平生忠	直为忠	直臣忠	猷亩忠	令甲称忠		

岳飞

岳飞不仅是南宋著名的抗金名将，而且为我们留下了气势豪迈的《满江红》。"怒发冲冠，凭栏处，潇潇雨歇。抬望眼，仰天长啸，壮怀激烈。三十功名尘与土，八千里路云和月。莫等闲，白了少年头，空悲切。靖康耻，犹未雪；臣子恨，何时灭！驾长车，踏破贺兰山缺。壮志饥餐胡虏肉，笑谈渴饮匈奴血。待从头、收拾旧山河，朝天阙。"

乞终养，刘瑾怒夺其职为民。刘瑾被诛杀之后，罗钦顺复官，上此疏，但不报。明朝刘麟撰有《陈言以献愚忠疏》，任工部尚书时上。明朝滁州人吏部尚书胡松《愚忠疏草》，此是他在陕西任职时的奏疏。明朝杨名时有《昧死陈言以效愚忠疏》，杨名时对皇帝任命汪铉为吏部尚书一职极为不满，故冒死上此疏："而臣愿忠之初心，亦自负矣，故敢不避诛，殚谨以所闻见，出于臣民之公论者，为皇上明言之。臣惟吏部诸曹之首，尚书百官之表，而汪铉（婺源人）者小人之尤者也。往者，吏部尚书有缺，皇上亦慎重其任，不肯轻予。今乃属任于铉，岂不以铉为贤于诸臣耶？然而命下之日，大小臣工罔不惊愕，虽间阎细民，亦切切不已，皆曰：此地非铉所宜处也，盖以铉之为人心行反复。"杨名时在奏疏的最后说道："故慎独之功确乎不可忽也。"显然，这是明末受到刘宗周的"慎独"之说的影响，"慎独"讲实践，讲忠仁。

今人一讲到愚忠，第一个反应，就是将岳飞拿出来说事。岳飞之愚忠，一直是一个争论不休的问题。其实，古人对岳飞的看法与今人是完全不同的，

德行语录

孝子不谀其亲，忠臣不谄其君，臣子之盛也。亲之所言而然①，所行而善，则世俗谓之不肖子；君之所言而然，所行而善，则世俗谓之不肖臣。而未知此，其必然邪。

《庄子·外篇胠箧》第十

【注释】①然：代词，这样。

【译文】孝子不奉承自己的父母亲，忠臣不献媚国君，这是孝子、臣下的盛事。对于父母亲所说的话，孝子认为就是这样，对于父母亲所做的事，孝子认为好的，那么，世俗就叫这种孝子是不肖子；对于国君所说的话，臣子认为都是对的，国君所做的，臣子认为都是好的，那么，世俗就将这种臣子叫做不肖臣。（孝子、臣子）若是不知道这些道理，那么必然会走向邪恶。

明朝克新有诗《岳飞墓次吴府判韵》："湖上孤坟青草生，一门忠孝擅嘉名。力扶社稷还归正，誓取山河不用盟。先帝终天仇未复，大臣欺国志中倾。丈夫自昔皆如此，感激英雄万古情。"克新此诗，只不过是无数歌咏岳飞精忠报国中的一首。明朝人喜欢代替古人拟写书信，其中，浙江鄞县人屠隆就替岳飞写了一封致秦桧的信，《拟岳武穆从军中遗秦相国书》，中有："相国何亲于敌？陛下何负于相国哉？是役也，即出陛下意，相国何不强谏？陛下必听相国，相国之言，行则功在社稷，名留天壤，此万世一时也，愿相国图之。飞为陛下取中原，还二帝，非以己也。陛下今召臣，臣业已还师，即归死司寇，身首异处，臣请受而甘心焉。"屠隆替岳飞写的此信，仍旧不忘报效皇帝。这些都代表了一般人对岳飞的正面评价，通常，后人到西湖见岳飞墓或岳王祠时多留有诗篇，无非是表达对岳飞的忠孝义节的赞扬，对秦桧的鄙视。

现在，有人将屈原、杜甫、方孝孺等人都视作是愚忠，这只是代表了今人的一种看法。分析这些人的忠孝观，必须将他们的事迹放在当时的文化背景之下来看，离开了当时的文化背景来看忠孝问题，就只是随意发表议论而已了。值得注意的是，清代以前的人从来也没有谁将愚忠视为不祥之事，而大臣在给皇帝上奏章之时，通常也是以"愚忠"自居，并感到自豪。

屈 原

屈原，名平，字原，战国末期楚国人。中国文学史上伟大的浪漫主义爱国诗人。其赋有《离骚》《天问》《九章》等。屈原的作品坚持"美政"理想，作品用唯美的词汇揭露真实的现实，直抨腐朽的楚国贵族集团。他的出现使中国诗歌进入了一个由集体歌唱到个人独创的新时代。后因小人进谗言而投江自尽。

山 鬼

《山鬼》是屈原《九歌》中的一章，是诵咏巫山神女爱情的诗篇。《山鬼》中巫山神女对爱情的向往及执着的追求与屈原对理想的追求和对国家民族的深沉爱恋是息息相通的。此为徐悲鸿所作《山鬼》图。

诈 忠

诈忠正好与愚忠相对，是愚忠的反义词。古籍中最早提到"诈忠"二字是在《史记》卷122中。张汤，杜人。我们都知道他是中国历史上最为著名的酷吏，汉武帝元狩四年（前119年）之时，匈奴要求和亲，武帝将此交给大臣议论。博士狄山赞成和亲，当武帝问到张汤时，张汤说："此愚儒，无知。"狄山反驳说："臣固愚忠，若御史大夫汤乃诈忠。若汤之治淮南、江都，以深文痛诋诸侯，别疏骨肉，使蕃臣不自安，臣固知汤之为诈忠。"这就是诈忠的最早的出处，在这里，狄山实际上是将自己的"愚忠"与张汤的"诈忠"相比较的。

《贞观政要》卷3《论君臣鉴戒第六》引齐景公与晏子的一段对话，此段对话涉及到君臣之间的关系，晏子对诈忠下了一个定义："齐景公问于晏子曰：忠臣之事，君如之？何晏子对曰：有难不死，出亡不送。公曰：裂地以封之，疏爵而待之，有难不死，出亡不送，何也？晏子曰：言而见用，终身无难，臣何死焉？谏而见纳，终身不亡，臣何送焉？若言不见用，有难而死，是妄死也。谏不见纳，出亡而送，是诈忠也。"唐朝的宋申锡，曾被唐文宗误认为是诈忠，而被外放，事见《旧唐书》卷167。宋申锡充翰林侍讲学士时，当时朝中党派林立，尤其是宦官当权，太和五年，宋申锡被宦官所陷害，宦官诬申锡谋立漳王，贬开州司马。至开成元年，李石到延英召对皇上，李石从容对皇帝说："陛下之政，皆承天心，惟申锡之枉，久未原雪。"文宗皇帝流涕曰："此事朕久知其误，而诈忠者，迫我以为社稷计尔，此皆朕之不明。向使遇汉昭，当不坐此。"于是，就恢复了宋申锡的官爵。

宋刘敞在《公是集》卷4中有一首诗，可视为对忠信的一种解读：
古风不可复，习俗已久敝。
咄嗟忠与信，流荡为诈术。
诈忠惑其君，诈愚安其身。
色厉内以荏，行违貌取仁。
三年始横流，后来更日新。
至公弃涂炭，正道败荆榛。
已矣千载后，谁能反其身。

方孝孺

方孝孺，字希直，宁海人，明代著名的文臣、学者，名儒学家宋濂的得意门生。方孝孺轻文艺，重教化，以明王道、致太平为己任。建文帝即位后年，方孝孺任翰林侍讲一职，方孝孺对建帝赤胆忠心，全力扶持。惠帝建文元年，燕王朱棣发动战争篡夺了皇位，朱棣命方孝孺投降并起草诏书，方孝孺针锋相对，拒不屈服，大书四字"燕王篡位"，朱棣大怒，诛杀方孝孺以及宗族亲友达数百人。

孝子之师范

XIAOZIZHISHIFAN

历史上，学者对割肝、卧冰、刲股等这类极端的孝行的态度，一般分为对立的两派，有支持的，也有反对的。

前面已经谈到，古代孝行有许多种类。《孝经》非常明确地提出了"五孝"，即天子、诸侯、卿大夫、士、庶人五等人所行之孝。实际上，日常生活中谈得最多的，还是庶人之孝。二十四孝中，虽然有舜的天子之孝，但后世已是很少提及了，至于诸侯、卿大夫、士，由于时代的变迁，这些等级已不复存在了。

在中国长达两千多年的孝的历史中，最为突出的，最为引人注目的，就是后来被称作为愚孝的郭巨埋儿、王祥卧冰、刲股、割肝，以下就这几个典型的例子展开讨论。

搜神记

《搜神记》，中国古代志怪小说集，东晋干宝编撰。记载多为神灵怪异之事，还包括很多民间传说。故事大多篇幅短小，情节简单，设想奇幻，具有浪漫主义色彩。《搜神记》对后世影响深远，如唐代传奇以及元曲等都从中吸取了创作素材。

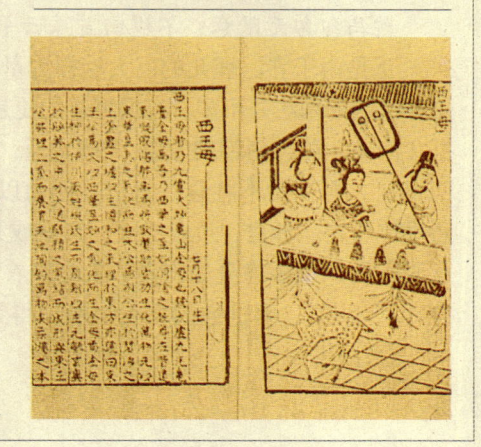

郭巨埋儿

郭巨之事，最早见于晋朝干宝的《搜神记》，其实只有短短的几行字：

郭巨，隆虑（今河南林县）人也，一云河内温（今河南温县）人。兄弟三人，早丧父，礼毕，二弟求分，以钱二千万，二弟各取千万，巨独与母居客

郭巨埋儿

郭巨，字文举，河南林县人，晋代有名的孝子。在家境困难粮食极缺的境况下，因五岁的儿子与老母分食，恐都饿死，想牺牲儿子以此保全年迈寡母。当挖坑埋儿时，地下二尺处忽见一坛黄金，上书"天赐郭巨，官不得取，民不得夺"。夫妻得到黄金，回家孝敬母亲，并得以兼养孩子。

舍，夫妇佣赁以给公养。居有顷，妻产男，巨念与儿妨事亲一也；老人得食喜分儿孙，减馔二也。乃于野凿地，欲埋儿，得石盖，下有黄金一釜，中有丹书曰：孝子郭巨，黄金一釜，以用赐汝。于是名振天下。

《搜神记》是中国古代著名的神话著作，记载的事情多不可靠，不过，就是这个传说故事，使古人信以为真，并当做楷模。郭巨出名之后，对于他的籍贯就有些混乱了，这也算得上是惯例吧。《大清一统志》卷143将郭巨的籍贯改为肥城，不过故事的内容倒是没有改，郭巨的庙也移到了肥城。郭巨得到黄金的那个地方，则在内邱县（今山东）。但是，同样是在《大清一统志》的卷161中，又将郭巨归还到了原籍河南温县。《畿辅通志》卷81中，说郭巨是内邱人。《山西通志》卷147中，说郭巨是河南彰德人。

历史上，对郭巨持褒义要占多数，如后人有诗曰："九月初九是重阳，郭巨埋儿两商量，郭巨埋儿天送宝，天送黄金分爷娘。"明朝钱塘于谦有《过孝义县（今山西孝义县）有感》诗：

茫茫烟树绕孤城，千古犹传孝义名。
郭巨墓荒春草合，比干台古野烟生。
落花飞絮迷征斾，剩水残山恼客情。
鞍马匆匆无限意，不堪回首暮云平。

正是由于郭巨埋儿的巨大榜样力量，所以，历史上确实出个模仿者，但这种极端的做法并不多。有据可查的便是《南史》卷73中的郭世通埋儿一事。据《南史》载，南朝刘宋事，"郭世通，会稽永兴（今浙江萧山）人也。年十四丧父，居丧殆不胜哀。家贫，佣力以养继母。妇生一男，夫妻恐废侍养，乃垂泣瘗之。母亡，负土成坟，亲戚或共赗助，微有所受，葬毕，佣赁还先。直服除后，思慕终身如丧者，未尝释衣。幬仁孝之风行于乡党，邻村小大莫有呼其名者"。郭世通的埋儿一事，得到了文帝的旌表。

王祥卧冰

王祥卧冰一事，不像郭巨埋儿那样具有神秘色彩，其事在《晋书》卷33中有确凿记载：

王祥，字休征，琅琊临沂人，汉谏议大夫吉之后也。祖仁，青州刺史，父融。公府辟，不就。祥性至孝，早丧亲，继母朱氏不慈，数谮之，由是失爱于父，每使扫除牛下，祥愈恭谨。父母有疾，衣不解带，汤药必亲尝。母常欲生鱼，时天寒冰冻，祥解衣将剖冰求之，冰忽自解，双鲤跃出，持之而归。母又思黄雀炙，复有黄雀数十飞入其幕，复以供母。乡里惊叹，以为孝感所致焉。有丹柰结实，母命守之，每风雨，祥辄抱树而泣，其笃孝纯至如此。

王祥由汉入晋，武帝践阼，拜王祥为太保，晋爵为公，加置七官之职。王祥退休之后，位至保傅，在三司之上。其实，在晋朝干宝的《搜神记》卷11中，也记载有一起卧冰求鲤之事。不过，此事发生在王祥之后：楚僚，早失母，事后母至孝。母患痈肿，形容日悴，僚自徐徐吮之血出，迨夜即得安。寝，乃梦一小儿语母曰：若得鲤鱼食之，其病即差可以延寿，不然，不久死矣。母觉，而告僚。时十二月，冰冻，僚乃仰天叹泣，脱衣，上冰卧之，有一童子决僚卧处，冰忽自开，一双鲤鱼跃出，僚将归奉其母，病即愈。寿至一百三十三岁，盖至孝感天神昭应如此。此与王祥王延事同。卧冰一事，在古代效仿的较多，有的由此得到了政府的认可，并由此而做官。《明史》卷296载有李德成卧冰行孝的故事。李德成，涞水人，幼年丧父。元朝末年，年仅十二岁的李德成随母避元兵的追赶，母子俩逃到河滨时，元骑兵迫使李德成母亲投河而死。李德成长成人之后，娶

王母庆寿图

王母即西王母，俗称王母娘娘，是天庭中职位最高的女神仙。相传每年的农历三月初三为其寿辰，各路神仙都前来为其贺寿。王母在其所居瑶池蟠桃园，设蟠桃宴酬谢各位仙人。在寻常百姓家，为父母祝寿也是孝敬父母的一种礼仪，并流传至今。图为王母庆寿。

卧冰求鲤

王祥，琅琊人，幼年时生母去世，继母待他不好，经常在父亲面前说他坏话，使他失去父爱。父母患病，王祥经常衣带不解侍候汤药。继母想吃生鱼，时值冬天，天寒地冻，王祥解开衣衫卧在冰上，冰自然融化，跃出两条鲤鱼，王祥提回家做给继母吃，继母病愈。乡里邻里都说这是王祥孝行感动天所致。

妇王氏。李德成因思念父母，就抟土做成父母的像，与妻朝夕事之。正值严冬，大雪冰坚至河底。李德成梦中梦见母亲对自己说："我处冰下，寒不得出。"李德成醒后感到很悲痛，等到天明，就与妻子赤脚在冰上行走了三百里，抵达母亲死处的河滨，在那里卧冰七日，冰果融数十丈，李德成恍惚中好像见到了他的母亲，而其他处坚冻如故，好久之后夫妻俩才回家。洪武十九年，李德成举孝廉，经屡次提拔至尚宝丞。洪武二十七年，李德成被旌表为孝子。建文中，燕兵进逼济南，李德成往谕令燕兵退还，燕兵不退，李德成回南京复命，以辱使命而下吏，已为释之。永乐初，复官，屡迁陕西布政使。看来，李德成是较为典型的王祥卧冰的效仿者，因孝而举孝廉，因孝最终做到陕西布政使。

刲股疗亲

刲股一事，不知起于何时，史载互相矛盾。《古今事文类聚》后集卷3中"刲股和药"条有："张密学奎，性笃孝，为御史时，母病，乃斋戒，刲股肉和药进之，母病遂愈。"但不知这个张密是何时、何地人氏。《御定佩文韵府》卷37之3中的"刲股"条记载："《魏书》孝子传，张密至孝，为御史时，母病乃斋戒，刲股肉和药进之，遂愈。"但查《魏书》孝子传，并无张密其人，也无谁做过刲股的事。正史中有明确记载的是在《新唐书》卷114孙从的传中，据孙从的传记载，孙从，山西人，少孤贫。宪宗时，做过山南西道节度使。穆宗长庆初，由尚书左丞领鄜坊节度。敬宗宝历初为东都留守。因与宰相李宗闵不和，请求致士，后复授检校尚书左仆射淮南节度副大使、知节度事扬州。孙从为官清廉，对下属很好，年72岁时卒，下属中"刲股肉以祭者"。这就是所谓的刲股肉，只是这个刲股肉，是用于祭祀的。《新唐书》卷168中，也记载刲股肉之事，其事在乌重胤的传中。乌重胤，字保君，河东人。唐宪宗时，因功擢河阳节度使，封张掖郡公。穆宗以乌重胤为太子太保。长庆末，以检校司徒，同中书门下平章事，为山南西道节度使。召至京师，改节天平军。唐文宗初年，拜司徒。后在李同捷手下兼节度沧景以齐州隶军。不久之后就死了，年六十七岁。乌重胤出行伍，善抚士，与下同甘苦。待官属有礼，当时有名士，如温造、石洪皆在幕府。死后，手下有二十余人刲股以祭。但是，《旧唐书》乌重胤的传中是这样记载的：长庆三年二月，乌重胤病，牙将王赟割股肉以疗。显然，欧阳修在重编《新唐书》时，将这条记载给删去了。从时间来看，孙从、乌重胤应当属于同时期的人，看来，《新唐书》中所载的这两起刲股祭祀之事绝非偶然。孙从比乌重胤稍微早死，故最早的刲股祭祀，当是祭祀孙从的。

宋元时期孝子画像砖·卧冰求鲤

　　严格意义上的刲股疗亲是在唐朝。《旧唐书》隐逸传中，记载有王友贞割股疗亲的事，这是中国历史上最早的刲股疗亲的事了。"王友贞，怀州河内人也。父知敬，则天时麟台少监，以工书知名。友贞弱冠时，母病笃，医言：唯啖人肉乃差。友贞独念无可求治，乃割股肉以饴亲，母病寻差。则天闻之，令就其家验问，特加旌表。"这是一条非常明确的记载，王友贞因刲股疗亲而得到了武则天的旌表。从时间来看，刲股之事在唐朝初年就有了。单就文献资料来看，唐朝时祭祀和疗亲中都有。到了唐朝中后期，刲股疗亲的事越发普遍。王友贞刲股是遵医嘱，这说明这种方法最初可能是由医生发明的。到了唐玄宗的时候，刲股疗亲的方法，就直接记载在了陈藏器所著述的《本草拾遗》一书中，是书"谓人肉治羸疾"。自此开始，民间以父母疾多刲股肉而进。《新唐书》列出了受到朝廷表彰的刲股疗亲的共有二十九人，这二十九人是：

　　京兆张阿九、赵言，奉天赵正言、滑清泌，羽林飞骑啖荣禄，郑县吴孝友，华阴尹义华，潞州张光玼，解县南锻，河东李忠孝、韩放，鄢陵任客奴，绛县张子英，平原杨仙朝，乐工段日升，河东将陈涉，襄阳冯子，城固雍孙八，虞乡张抱玉，骨英秀，榆次冯秀诚，封丘杨嵩珪、刘浩，清池朱庭玉、弟庭金，繁昌朱挦，歙县黄芮，左千牛薛锋及河阳刘士约。

　　朝廷的表彰方式是："或给帛，或旌表门闾，皆名在国史。"

　　到了五代，民间有断指祭母的做法，《旧五代史》卷3中有一处材料：棣州蒲台县百姓王知严妹，以乱离并失怙恃，因举哀追感，自截两指以祭父母。帝以遗体之重，不合毁伤，言念村闾，何知礼教。自今后所在郡县，如有截指割股，不用奏闻。是年（五代后梁太祖朱晃开平元年，即907年），诸道多奏军人百姓割股，青、齐、河朔尤多。帝曰："此若因心，亦足为孝。但苟免徭役，自残肌肤，欲以庇身，何能疗疾？并宜止绝。"从后梁太祖的这段话

张世古墓室壁画——备茶、备酒图

上图描绘了侍者围绕茶桌，准备茶水的场面。画中描绘的三个侍女，中间一个手持黑色茶托，托上放白盏，似茶水已准备完毕正欲端出。左边执扇侍女，手指着中间妇女正在嘱托。在古代贵族家庭中，媳妇过门一般都要为公婆奉茶敬酒，但图中场面一般由仆人所做。

中，可知，当时的老百姓断指、刲股，不完全是为了尽孝，还有想免税的目的，这也说明了最初朝廷多采取鼓励的措施，其鼓励的方法就少不了减免赋税。有关这一点，《新五代史》卷56中，则交代得很清楚：五代之际，民苦于兵，往往因亲疾以割股，或既丧而割乳庐墓，以规免州县赋役。户部岁给蠲符，不可胜数，而课州县出纸，号为"蠲纸"。泽上书言其敝，明宗下诏悉废户部蠲纸。原来，五代早期阶段，对于割股疗亲或割乳等行为，户部为了奖励，专门发给"蠲纸"，以作为免税的凭证，到了后唐明宗时，就将这一政策取消了，原因是这一鼓励孝行的政策，会减少国家的税收。

宋朝，刲股之事不绝于史，这与朝廷的态度有着密切的关系。宋朝刲股之事，朝廷多采取鼓励的方式，地方官员积极地褒奖。以下，我们来看几起典型的刲股的事例。

《宋史》孝友传载，同县有朱云孙妻刘氏，姑（婆婆）病，云孙刲股肉作糜以进而愈。姑复病，刘亦刲股以进，又愈。尚书谢谔为赋《孝妇诗》。谢谔（1121—1194年）是南宋临江军新喻（今江西新余）人，字昌国，号艮斋。绍兴进士。光宗即位，他疏请近执政大臣、理学名儒、经筵讲官，官至权工部尚书。然谢谔之诗文集《艮斋集》及其《孝妇诗》皆不传。又吕仲洙女，名良子，泉州晋江人。父得疾濒殆，女焚香祝天，请以身代，刲股为粥以进。时夜中，群鹊绕屋飞噪，仰视空中，大星烨煜如月者三。越翼日，父瘳。女弟细良亦相从拜祷，良子却之，细良恚曰："岂姊能之，儿不能耶！"真德秀嘉之，表其居曰"懿孝"。真德秀（1178—1235年）本为南宋建州浦城人（今福建浦城人），著名的《大学衍义》就是他的著作，当时真德秀正好在晋江做官，故有他表彰刲股孝女良子一事。至于刘孝忠，是宋初时人，他刲股一事，有幸得到了皇帝的褒奖。刘孝忠是并州太原人。母病经三年，刘孝忠割刲股肉、断左乳以食母；母病心痛剧，刘孝忠燃火掌中，代母受痛。母寻愈。后数岁母死，刘孝忠佣为富家奴，得钱以葬。富家知其孝行，养为己子。后养父两目失明，孝忠为舐之，经七日复能视。以亲故，事佛谨，尝于像前割双股肉，注油创中，燃灯一昼夜。刘钧闻而召见，给以衣服、钱帛、银鞍勒马，署宣陵副使。开宝二年（969年），太祖亲征太原，召见慰谕。刲股疗亲一事，自唐朝开始，是不绝于史，以上只是仅举数例，加以说明。元明清时，民间刲股疗亲，非常普遍，这里就不再引述。不过表现在正史中，各个朝代的处理方式各有不同。

至于刲肝疗亲一事，始于何朝，还有待考证。文献中关于割肝（刲肝、剜肝）的记载语焉不详，互相矛盾的地方很多。单就正史来看，前面的《新唐书》中列举了刲股的二十九人，受到朝廷的表彰，但都未能具体说明时间。《元史》卷105中有"诸为子行孝，辄以剜肝、刲股、埋儿之属为孝者，并禁止之"，根据这条记载，可知刲肝疗亲在元朝已经有了。但正史有明确记载的刲肝事例是在宋朝，这两则资料都来源于地方志。根据《宝庆四明志》卷9的记载，杨庆，鄞人。父病，贫不能召医，乃剔股肉啖之，良已。其后父母每病，辄以为常。自绍圣（北宋哲宗年号）至宣和（徽宗年号）刲肝、割乳以为馈亲者，凡五。最后，母病不能食，庆取右乳焚之，以灰和药进焉，入口遂差。久之，乳复生如故。每胜日，辄以笋舆载其母行数十里，祷于阿育王山佛祠。年六十余，视听聪敏，负担行远，如四十许人。宣和三年（1121年），守楼异尝以其事闻于朝，不报。姑名其坊曰：崇孝。绍兴七年（南宋高宗年号，1137年），守仇悆申前请。十二年（1142年）有旨，旌表门闾，蠲免赋税。绍熙初，守林栗为一新其门台。从这条记载来看，朝廷最初是不认同刲股疗亲的做法的，后来，经过后任郡守的再次推荐，最终得到了朝廷的

董永看父

董永是东汉时期的一位大孝子，令人啧啧称道的除了他的孝顺之外，还有他与七仙女的美丽的神话传说。相传他早年丧母，与父亲董还如相依为命，以种田为生，后来父亲病亡，他无力埋葬，于是卖身凑钱埋葬了父亲。此画像砖描绘的是董永看望在田里劳作的父亲的情景。

张果见明皇

唐玄宗以"孝"治天下，曾亲自为《孝经》作序，其所作《孝经》也是《十三经注疏》中唯一一部由皇帝注释的儒家经典。在道家那里，忠孝是成仙的必备条件。此画卷描绘唐玄宗李隆基接见传说中的"八仙"之一张果老的场景。

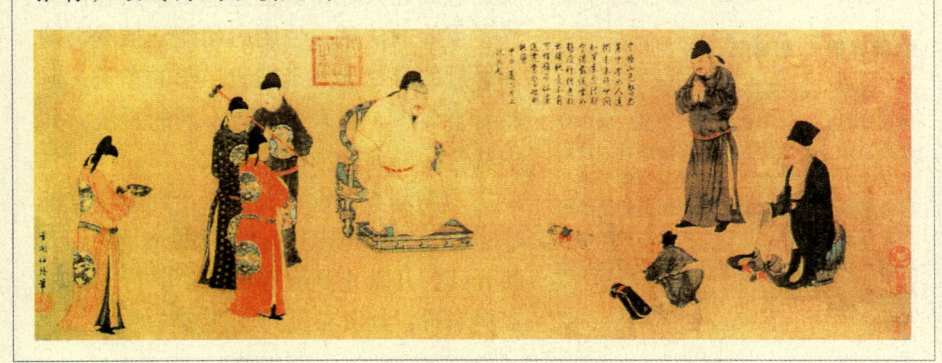

认可，这应当是得到朝廷旌表的最早的刲股记载。另据《景定建康志》卷16载有"乾道四年（南宋孝宗年号，1168年）邑人（指溧水县）伊小乙，以疗母疾，知县陈嘉善榜其居，旌之"。这是有明确时间记载的由地方官表彰的刲股事件了。从文献资料来看，地方官员为了捞取政绩，往往比起朝廷更加积极地鼓励刲股事迹，而朝廷似乎对这类事情较为谨慎。

以上谈到的主要是被称作愚孝的几种典型的孝行：卧冰、埋儿、刲股、割肝。对这四种特殊的孝行，古人从一开始就表现出不同的看法，朝廷是时而表彰，时而禁止的，一般的官员也是分成了对立的观点，各自有不同的看法，只有地方官员，更多地持支持态度。

鄠人对

唐朝时，刲股事情应当已经盛行，但没有准确的记载，韩愈曾对这类孝行提出了批评。韩愈有文章曰《鄠人对》，鄠就是今天的陕西户县，在今西安的西南不远处。此文不长，可引如下：

鄠有以孝为旌门者，乃本其自于鄠人曰：彼自剔股以奉母疾，瘳大夫以闻其令尹，令尹以闻其上，上俾聚土以旌其门，使勿输赋。以为后劝鄠大夫常曰：他邑有是人乎？愈曰：母疾则止于烹粉药石，以为是未闻毁伤支体以为养，在教未闻有如此者。苟不伤于义，则圣贤当先众而为之也。是不幸因而致死，则毁伤灭绝之罪有归矣，其为不孝得无甚乎？苟有合孝之道，又不当旌门，盖生人之所谊为，曷足为异乎？既以一家为孝，是辨一邑里皆无孝矣，以一身为孝，是辨其祖父皆无孝矣。然或陷于危难，能固其忠孝，而不苟生之逆乱，以是而死者，乃旌表门闾，爵禄其子孙，斯为劝已矣，非是而希免输者乎？兽不以毁伤为罪，灭绝为忧，不腰于市，而已默于政，况复旌其门。

韩愈这篇文章被后世常常提到，成为反刲股的经典之作。但这篇文章为我们提供了重要的信息，说明唐朝朝廷虽然直接表彰过的有二十九个刲股尽孝的孝子，但政府官员中，仍有人持有不同的看法，其中就包括韩愈这样的大文人。

宋朝基本上没有公开禁止刲股这类极端的孝行，说明朝廷对此是比较谨慎的。元朝开始公开禁止刲股等极端的孝行，但从资料来看，刲股在民间还是盛行的。

拾葚异器　画像砖

蔡顺，汉代汝南（今属河南）人，侍奉母亲孝顺尽心。一年适值王莽之乱，城中到处闹饥荒，蔡顺便去山林采拾桑葚以便母子充饥。赤眉军拦下他，问其为何分两个容器装桑葚，蔡顺说黑红色熟透的留给母亲，自己吃稍微红点的。赤眉军被其孝行所感，送给他粮食以供养母亲。图中描绘的是蔡顺被赤眉军拦下的场景。

《御定佩文韵府》辑录

忠 孝	起 孝	子 孝	大 孝	小 孝	中 孝	纠 孝
纯 孝	士 孝	生 孝	秀 孝	义 孝	天子孝	诸侯孝
庶人孝	烝烝孝	依于孝	巨 孝	古遗孝	卿大夫孝	思 孝
克 孝	追 孝	来 孝	有 孝	致 孝	非 孝	至 孝
顺 孝	崇 孝	教 孝	作 孝	作 孝	作 孝	广 孝
达 孝	五 孝	资 孝	移 孝	誉 孝	仁 孝	慈 孝
贤 孝	举 孝	明 孝	视 孝	笃 孝	廉 孝	能 孝
旌 孝	二 孝	爱 孝	基 孝	福 孝	廉 孝	能 孝
表 孝	践 孝	睿 孝	履 孝	抱 孝	勤 孝	鸣 孝
端 孝	暴 孝	凝 孝	奉 孝	民知孝	申生孝	子孙孝
伯奇孝	曾氏孝	曾氏孝	岑公孝	以忠应孝	求忠出孝	

明清时期朝廷对刲股的态度

从文献资料看来，明朝初年，朱元璋最初对刲股这类孝行持鼓励态度，但不久就改变了看法，持比较谨慎的态度。前面提到的涞水人李德成，就是因为卧冰而于洪武十九年举孝廉，最终迁陕西布政使。接下来，沈德四，直隶华亭人。祖母疾，刲股疗之愈。已而祖父疾，又刲股作汤进之，亦愈。洪武二十六年，被旌，寻授太常赞礼郎。上元姚金玉、昌平王德儿，亦以刲肝愈母疾，与德四同旌。洪武二十七年（1394年）九月发生了一件事，改变了朱元璋对刲股这类孝行的态度。事情的经过是这样的：山东守臣言，日照民江伯儿，母疾割股以疗，不愈，祷岱岳神，母疾瘳。愿杀子以祀，已果瘳，竟杀其三岁儿。帝大怒曰：父子天伦至重，礼父服长子三年，今小民无知，灭伦害理，亟宜治罪，遂逮伯儿，杖之百，遣戍海南。因命议旌表例礼臣议曰：人子事亲，居则致其敬，养则致其乐，有疾则医药，吁祷迫切之情，人子所得为也。至卧冰、割股，上古未旌，倘父母止有一子，或股肝而丧生，或卧冰而致死，使父母无依，宗祀永绝，反为不孝之大，皆由愚昧之徒，尚诡异骇愚俗，希旌表，规避里谣。割股不已，至于割肝，割肝不已，至于杀子，违道伤生，莫此为甚。自今父母有疾，疗治罔功，不得已而卧冰、割股，亦听其所为，不在旌表例。制曰：可。

看来，明初奖励孝行的政策，很快像往朝一样，演变成了逃避徭役的怪圈。山东日照江伯儿实在是走向了极端，为了尽孝，刲股不说，还要埋儿，才引起了朱元璋的不满，最终下诏书禁止。这条法令生效之后，在具体执行中

孝宗墨迹　宋代

孝宗在位二十七年，其中有二十四年是诚惶诚恐地侍奉着顽固的高宗，孝宗对高宗十分尊敬和孝顺，因此被后人赞誉为"孝顺的皇帝"。图为孝宗的墨迹，其书法传世稀少，堪称国宝。

仍有弹性。永乐间，江阴卫卒徐佛保等，复以割股被旌，而掖县张信金吾右卫总旗张法保，援李德成故事，俱擢尚宝丞，追荧、景以还，即割股者，亦格于例，不以闻，而所旌大率皆庐墓者矣。也就是说，虽然朱元璋后来下诏对刲股者不再予以奖励，但在成祖朱棣时，并未执行。实际上的情况是，永乐皇帝对刲股者仍是援用前例，大加奖赏。据明朝《礼部志稿》卷65中，有"例外不准旌表"：宣德元年（1426年）五月，行在礼部，奏锦衣卫总旗衡整女，母病笃，刲肝煮液饮之而瘥，宜旌表。上曰：为孝有道。孔子曰：身体发肤，受之父母，不敢毁伤。剖腹刲肝，此岂是孝，若致杀身，其罪尤大。况太祖皇帝已有禁令，今若旌表，使愚人效之，岂不大坏风俗。女子无知，不必加罪，所奏不允。这是自朱元璋的禁令发布以来，三十多年间，第一次由宣德皇帝执行，标志着刲股之事正式被朝廷否认。虽然朝廷不予表彰割肝、刲股、卧冰、埋儿者，但民间应当仍有这几类情况。

明朝一般学者通常能比较理智地反对割肝、刲股、卧冰、埋儿等极端行为，或者至少表示怀疑。明朝杰出的文学家王世贞在《弇州四部稿》续稿卷6中，有一首诗，可清楚地看出，王世贞对割肝等行为是持怀疑态度的："割肝救父疾，父愈丧其身。舍身喂饿虎，虎饱噬千人。怨亲虽殊致，违道恐亦均。孝者信其孝，仁者信其仁。古圣贤为之，我则何敢论。"虽然早在唐朝时的陈藏器就将人之股肉作为孝亲的最好药品，但明朝李时珍则完全持否定的态度，他在《本草纲目》写道："父母虽病笃，岂肯欲子孙残伤其肢体，而自食其骨肉乎？此愚民之见也。"

清朝时朝廷对割肝、刲股、卧冰、埋儿等仍然持否定态度。不过，清朝正式由皇帝发布上谕，法律上禁止割肝、刲股等孝行，则是在世宗雍正皇帝时了，此时，

金蟾吐珠

此祝寿镜为清代宫廷所制，将金蟾木座与镜构成中国传统的吉祥物组合"金蟾吐珠"，镜背面镶嵌以及绣制物象似中国传统山水人物画，金蟾所吐的祥瑞云气与金蟾尾部相连，是镜的支撑点，整体构造精巧华丽。

距满族入关，已经有六十多年了。雍正皇帝对割肝、刲股发布上谕，禁止此类行为，也是由特殊的事例引发的，事见《世宗宪皇帝圣训》卷6，雍正六年（1728年）的上谕：

> 内阁览福建巡抚常赉奏称，罗源县孝子李盛山，割肝救其母，病伤垂身，故请加旌表。部议，以割肝乃小民轻生愚孝，向无旌表之例，应不准行。朕思我世祖章皇帝、圣祖仁皇帝，临御万方，立教明伦，与人为善，而于此例，慎予旌表者。诚天地好生之盛心，圣人觉世之至道，视人命为至重，不可以愚昧而误戕。

此篇上谕引经据典，对割肝之事，不仅不予表彰，还认为，这类行为是愚民轻生的恶习。不过，五代、明朝在禁止割肝、刲股等行为中，通常都提到的小民割肝、刲股多源于逃避徭役，倒是在此篇上谕中没有提到，这也就间接地说明了清朝自一开始，处理得还是较为理性的。

不过，清朝的一些学者对割肝、刲股等这类极端的孝行的态度与明朝的文人学者一样，也是分成对立的两派，有支持的，也有反对的。如镶黄旗汉军范承谟在《忠贞集》卷7中，表现出对割股、割肝这类孝行的怀疑态度，他在此文中说："史氏曰，割股、割肝，古多有之。然亦有验有不验，夫天之佑善人。以其诚孝耳，非谓股肉有治疾之功也。古之贤妇，若姜庞者，何限然亦与亲周旋，久未有若孝妇之始结，其褵操刀而呼，谓非天植之性而然哉。其子尝自伤，贫贱不获申母懿为恨。夫世仁、孝，譬犹麟凤之与芝醴也，阐发幽芳，表厥宅里，非司风者之责而谁归？"

不过，赞扬割肝、刲股这类孝行的也大有人在，如顺治进士宣城人施闰章，因丰城诸生名杨天锡者，割股疗亲，其母绝而复苏者七日，咏《杨孝子刲股诗》：

> 谁言一片肉，报得三年乳。
> 谁言七日苏，寸心不终古。
> 慈乌口流血，湿尽坟上土。
> 黄泉母有知，双泪亦如雨。

在清初的杰出的学者之中，浙江萧山的毛奇龄是一个好为新论、怪论的人，不过，他对割肝、刲股这类孝行持赞扬的态度。由于他的学问渊博和威信，常常有人请他写墓志、传记类的文章，正是从这些文章之中，体现出了毛奇龄的思想。以下，引用两篇毛奇龄给别人写的传记，从中可以窥探出这

郭巨埋儿　宋元时代　画像砖

郭巨埋儿图像在魏晋南北朝时期早已出现，北魏孝子石棺上多次出现线刻的郭巨形象。图为北宋时郭巨埋儿砖雕。孔子说过"不孝有三，无后为大"，郭巨为奉母而埋儿断家族子嗣的举动，不可谓之不孝。因此，对于郭巨的取舍以及后人对他"孝与不孝"的探讨上，都存在一定的争议。

康熙万寿图

"千叟宴"是清代宫廷的大宴之一，始于清朝的康熙，盛于乾隆时期，是帝王专为老人举行的盛大宴会，按照清廷的规矩每五十年举办一次。康熙在位时，曾即席赋诗《千叟宴》一首，因此得名。

雍正皇帝朝服像

雍正皇帝以孝治国，提倡百事孝为先。他认为只有懂得孝道，才能明白天地人伦秩序、尊卑长幼关系，这样才能尽本分，忠朝廷。但雍正反对割股、割肝等愚孝行为，并在法律上下令禁止这种孝行。图为雍正皇帝朝服像。

位学者对割肝、割股所表现出的赞扬心态。毛奇龄尝为浙江上虞人杨文蔚写有《杨孝子传》，传中提到，"康熙丁未，父病时，年八十七，孝子走厕牏，尝其粪甘，号于天，请身代不得，竟死。越十年，母痢见血，中死。法医者凡数辈，皆前后相顾去。孝子独念父危，死不救，今复然生男何为也。世已无针石熏灼，岂汤醴亦告绝者？阖户割左臂，以其肉杂参汁渿之，三渿三进，母初进而体下，再进而渿泽以去，三进而愈"。字里行间，可以看出毛奇龄对杨文蔚的割股行为的赞扬。尤其值得注意的是，此传中，提到了割股的细节，颇有资料价值。毛奇龄所撰写的《吴文学暨烈妇戴氏合葬墓志铭》，比《杨孝子传》要晚出，毛奇龄在此文中，清楚地表达了他对割肝、割股的赞扬的态度。

清朝从一开始便对割肝、割股、卧冰、埋儿等极端行为不予旌表，但民间行为却极为盛行。清朝文人、地方官员为这种民间行为立传很多，文献资料中，随处可见，此处不再赘述。在这四种极端的孝行中，割股最为普遍，其次是割肝，再次是卧冰，最次是埋儿。尤其是割股行为，由于自唐朝开始就被视为治病的药方，加之能够尽孝，故大受鼓励，不绝于史载。地方官员在此类行为中，起到了推波助澜的作用，像上面的毛奇龄为杨文蔚所立的传，实是应地方官员的邀请。结果是，朝廷对割股、割肝等行为只是采取了默认的态度，故这类孝行，一直延续到了民国时期。

女孝

NVXIAO

《女孝经》产生于唐朝时期，女孝与男孝之间有着不同的要求，内涵的差异较大。

之所以将女孝单独列出来谈，是因为自古对女孝有着不同的要求。古人将孝子与孝女是分开来看的。二十四孝中，只有两个是女性，一是晋朝的杨香，一是唐朝的唐夫人。杨香的事迹出自《孝子传》，但不知出自哪本《孝子传》，单《新唐书》所列《孝子传》就有萧广济《孝子传》、师觉授《孝子传》、王韶之《孝子传》、宗躬《孝子传》、虞盘佐《孝子传》、徐广《孝子传》、梁武帝《孝子传》，共七种，且这些《孝子传》多已失传。杨香的故事非常简单，说的是杨香的父亲被虎所噬，杨香愤怒地与老虎搏斗，结果父亲得救了。还有一孝女搏虎救父的故事，与此相似，说有个叫杨丰的，被虎所噬，其女儿年十四岁，手无刀刃，直接与虎搏斗，

乳姑不怠　王素　清代

唐代崔山南的曾祖母长孙夫人，年事已高，牙齿脱落，祖母唐夫人十分孝顺，每天盥洗后，都要亲自上堂给婆婆喂奶，如此数年，长孙夫人身体依然健康。一天长孙夫人病重不起，将全家大小召集在一起，说："我无以报答媳妇之恩，但愿媳妇的子孙媳妇也像她孝敬我一样孝敬她。"唐夫人乳姑不怠的故事，在历代文献中多次出现，唐夫人也成为家庭女性尽孝道的榜样。

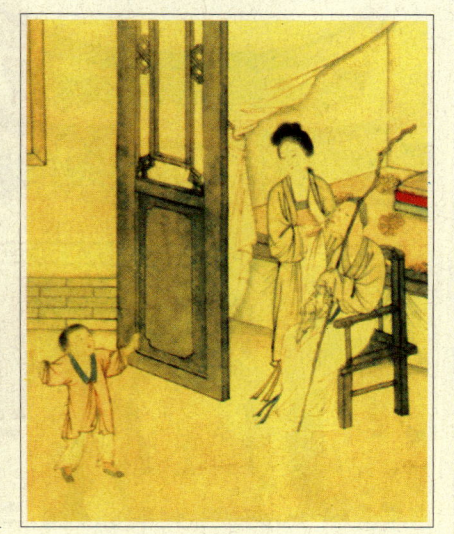

猛击虎头，救了父亲。杨香"扼虎救父"的故事，后来广为流传，最终成为二十四孝之一。但总的说来，杨香"扼虎救父"的故事在古籍文献中出现的频率并不高，这可能是因为一般人，尤其是女人，很少有机会去搏虎救父，杨香的孝行事迹是很特别的。

乳姑不怠

二十四孝之一的唐夫人"乳姑不怠"的故事，在文献中出现的频率极高，唐夫人后来成为了一般家庭女性的榜样。唐夫人出自唐朝五大姓氏之一的崔氏家，所以，要将唐夫人的事情说清楚，还得费一些笔墨。先看两则资料，这两则资料都是出自《新唐书》：

昭国里崔山南管子孙之盛，仕族罕比。山南曾祖母长孙夫人年高无齿，祖母唐夫人事姑孝，每旦，栉縰笄拜阶下，升堂乳姑，长孙不粒食者数年。一日病，言无以报吾妇，冀子孙皆得如妇孝。然则崔之门安得不大乎？

《新唐书》卷182：诸崔自咸通后有名，历台阁藩镇者数十人，天下推士族之冠。始，其曾王母长孙春秋高，无齿，祖母唐事姑孝，每旦乳姑。一日病，召长幼言："吾无以报妇，愿后子孙皆若尔孝。"世谓崔氏昌大有所本云。

所谓的唐夫人"乳姑不怠"的故事，就是出自这两段文字。不过，要将唐夫人的背景弄清，还得旁及其他的资料。唐夫人是崔氏家族的媳妇，这个崔氏不是一般家族，崔姓是当时唐朝的五大姓氏之一。五大姓氏分别是崔、卢、李、郑、王。由

曹娥碑

又称《孝女曹娥碑》，记载的是曹娥投江寻父的孝行，碑文由邯郸淳书写，此碑早年散失。东晋升平二年王羲之到庙书曹娥碑，文字由新安吴茂先镌刻。此图为王羲之书写的曹娥碑，此帖小楷，二十七行，结字扁平，用笔多不藏锋，章法自然，笔力劲健，结字跌宕有致，具古朴天真之趣。

曹娥庙

曹娥庙，早年又叫灵孝庙、孝女庙，是为彰扬东汉上虞孝女曹娥而建的一处纪念性建筑。东汉孝女曹娥投江救父事迹，成为后世文人题书立碑的题材，曹娥庙始建于公元151年，后来几经迁徙、扩建、修葺奠定了现有庙宇布局严谨、气势恢弘的建筑基调。曹娥庙现位于古城上虞。

于唐朝是刚刚从六朝时期的门阀士族制度中过渡过来的，士族的习惯势力仍然很强大，就连国姓李氏，对当时的大家族都得礼让三分，当时曾出现过大家族不愿与皇族通婚的事例，让李氏大掉面子。所以，唐朝自立国开始，就多次重编姓氏谱，大力打击大家族的势力。上面所引的《新唐书》卷163中的这段话，是柳玭为了告诫自己的子孙所说的一段话，柳玭意思是说，像崔氏、裴氏、窦氏这样的大家族，为了保持家族的名誉、地位，也得以孝治家。于是，柳玭就拿崔南山的祖母唐夫人为例，说明豪门家族一样出孝子。柳玭何以要拿唐夫人的例子来告诫自己的子孙呢？这个柳氏，是关中大家族，他担心这个

> **《忠经》**
>
> 清代之前，一般认为作者是汉朝的马融，清代之初，多认为作者是唐代的马雄，今有人认为是宋代人所作，但作者则无考。现在所见的《忠经》所署名多是马融。《忠经》是仿照《孝经》所作的，也是十八章，与《孝经》相对。中国古代向来有忠孝不分的说法，其实《孝经》既调整家庭关系，又调整君臣之间的关系。《忠经》出现之后，调整的关系才有了明确的分工，明确了君臣之间的关系，尤其是对臣子应尽的义务，作了具体的规定。

柳氏家族会治家不当而衰落，故叫子女多尽孝道。至于柳玭，并无多少名气，一般人不曾听说过，他的父亲是柳仲郢，因著述《尚书二十四司箴》，而深得韩愈的赞赏。柳仲郢、柳玭父子都无多大的名气，但柳玭的叔祖柳公权则是颇有名气的，尤其是练书法的人多对他很熟悉。

唐夫人因自己的婆婆老龄无牙而乳姑（姑为母亲，这里也可以解释为婆婆），被后世广为传颂，"乳姑"也就成了一个著名的典故，故后世说，崔氏家族的昌盛，原因就在于唐夫人的孝行。后世文人为女性写墓志或写传记时，往往少不了引述"乳姑"的典故。文天祥在给自己的同乡、庐陵罗融斋居士的母亲写的《封孺人罗母墓志铭》的最后就有：

昔唐夫人之为崔母兮，逮事长孙皇姑兮，姑年高齿落以枯兮，升堂乳之勤勤兮。姑曰：妇恩之不可孤兮，愿世世子孙之不渝兮。夫人吾世崔如兮，母年逾百崔所无兮，胡不与寿为徒兮，为此母忧兮，为夫人吁兮。

中国第一孝女曹娥

正史中提到的第一个女孝子，是《后汉书》卷114中所谈到的曹娥。曹娥虽不见于我们今天常常说的二十四孝，但她的知名度，要远远大于杨香，在古籍中出现的频率很高。《后汉书》中记载的曹娥的事迹很简单，"孝女曹娥者，会稽上虞人也。父盱，能弦歌为巫祝。汉安二年（东汉顺帝143年）五月五日，于县江泝涛迎婆娑神溺死，不得尸骸。娥年十四，乃沿江号哭，昼

夜不绝声，旬有七日，遂投江而死"。也就是说，曹娥的父亲是一个男巫，在举行迎接婆娑神时溺死，不见尸体。曹娥在寻找父亲的尸体时溺水而亡。曹娥死后十年，即桓帝元嘉元年（151年），上虞县令度尚①，将曹娥的墓改葬到江南道旁，并为她立碑。度尚最初委托魏郎写碑文，这个魏郎也是上虞人，在东汉时，他是浙江仅有的几个入传的人物之一，当时的名气要远在另一个上虞人，《论衡》的作者王充之上。魏郎虽然号称是东汉时著名的八俊之一，通五经，但写文章并非他的专长。魏郎写好曹娥碑文之后，尚未出示于人。这时，度尚又委托自己的外甥邯郸淳写曹娥碑文，以表彰孝烈，碑文成后，魏郎自愧弗如，就毁掉了自己写的碑文。后来，我们通常所说的曹娥碑，就是出自邯郸淳之手。其碑文如下：

贤母图　康涛　清代

从此图题款"临民听狱，以庄以公。哀矜勿喜，孝慈则忠"，可推知此为贤母向即将离家赴任的儿子所作的教诲。从相夫教子治家来说，此为女孝的一个内容。

伊惟孝女，晔晔之姿，偏其反而令色孔仪。窈窕淑女，巧笑倩兮。宜其家室，在洽之阳。大礼未施，嗟丧慈父。彼苍伊何无父，孰怙诉神告哀，赴江永号，视死如归。是以泛然轻绝，投入沙泥，翩翩孝女，载沉载浮，或泊洲屿，或在中流，或趋湍濑，或逐波涛。千夫失声悼痛，万余观者填道。云集路衢，泣泪掩涕，惊动国都，是以哀姜哭市，杞崩城隅。或有刻面引镜，劈耳用刀，坐台待水，抱柱而烧于戏。孝女德茂，此俦何者？大国防礼自修，岂况庶贱露屋草茅不扶。自直不断，自雕越梁，过宋比之，有殊哀此贞励。千载不渝，呜呼哀哉！铭曰：名勒金石，质之乾坤。岁数历祀，立庙起坟，光于后土，显昭天人生。贱死贵利之义门，何怅花落飘零，早分葩艳窈窕永世，配神若尧二女为湘。夫人时效仿佛以昭后昆。

蔡邕（蔡文姬的父亲），陈留人，因卷入派系之间的斗争，而流亡到江南，避难于吴会地区。作为著名的文学家、书法家，蔡邕在吴会地区，只夸奖过四样东西，会稽的竹子、王充的《论衡》、赵晔的《诗细》，最欣赏的便是邯郸淳的曹娥

---

① 度尚：（117—166年）东汉将。字博平，山阳湖陆（山东鱼台）人。最初为郡上计吏，拜为上虞长。"为政严峻，发摘奸非，吏人谓之神明"（《后汉书》）。后迁文安令，开仓济贫，深受刺史朱穆敬重。延熹中，迁为荆州刺史，因讨贼有功，被封为右乡侯。后迁为辽东太守。

烈女古贤图　屏风漆画

此屏风漆画1966年出土于山西大同石家寨北魏司马金龙墓中。取材于刘向《古烈女传》等汉代文献，内容描绘古代帝王忠臣、孝子烈女的故事。

用来禁锢妇女思想的古书

在封建礼教中，牺牲最大的就是妇女，她们除了要孝顺父母、照顾子女、耕田织布之外，还要受到统治者对其思想上的控制。《闺门宝训》是鼓吹女子三从四德的书，《训女宝箴》是鼓吹女子贞操、节烈、三从四德的书，《诰命》描述的是朝廷奖励相夫教子有功的妇女的书。

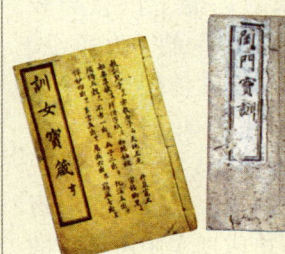

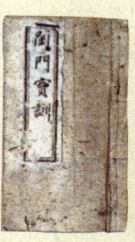

碑文。蔡邕与曹娥碑文之间还有一个著名的典故。蔡邕初见碑文时，评语是八个字："黄绢幼妇外孙齑臼。"至于这八个字是什么意思，一时无人能够解读。后来，曹操、杨修见到此八个字，两人都来解释蔡邕的这八个字。曹操谓杨修曰：解否？答曰：解。魏武曰：卿未可言，待我思之。行三十里，魏武乃曰：吾已得之。令修别记所知，修曰：黄绢，色丝也。幼妇，少女也。外孙，女子也。齑臼，受辛。所谓"绝妙好辞"。魏武亦记之，与修同，乃叹曰：我才不及卿，乃较三十里。曹操的意思是说，你杨修聪明，一见到这八个字，就能知道它的意思，但我曹操得在马上思考三十里的路程，才能想出这八个字的含义，我的智力，与你杨修相差三十里。当然这是一种比喻的说法，据说曹操后来杀掉杨修，就是因为杨修能够未卜先知，能够看透曹操在想些什么。

曹娥碑因名气太大，非常引人注目，书写曹娥碑的，多是中国历史上的著名书法家。第一个为曹娥写碑的是蔡邕。蔡邕是东汉著名的书法家，他书写的曹娥碑在二百年之后失传。据《碑薮》载，东晋王羲之，再以小楷书写曹娥碑，碑刻两通，但也失传。距蔡邕书写曹娥碑约九百年，北宋尚书仙游人蔡卞，于元祐八年（1093年）再次以行书书写曹娥碑文。又经过430年，在明朝嘉靖元年（1522年），李邕再次以行书书写曹娥碑文。

曹娥的孝行，深得后人的欣赏与赞扬。据《宋史》卷425载，南宋时，信州弋阳人谢枋得，不仕于元。至元二十六年（1389年）被强征到京师大都，问谢太后攒所及瀛国所在，再拜恸哭。已而病，迁悯忠寺，见壁间《曹娥碑》，泣曰："小女子犹尔，吾岂不汝若哉！"留梦炎使医持药杂米饮进之，枋得怒曰："吾欲死，汝乃欲生我邪？"弃之于地，终不食而死。

在会稽，曹娥的遗迹很多，除了曹娥碑文之外，像曹娥庙、曹娥祀、曹娥江等。历代地方政府，都注重修葺曹娥遗迹。

南宋初温州乐清人王十朋，为了重修曹娥庙，上书皇帝，其呈词及诗文都完好地保存在其文集《梅溪后集》卷25中，其中就有《与陆会稽修曹娥旌忠庙》。

以上所述，只是挑选的中国历史上较有代表性的女孝子的代表，这远远不能说明全部。女孝与男孝之间，有着不同的要求，内涵上的差异较大。唐朝时产生的《女孝经》中，表达得非常清楚。但《女孝经》是仿照《孝经》所作，由于时代的差异，《女孝经》所说的大部分内容，已经不符合现实了。正史或现实中所推重的孝女形象，正是《女孝经》中的《事舅姑章第六》及《孝治章第八》这两章所表达的内涵，第六、第八章的内容是：

女子之事舅姑也，敬与父，同爱与母，同守之者义也。执之

午间小憩图

古代妇女的一生完全是抛弃自我为别人而活的，她们的主要职责就是为丈夫的家庭繁衍后代；继而照顾老幼，保持整个家庭的和睦，而这也是古代妇女孝道中的重要的要求之一。此图描绘的是妻子照顾丈夫午休的情景。

中礼也，鸡初鸣，咸盥漱衣服，以朝焉，冬温夏凊昏定。

大家曰：古者淑女之以孝治九族也，不敢遗卑幼之妾，而况于娣姒乎？故得六亲之欢心，以事其舅姑。治家者，不敢侮于鸡犬，而况于小人乎？故得上下之欢心，以事其夫。理闺者，不敢失于左右，而况于君子乎？故得人之欢心，以事其亲夫。然故生则亲安之，祭则鬼享之，是以九族和平，葽菲不生，祸乱不作。故淑女之以孝治上下也。如此，《诗》云：不愆不忘，率由旧章。

《女孝经》中这两章的内容，是最贴近孝女日常生活的，一是事姑舅，也就是处理好婆媳之间的关系；一是治家，使家庭和睦。从文献资料来看，表彰得最多的孝女、孝妇的事迹，多与此有关。而真正像以上谈到的杨香"扼虎救父"、曹娥投水寻父的故事，只能是体现了一种精神，在现实的生活中，

婕妤挡熊图　金廷标　清代

汉元帝带嫔妃及众臣观看斗兽，一只熊从兽栏中冲出直奔元帝，随行左右侍从都吓跑，此时元帝妃子冯婕妤临危不惧，挺身挡熊。《冯婕妤挡熊图》弘扬的是冯婕妤危难之中舍身救主的精神，此不可不谓之女孝的一种。

第四章　孝的种类

熊侠互奇宣川身用加数重倍
李峤汉家天子楮隆年頫俊
英凤谏择人披熊原有羽珠
人未免於长楷惠堂诚封
我又立翮因此川言其身
丙戌暮秋之初御笔

是难以模仿的，以上举例的这三个典型孝女的事迹在文献资料中出现的频率很少，就能说明问题。杨香"扼虎救父"在文献中出现的最少，曹娥的故事出现频率较高，尤其是南宋之后，多是一些政府官员用曹娥的典故来表达自己的忠君爱国思想。只有唐夫人"乳姑不怠"的事迹才是屡屡出现在一般孝女的传记或墓志铭中，只因唐夫人的事迹，对一般的女人来说是最容易做到的，也是最易模仿的。

给孝女立传，合传目前只见到武后《孝女传》一种，而所见的唐朝以前的《孝子传》则不下七种。当然，《孝子传》中，也含有孝女，但孝女是个别的。所以，如果我们以《孝子传》来说明孝女的话，显然不够典型。另外，这些《孝子传》、《孝女传》多已不传。再就是在正史中的《孝友传》中，记载有一些孝女的感人的孝行事迹，可资参考。中国自宋元以后，流行给个人立传，尤其是在明清时期，给个人立传成了风气，以下是为文献中所见的给个人所立的孝女传：

元陈高《不系舟渔集》卷13有《胡孝女传》，元朝周原诚《新安文献志》卷99有《蜀源鲍孝妇传》，元谢应芳《龟巢稿》卷14有《钱孝女传》，明宋濂《文宪集》卷16有《丽水陈孝女传碑》，明沈鲤《亦玉堂稿》卷9有《孝女传》，明王祎《王忠文集》卷21有《陈孝妇传》，明朱右《白云稿》卷3有《杨孝妇传》，明徐一《始丰稿》卷14有《席孝妇传》，明祝允明《怀星堂集》卷19有《崔孝妇传》，清朝范承谟《范忠贞集》卷7有《沈孝妇传》，清朝汪文端《松泉集》卷19有《鲁孝妇传》。

妃子浴儿图

古人云，不孝有三，无后为大。因此，在古人看来，女人最大的孝即是为家室养育孩子。

> **德行语录**
>
> 君臣父子皆能孝慈，若此，则天下治。
>
> 《论语·学而第一》
>
> 【译文】 国君、臣子、父亲、孝子都能够孝慈，如果这样，那么，天下就能够治理好了。

这些孝女的孝行，多有一个共同的特点，就是诚心地侍奉父母、舅姑（公公婆婆）。如元陈高所撰的《胡孝女传》中胡孝女，即泰秀之，浙江海盐人，"母沈氏，患手足挛不能行动，举持积年不愈，家人侍疾者颇厌倦。泰尚幼，乃戚然自悲曰：吾力稍能任，岂令无人养母哉？及长，即日夕侍奉母侧，饮食、药物必手进之，盥栉必躬为之，溲矢起卧必亲抱扶之。父及兄日出佣业，药膳皆其所供具，凡母所需者未尝不给"。后来，泰秀之为了便于侍奉母亲，就与丈夫留在母家，照顾母亲的起居。为了彻底将母亲的病治好，泰秀之先割股肉，再割胸肉喂食母亲，照顾了母亲三十多年。如明初著名文学家王祎所作《陈孝妇传》中的陈孝妇，本名徐妙梓，明州象山县人，后嫁与同里陈氏为妻，"事其舅姑尽妇道大德。丁未岁大浸，人相食，孝妇尽出食，具以易粟，择其精凿者，用为养，而自食疏粝，以率群下，或采蕨根荠叶，以取给，未尝使舅姑知之"。

元刘敏中的《中庵集》卷5中，收录有他曾特咏北京一叫宋子正的女子的孝行诗二首，诗序称："孝妇者，北京宋子正女也。幼有才行，能诗，适同郡张氏。其姑寝疾，衣不解带四十余日。姑死，攀柩长号，一恸而绝。明日与姑并柩莝焉，时年十九岁矣。"刘敏中特赋诗云：

才如蔡琰诗尤雅，学若班昭义更深。
一恸从姑九泉下，世间方识向来心。
私心既起不复公，区区节义同一聋。
朝来忽见孝妇传，洒若执热濯清风。

木兰替父从军

"唧唧复唧唧，木兰当户织，不闻机杼声，惟闻女叹息。问女何所思，问女何所忆，女亦无所思，女亦无所忆。昨夜见军帖，可汗大点兵。军书十二卷，卷卷有爷名，阿爷无大儿，木兰无长兄，愿为市鞍马，从此替爷征。"木兰替父从军，成为巾帼女英是中国民间流传的佳话，也从另一方面反映了木兰的孝心。

动物之孝
DONGWUZHIXIAO

古人认为,动物是有孝心的。比较典型的是乌鸦。乌鸦自古以来被称为慈乌。

慈乌失其母,哑哑吐哀音。
昼夜不飞去,经年守故林。
夜夜夜半啼,闻者为沾襟。
声中如告诉,未尽反哺心。
百鸟岂无母,尔独哀怨深。
应是母慈重,使尔悲不任。
昔有吴起者,母殁丧不临。
嗟哉斯徒辈,其心不如禽。
慈乌复慈乌,鸟中之曾参。

此诗是唐朝大诗人白居易的《慈乌夜啼》。乌鸦自先秦时就被中国古人视为孝鸟,白居易的这首诗只不过是无数咏乌鸦的诗中的一首。白居易在诗中提到了一个人,就是吴起,意思说,吴起不孝,比不上乌鸦。查《史记》卷65,吴起本是卫国人,但到鲁国

白居易

《慈乌夜啼》为白居易为其母亲守丧期间所作。写慈乌丧母,日夜悲啼,守着故巢不忍离去。诗人借此表达自己"子欲养而亲不待"的心情,宣泄自己的悲痛之情,同时又抨击社会上的不孝之人。

庄园小院

古代孝道是指乌鸦的反哺之情，因此在古代乌鸦被认为是孝鸟、慈乌。乌鸦形象也多次出现在墓室壁画中，多寓意母慈子孝，家庭和睦，以此旌表孝道行为，以其作为后代的榜样。图为晋代的庄园小院壁画，一只乌鸦伫立枝头，寓家庭和睦幸福之意。

做将军，他娶了一个齐国女子做妻子，遭到了鲁国人的猜忌。吴起为了表示对鲁国是忠心的，就将自己的齐国老婆杀了。之后，鲁国国君真的任命他为将军，吴起打败了齐国。但是，许多人都议论，说吴起好猜忌。吴起家里很富有，他带上许多的钱外出仕宦，但未能求得一官半职，结果败完了家产，家乡的人都嘲笑他。吴起就一怒之下，杀了三十多个人，东出卫国国门，与母亲诀别时，咬破手臂，发誓对母亲说，若是不做卿相，决不回来。到了鲁国后，就成了曾子的学生。"顷之，其母死。起终不归，曾子薄之，而与起绝，起乃之鲁学兵法，以事鲁君。"白居易所谓的"母殁丧不临"，就是说的此事。

动物有孝，这是古人的一般的看法。宋朝福清人林同写了一本诗集《孝诗》，除了前面将宋朝以前的古代孝子歌咏一通之外，有意思的是，林同在这本诗集的末尾写有十首关于动物孝的诗，这十种动物是：乌、鹤、燕雀、虎狼、猿、犬、羊羔、豺獭、蛇、青蚨。排在首位的仍然是乌鸦，林同的《乌》诗是：灵乌噪何许，反哺向中林。人可不如鸟，而无爱母心。林同有一咏《羊羔》的诗，前有序言，曰：唐屠者王中，将刲一母羊，忽失其刀，寻觅次蹶起见羊羔，所失刀藏腹下。故林同根据此传说，吟诗一首：已分几上肉，谁藏腹下刀，安知羊不死，乃复自羊羔。在林同吟十种动物孝诗的最后，有宋朝著名的藏书家、钱塘人陈起对此的一段评语：善乎！诚斋先生之言曰：人而禽虫如焉？非甚也。人而不禽虫如焉？非甚乎。伊欲上诣圣贤，下免禽虫，奚为而可，曰学同。曰：孝书之坐右，日以自省。

慈 乌

在古人看来，动物与人一样，也是有孝心、孝行的。在中国古人的心目中，有一种鸟，被称作孝鸟，这就是乌鸦。乌鸦为何是孝鸟，历史上有各种解释，可谓五花八门。要将这个问题弄清，得先看看中国最早的字典《尔雅》一书的解释。《尔雅》中有三处提到乌鸦，这三处是，第一种，"鹭斯，鸦鸮是也"，即鸦乌不反哺，巨喙，腹下白。第二种是燕乌，似鸦乌，而大白项，而群飞，又名鹊，即《尔雅》所说的，"燕，白脰乌是也"。第三种是山乌，似鸦乌而小，赤嘴穴乳，出西方，即《尔雅》所谓的"鸒，山乌是也"。但《尔雅》中独独不提慈乌，也就是孝鸟。可能是由于《尔雅》中没有提到孝鸟慈乌，宋代罗愿在注的《尔雅翼》卷13的解释是："乌，孝鸟也。始生，母哺之六十日，至子稍长，则母处而子反哺，其日如母哺子之数，故乌一名哺公。"乌鸦在先秦是孝鸟，是当时的一般常识，先秦文献频繁地提到。由于乌鸦是孝鸟，孔子在解释语气词"呜呼"二字时是这样说的：乌，盱呼也，取其助气，故以为"乌呼"，盖乌之呼如人之叹声，故古者记人之叹，辄书"乌呼"以记之。看来，乌鸦因孝，而影响到了我们的语言发音。古人称太阳是三足乌，意思是说，太阳早上每每从东方升起时，是有一只三只脚的乌鸦带动飞行的，太阳因此而得了这么一个名称。《穆天子传》中提到后羿射日，就有太阳中有乌鸦的说法：于鹊，与处是也。戏即呼也。古者言，日中有乌，尧时十日，并出，羿射落九。日中之乌有三足，故说者以为乌三点者，法三足。然《说文》鸟，乌之足，似匕，皆从匕，无三足之义。且鸟焉，皆乌名，从乌之类。后来，有人在解释乌鸦为何有三只脚时说，是要模仿马的脚，因马是三趾。由于乌是孝鸟，所以太公说：爱人者，爱其屋上乌；憎人者，憎其储胥。成语"爱屋及乌"即由此而来。传说商代的少皞氏，就将"司徒"官名称作"祝鸠"。我们知道，司徒就是"司土"的意思，本意是管理老百姓，显然，这是《孝经》中所谓的天子

柳鸦图　赵佶　宋代

宋徽宗赵佶，北宋末年最后一位皇帝。赵佶在诗书画方面有很深的造诣，尤擅花鸟画。《柳鸦图》为其《柳鸦芦雁图卷》的前半部分，以"没骨"画法，设色浅淡，布局疏落有致，笔法质朴、生动自然，是其花鸟画重要代表作。

之孝的含义。祝鸠又名鹏鸠，似斑鸠而臆无绣采，又头有赘物之拙者，不能为巢，才架数枝，往往破卵无巢，不能居，天将雨，则逐其雌，霁，则呼而反之。从这些不同的解释中，似乎使我们越来越糊涂，一时不知道到底什么是乌。但总体上的情况，一是古人未能完全弄清乌的种类，一是古人在解释时，免不了总是想将乌鸦与孝能够联系起来，这使得乌鸦的解释较为混乱。

养老之杖：鸠杖

由于古人以为乌是慈乌，所以，这一意识影响到了古代生活的各个方面，从日常生活到政治活动，都有慈乌乌鸦的影子，如养老之杖的把柄，就是仿照着鸟的形状。"汉仲秋之月，县道皆按户比民，年始七十者，授之以玉杖，铺之糜粥；八十、九十，礼有加，赐玉杖，长尺端以鸠鸟为饰。鸠者，不噎之鸟也，欲老人不噎。古之养老，祝鲠在前，祝噎在后，以为养老之备。此所以取鸠而又名鸠为祝鸠也。"有关鸠杖的起源可能与楚汉战争有关。相传汉高祖刘邦与项羽争夺天下，两军在京都咸阳对垒，刘邦常听到斑鸠夜间鸣叫，斑鸠一叫，就有敌情发生，时间一长，成了规律。因此，他对斑鸠产生了感情。他做了皇帝后，为了纪念、敬重斑鸠，下令匠工做了鸠杖，赐予老人，是让斑鸠像当年为他报敌情一样，保护老年人长命百岁。还有一种说法，养老之杖起源于舜帝时。据《琴操》载，"舜耕历山，思慕父母，见鸠与母俱飞，鸣相哺食，感思作歌。"文献中，汉朝是最早使用鸠杖的，后世朝廷赐予鸠杖的规模都不及汉朝。开元二年九月丁酉，唐玄宗"宴京师侍老于含元殿，赐九十以上几杖，八十以上鸠杖，妇人亦如之"。鸠杖在考古发掘中，出土了许多，甚至在一些小墓中也有发掘。1989年8月，在甘肃武威的柏树乡发掘的一座汉墓中出土了一根鸠杖。发掘

枯木寒鸦图　朱耷　清代

此幅采用对角式构图，表现了隆冬季节，枯树上栖卧三只寒鸦，另有一只寒鸦单脚立于旁边巨石之上，树上一寒鸦与巨石之上寒鸦回应对鸣，另两只一警醒顾盼一闭目安睡，形成鲜明的对比。图中乌鸦应为朱耷自身的写照，表现他不与清王朝合作的孤僻傲立个性。乌鸦的寓意是多样的，其慈孝之说的寓意多次在历代文人画家的作品中出现，明代时风流才子唐寅便以此题材多次入画。

孝子爱日

意思是孝子奉养父母亲，最为担心的是日子不足，担心父母亲年岁已高，侍奉父母亲的时间不多了。此话出自《扬子·孝至篇》："事父母自知不足者，其舜乎？不可得而久者，事亲之谓也。孝子爱日，孝子有祭乎？有斋乎？"

时，此鸠杖置于棺盖之上，已成三截，残长110厘米。材质是杨木，杖首是完整的斑鸠，作蹲伏状，腹部下有一小孔，作系绳用。这样的发掘物，在中国已有多处发掘，这些是鸠杖存在的直接物证。

慈乌满庭

由于乌鸦是孝鸟，故所到之处，都会带来吉祥、喜庆。有关乌鸦救人的一个最为著名的传说，是关于介之推的，说的是晋文公为了逼迫介之推出来做官，就"焚林以求介子推，有白鸦绕烟而噪，或集之，推之，侧火不能烧。晋人嘉之，起一高台，名曰：思烟台"。若是某人出生时，家中有乌鸦造访，那一定是吉祥的事。唐朝青州益都人崔信明就是在出生时，有雀到访，带来了好运。据《旧唐书》卷190上载，崔信明以五月五日日正中时生，有异雀数头，身形甚小，五色毕备，集于庭树；鼓翼齐鸣，声清宛亮。隋太史令史良使至青州，遇而占之曰："五月为火，火为《离》，《离》为文彩。日正中，文之盛也。又有雀五色，奋翼而鸣。此儿必文藻焕烂，声名播于天下。雀形既小，禄位殆不高。"及长，博闻强记，下笔成章。乡人高孝基有知人之鉴，每谓人曰："崔信明才学富赡，虽名冠一时，但恨其位不达耳！"崔信明在出生时，有孝鸟给他带来好运，但他的名气并不是很大，虽然他自认为文章独步当时，然终于没有留下什么值得骄傲的东西。然而，正史中还有一位人物，因在出生时，慈乌满庭，给他带来了好运，甚至改写了中国学术史，这人便是北宋时的邵雍（1011—1077年）。邵雍是北宋时杰出的道学家，与二程齐名，其著作《皇极经世》、《伊川击壤集》对中国哲学史影响深远。据《邵氏闻见录》载，邵雍出生时，带有几

二十四孝·尝粪忧心　清刻本

此图描绘的是庾黔娄得知父亲病后，赶到家中的情景。史书记载，庾黔娄是辞去官职，急忙赶回家的，而此刻本中他身着官服立于门侧，与史书记载有所出入，也许是他辞官当天没来得及换下衣服，就急忙上路了。

分神秘的色彩:"伊川丈人与李夫人,因山行于云雾间,见大黑猿,有感,夫人遂孕。临蓐时,慈乌满庭,人以为瑞,是生康节公。公初生,发被面,有齿,能呼母。七岁戏于庭蚁穴中,豁然别见天日,云气往来。久之,以告夫人,夫人至无所见,禁勿言。既长,游学晋州,山路马突同坠深涧中,从者攀缘,下寻公,无所伤,唯坏一帽。"从这段文字来看,邵雍出生时,乌鸦满庭,确实给他带来了好运。

一般说来,居所之处若是来了乌鸦,也会给自己带来好运。据《北齐书》卷33记载,萧放,字希逸,随父亲萧祗到邺。结果,父亲萧祗死于邺,萧放居丧,以孝闻。就在萧放的庐室前有二只慈乌,各据一树为筑巢,自中午以前,驯庭饮啄,中午后便不下树。每到喂食的时间,就舒翅悲鸣,全似哀泣,家人伺之,从来没有阙时的时候,大家都以为是至孝之感。等到萧放服阕结束,就袭父亲的爵位。武平中,待诏文林馆。萧放性好文咏,颇善丹青,因此在宫中,披览书史及近世诗赋,监画工作屏风等杂物,见知遂被眷待,累迁太子中庶子散骑常侍。唐朝的时候,玄宗开元二十八年(740年),慈乌筑巢于宣政殿栱,鹊鸰则集聚于麟德殿,唐玄宗及其大臣,都认为这是吉祥之意,令狐楚为此特地写有《贺白乌表》。明朝嘉兴人姚谷庵,居所前有群乌栖集于树,早晚必飞鸣,盘绕而后去,止意若省候于主人者。姚谷庵为此赋《乌来巢诗》,叫浙江海宁人张宁为之作序,张宁所作之《乌来巢诗卷跋》,收录在《方洲集》卷20中,其序程:"予闻,乌能返哺,谓之孝鸟,岂以谷庵诚孝其母,教刑于家而物亦感兆耶?旧说,御史府为乌台柳,仲郢每一迁官,辄致乌。谷庵以御史出尹,乌之来,将复始发祥耶?夫鹊巢避岁,燕垒去愁,鸟之灵于吉凶也久矣。地安人和,乌于是乎来巢,余或未足征也。而谷庵之家信,将日益于平康矣。予素过谷庵,得诸目激用,识实语于诗后,他日当有验者。"张宁在序言中提到一个典故,说的是在御史府,每有人升迁,就会招来乌鸦。张宁在此将姚谷庵的孝行、升迁等都与乌鸦联系上了,是乌鸦给姚谷庵带来了运气。

联珠鸭纹唐锦

新疆吐鲁番阿斯塔那唐墓出土。唐锦图案在继承前代传统纹锦图案样式的基础上,吸收西域、天竺等地的优秀图案,形成丰富多彩的纹饰。历朝历代奖励孝行常常以锦帛相赐。图为绘有联珠鸭纹的唐锦。

《瑞乌诗》

明代有将乌鸦作为瑞鸟来饲养的,养鸟之余,不忘以吟诗作赋,以表心迹。明朝毕嘉会，曾养了两只乌鸦，并为此邀集了一批人，写诗作赋，汇集成卷，邀请上元倪岳特为作序。今诗集虽不存，但倪岳所作之序言收录在其文集《青溪漫稿》卷19中的《扬州鹾司瑞乌诗序》，其序曰：乌以瑞名，志非常也。莫黑匪乌，而有白其雏，非常乌也。斯谓之瑞欤，粤稽古昔乃若国君，以之纪元，孝子以之名邑，《诗》有爰止之瞻，《传》有人屋之爱。而或者遂谓乌之灵，大者，凤，小者。乌则乌之重于他乌，亦久矣。两淮都转运使济南毕君嘉会，尝植槐于厅事之前，有乌来巢其颠，今年忽产二雏，一白一黑，取而蓄之，驯扰不惊，维扬之人咸以为瑞。或曰：君廉于守，己清白弗易其操，其征则然欤。或曰：君明以烛，理黑白弗混，其施其征则然欤。于是相率颂歌之，裒辑成卷，乡友贝君珙持以畀予，且道之故，遂需一言弁其端。

阿难像　辽代

佛教刚传入中国时，为了能使佛教思想融入重视孝道的中国文化中，历代的高僧都不断提高孝道在佛教思想中的地位，促使佛教向中原本土化跨进一步。相传佛家弟子阿难曾问孝于佛祖释迦牟尼，佛祖以自己前世的孝子形象为例，为阿难解惑。图为阿难，神清气爽，作认真诵经状。

《古木慈乌图》

历史上有多幅乌鸦题材的绘画，其中不乏名画。明代长洲人，号称明世第一的"吴门画派"①之祖沈周，曾画过《古木慈乌图》，后此图藏于明长洲人吴宽家，吴宽为此作有《题沈云鸿藏其父所写古木慈乌图》，对沈周作此画的原委作了一个简单的交代："石田（沈周）作此，盖偶写其西庄景物耳。其子云：鸿遂藏，谨甚以予父之执也。奉以乞言，夫其哑哑而鸣，翩翩而集，相覆以羽相哺以食者云，鸿固有感于乌之孝矣。"明代另一位杰出的画家，号称"江南第一风流才子"的吴县人唐寅②，作有《晓林慈乌图》，并自题诗一首：慈乌呜呜闹晓林，羽毛单薄雪霜深。世间人子非枭獍，闻得谁无反哺心。除此之外，有沈启南的《慈乌图》并题：风劲月满地，林虚叶亦枯。君家有孝义，树树着慈乌。

---

①吴门画派：苏州史称"吴门"，作为有共同地区特征的画家群形成了吴门画派。吴门画派的领袖沈周和他的学生文徵明、唐寅，再加上仇英，合称"吴门四家"。沈周（1427—1509年），字启南，号石田，明初长洲人。少师事陈孟贤。四十岁前多画小幅，以后则以画大幅为主，长林巨壑，一气呵成，代表作有《泸州趣园》、《庐山高图》。此外，他还长于花鸟，是继林良之后向写意花鸟的过渡人物，代表作有《枯木鹡鸰图》。

②唐寅（1470—1523年）：字子畏，一字伯虎，号六如居士，又号桃花庵主，吴县（今江苏苏州）人。明代著名的画家、藏书家。二十九岁时中应天府第一名解元。科举舞弊案牵连而下狱，被废除功名，此后就漫游名山大川，筑室于桃花坞，致力于绘画。生活放浪，与祝允明、文徵明、徐祯卿合称"吴中四才子"。

第五章
世间万物感孝思

孝之于中国人是无所不在的，对于中国古人而言，万物皆有孝。无论是国家政治还是家庭生活，无不讲孝。在古代的丧祭之中，尤其成了表达中国人孝思的典型象征。在地名、人名、事物名称之中，多喜欢带有孝字，古人甚至拿《孝经》来治病。

孝与避讳

XIAOYUBIHUI

避讳是中国古代史上比较特殊的文化现象，虽然国外也有避讳，但不像中国这样成为一整套的严格、系统的制度。有关中国古代的避讳，一直存在着很多争论，如避讳到底起于何时？因为什么而产生避讳？至于这些问题，都不是此书的讨论范围，以下我们主要就孝与避讳之间的一些问题作一些探讨。

一般认为，避讳可能源于人类对死亡的恐惧。列维·布留尔的《原始思维》指出："死是那些把个人与社会集体连结起来的绳索的猝然中断。于是，又确立了死者与这个集体之间的新的关系。人刚一死以后绝不是一个无足轻重的人，而是怜悯、恐惧、尊敬以及复杂多样的情感的对象。"一般来说，活着的人，尽可能地不说出死者的名字，"如果说出死者的名字，死者的鬼魂就会回来，他们并不希望这样，因此就禁忌提死者名字"。这样，最早的避讳就产生了。避讳从禁止提到死者的名字，最后演变到提到生者中长者的名字，包括为了图个吉利而有目的地避免说某

御龙图　帛画　战国

湖南省博物馆藏，绢本墨绘淡设色，纵37.5厘米，横28厘米。画面绘一高冠蓄须男子，腰佩长剑，手执缰绳侧身直立，衣衫随风而动，驾驭一条巨龙升天。作品主题为"升天"，由龙凤引导墓主人灵魂升入天国，说明了战国时期人们崇尚神仙的思想。

些特殊的事情等等，都与避讳有关，进而演变成一个严格的系统，深入到社会生活、政治等各个方面的制度。

国 讳

中国人对死去的人的名字是忌讳的，如《礼记·檀弓下》有："虞而立尸，有几筵，卒哭而讳，生事毕而鬼事始已。"意思是说，未葬之前，事之以生者之礼，举行葬礼的时候，要以大殓的规格，立尸祭祀。哭丧之后，便不可再直呼死者的名字，这就是以直呼死者的名字的忌讳，后来逐渐演变成了国讳与家讳。《白虎通义·姓氏》说："臣子不言君父之名。"至于国讳，就是避免提到帝王的名字，这是全国都得遵守的制度。比如，最著名的避讳是关于秦始皇的名"政"字，通常我们在讲到避讳时，都会以此为例。始皇因名"政"，故全国都不得用"政"字及其同音字，正月改称为端月。"正"字的读音，现在还念"征"，就是因避讳秦始皇的名"政"而来。汉朝为了避讳刘邦的"邦"字，就连《论语》这样的经书，也得改字。《论语·微子》中的"何必去父母之邦"，在汉石经中则改为"何必去父母之国"，将"邦"字改为了"国"字。西汉文帝名"恒"，汉朝人在谈到战国时齐国的田恒时，则改称"田常"，以至于在古籍中，同一个人，而田恒、田常这两个名字都在使用，同一种书的不同的

扼虎救父

此为清刻本《二十四孝图·扼虎救父》，老父因仓皇逃跑跌倒在一旁，鞋子跑落的小细节刻画，将父亲恐惧心理表现得逼真到位。而在不远处的杨香眉毛竖起，非常愤怒，左手抓住老虎头上鬃毛，右手举拳作捶打状，图中老虎雕饰过繁，极似布老虎。

荆轲刺秦王

荆轲刺秦王的故事众所周知，此图描绘的就是荆轲行刺秦王的场面。秦舞阳匍匐在地，秦王和荆轲绕柱而走，荆轲孤注一掷却将匕首插入柱子，画面具有强烈的运动感和戏剧性，情节完整。

版本，也会使用不同的名字。同样，为了避讳"恒"字，北岳恒山改名为"常山"。今天所谓的月中嫦娥，她在文帝之前的真名叫做"姮娥"。汉明帝名"庄"，那么，在文字的书写及谈话中，都得避开"庄"字，汉光武帝的同学叫庄子陵的，只得改姓为"严"，这样，"庄子陵"就变成了"严子陵"了。庄子陵因在富春江上隐居过，其隐居地也改名叫"严子陵"了。像这样的例子举不胜举。

自晋朝开始，避讳的制度开始更加严密、系统，涉及的范围更广。晋朝比较突出的事例就是改地名。晋武帝司马炎代魏之后，为了避其父亲司马昭的讳，就将湖南的昭县改名为邵阳，将延安的昭武改名为邵武。晋代最著名的一次改名，是西晋末帝司马邺做了皇帝之后，就将建邺（南京），改称"建康"，三国孙权时的民谣有"宁饮建邺水，不食武昌鱼"、"宁还建邺死，不止武昌居"。这就是为什么我们在古籍中，在提到古代的南京时，时而是建邺，时而是建康的原因。

家　讳

以上仅就国讳举数例，以下主要就家讳做一些探讨。家讳又称"私讳"，一般是指避家父或祖父的名，这种避讳只

《史记》清刻本

图为归有光、方苞评点本《史记》。

司马迁

司马迁，字子长，西汉夏阳人，是我国著名的历史学家、文学家和思想家。他曾参与共订太初历，对历法进行改革。他在遭受腐刑情况下，发愤著《史记》，记叙了自黄帝至汉武帝太初年间，共计三千多年的历史，全书共103篇，五十多万字。是我国最早的纪传体通史。司马迁继父遗志著《史记》此乃大孝。

德行语录

夫孝弟①之人，有父兄者也。父兄不慈，孝弟乃章②。舜有瞽瞍③，参有曾晳④，孝立名成，众人称之。

《孟子·离娄下》

【注释】①弟：通"悌"。②章：通"彰"，彰显。③瞽瞍：大舜的父亲，多次谋害自己的儿子舜。④曾晳：曾子的父亲，多次以棍棒打曾子。

【译文】孝悌的人，多有父亲、兄长。父亲、兄长不仁慈，孝悌才得以彰显。大舜的父亲曾多次想谋害他，曾子的父亲曾多次用棍棒打他。孝的名声一旦成立，众人就会夸奖他们。

竹林七贤和荣启期　拓片　南朝

　　江苏省南京市西善桥南朝墓葬出土，出土时分两块，一块为嵇康、阮籍、山涛、王戎四人，另一块为向秀、刘伶、阮咸、荣启期四人。魏晋时，以嵇康为代表的风流名士，不满暴政，抚琴啸歌，对酒山林。画面上人物刻画以线描为主，形象清瘦，体现魏晋时期总体特征的"瘦骨清相"，也体现了魏晋玄学之风。

《世说新语》　书影

　　《世说新语》，魏晋南北朝时刘义庆所著，它以笔记的形式记录当时社会上逸闻趣事，反映魏晋时期士大夫的风貌。东晋桓玄饮酒时，因犯忌讳哭泣一事在《世说新语》中有记载。

适应于本家族，与他人无关。家讳的影响不及国讳，但由于在历史上具有普遍性，这就给我们在阅读古籍的时候带来许多不便。若是某个人是一个好著述的，又是名人，在读到他的著作时，就得留意他的家讳是什么，家讳会直接影响到书写的不同用字。

　　司马迁父亲名司马谈，所以，司马迁在写作《史记》时，凡是"谈"字一律改为"同"字，以示避讳。战国时期的赵国大臣张孟谈在《史记》一书中，就变成了"张孟同"。司马迁这种改写本来属于私人行为，但由于《史记》的影响实在是太大，加之古人多好抄书，司马迁的这一改，在许多地方就被后人所沿用。《四库全书》收录的一些书中，仍写作"张孟同"，如元朝胡一桂《十七史纂古今通要》、宋朝黄震《黄氏日抄》、《太平御览》、《册府元龟》、宋朝吕祖谦《东莱集》、南宋郑樵的《通志》、清初马骕《绎史》、清朝陈厚耀《春秋战国异辞》、清朝李锴《尚史》、《山西通志》。有意思的是，在以上提到的多数书中，也使用"张孟谈"，也就是说，

这两种名字都使用，但相比较而言，使用"张孟谈"明显要多一些。汉文帝时的宦官本名赵谈，但在司马迁的《史记》中，通篇没有"赵谈"这个名字，凡是"赵谈"一律改作"赵同"。有意思的是，后来的史学家常常有人指责班固抄袭司马迁的《史记》，尤其是武帝之前的史料几乎都是抄袭司马迁的东西。班固在《汉书》写作过程中，对于汉武帝之前的史料基本上是借鉴的《史记》，但在《史记》中，凡是"赵同"，在《汉书》中，班固未忘改为"赵谈"，班固并为赵谈立了传。赵谈之传，就在《汉书·佞幸》卷93中。至于后来的史书，也是"赵谈"、"赵同"两用。在《老子·养身》中，有"故有无相生，难易相成，长短相形，高下相倾"句，汉朝淮南王刘安的父亲名长，为避父亲的讳，刘安在组织编写《淮南子·齐俗训》时，在引用到《老子》的"长短相形"句时，就将所引用的句子改为"短修相形"。

富春山居图　黄公望　元代

富春山居图，描绘了浙江富春江一带的山水景色。画面境界阔大，气势恢弘。山峰多作长披麻皴，在画面布局上，画家积树成林，垒石为山，一改宋人的"深远"为"阔远"，开创元人山水画新画风。相传东汉光武帝的同学庄子陵曾隐居于富春江上（汉明帝名庄，因避讳皇上名字而把庄子陵改名严子陵），其隐居地名严子陵。

憨厚可爱的西汉石猪

避讳是中国古代为回避君父尊亲的名字而改用其他字代替的制度。回避君王的名字称之为"国讳"或"公讳"，回避自己家族长辈的名字称之为"家讳"。古代为回避皇帝名字闹出很多趣闻，明武宗姓朱，属猪，所以他曾下旨禁止民间养猪，几年之后全国猪接近绝种，连节日祭祀天地祖庙的猪都很难找到。

元代至明代正史孝子入传人物

正史卷数	入传人物
《元史》卷197 孝友一	王闻　郭道卿　廷炜　萧道寿　郭狗狗　张闰田 改住　王住儿　宁猪狗　李家奴　毕也速　答立 尹梦龙　樊渊　赖禄孙　刘德泉　朱显　吴思达 朱汝谐　郭回　孔全　张子夔　陈乞儿　杨一 张本　张庆　元善　赵毓　胡光远　走高 庞遵　陈韶孙　李忠　吴国宝　李茂　羊仁 黄觉经　章卿孙　俞全　李鹏飞　赵一德　王思聪 彻彻　王初应　施合德　郑文嗣　王荐　郭全 刘德　马押忽　刘居敬　丁文忠　邵敬祖　李彦忠 谭景星　郭成　㐷铎　孙秀实　贾进　李子敬 宗杞　赵荣　吴好直　余丙　徐钰　尹莘 孙希贤　卜胜荣
《元史》卷198 孝友二	王庸　黄斌　石明三　刘琦　刘源　祝公荣 陆思孝　姜兼　胡伴侣　王士弘　何从义　哈都赤 高必达　曾德　靳昺　黄道贤　史彦斌　张绍祖 李明德　张缉　魏敬益　汤霖　孙抑　石永 王克己　刘思敬　吕祐　周乐
《明史》卷297 孝一	郑濂　王澄　徐允让　石永寿　钱瑛　曾鼎 姚玭　丘铎　李茂　崔敏　刘镐　顾琇 周琬　虞宗济　伍洪　刘文焕　㷛煦　危贞昉 刘谨　李德成　沈德四　谢定住　包实夫　苏奎章 权谨　赵绅　向化　陆尚质　麴祥
《明史》卷298 孝二	王俊　刘准　杨敬　石鼐　任镗　史五常 周敖　荣瑄　叶文荣　傅檝　杨成章　谢用 何竞　王原　黄玺　归钺　族子绣　何麟 孙清　宋显章　李豫　刘宪　罗璋等　容师偃 刘静　温钺　俞孜　张震　孙文　崔鉴 唐俨　丘绪　张钧　张承相　王在复　王抃 夏子孝　阿寄　赵重华　谢广　王世名　李文咏 王应元　孔金子良　杨通照　弟通杰　浦邵 张清雅　白精忠

四库全书所收录《孝经》注本

注本名称	注者
古文孝经孔氏传	汉孔安国
孝经注疏	唐明皇御注 陆德明音义 宋邢昺
古文孝经指解	宋司马光撰 范祖禹续
孝经刊误	宋朱熹
孝经大义	宋董鼎
孝经定本	元吴澄
孝经述注	明项霦
孝经集传	明黄道周
御定孝经注	清蒋赫德
御纂孝经集注	顺治帝
孝经问	清毛奇龄
御定孝经衍义	清叶方蔼等

魏晋之时,见人的第一件事,就是要打听别人的家讳,以免犯忌,可见魏晋之时对家讳的重视程度。《世说新语·卷下》之中,记载东晋桓玄饮酒时,因犯了家讳而哭泣一事,颇为典型:

桓南郡被召作太子洗马,船泊荻渚。王大(王大忱的小字)服散后已小醉,往看桓。桓为设酒,不能冷饮,频语左右,令温酒来。桓乃流涕呜咽。王便欲去,桓以手巾掩泪,因谓王曰:犯我家讳,何预卿事。王叹曰:灵宝故自达。

在这段故事中,王大忱犯了桓玄的家讳,王大忱无意中在叫侍者"温酒"时,而犯了桓玄的父亲桓温的讳,于是,桓玄才流涕呜咽。不过,桓玄本身就是一个颇为伤感的人,据《晋书·安帝纪》载,桓玄"哀乐过人,每欢戚之发,未尝不至呜咽"。由于魏晋之时,特别重视门阀,家讳成了交往中的重要的内容之一。南朝宋时的王弘,则对当时人的家讳了如指掌,能够做到"日对千客,不犯一人之讳"。

唐朝时,家讳正式得到朝廷的认同,这就是《唐律·职制篇》中的规定:"诸府号官称犯祖父名而冒荣居之者,徒一年。"据《新唐书·贾曾传》卷190记载,贾曾因避父讳而放弃中书舍人一职。贾曾是河南洛阳人,少有名气,景云中,为吏部员外郎。唐玄宗为太子时,遴选宫僚,就以贾曾为舍人。贾曾深得唐玄宗的信任和喜爱。不久,唐玄宗打算擢贾曾为中书舍人,但贾曾因为自己

陆 游

关于陆游的爱情有一段"孔雀东南飞"的趣闻,相传陆游与表妹唐婉结为夫妻后,两人相知相爱,吟诗作对,是乡人羡慕的一对。但孰料陆游因参加礼部会试未中第,其母去尼姑庵为儿子、儿媳算命,得出两人八字不合,儿媳会阻碍儿子前程并有可能使儿子丧命,陆母回家后,责令儿子马上休掉爱妻。在崇尚孝道的中国古代社会,负妻人事小,负了父母可是天理难容的大事,有违孝道,因此陆游听母之命休掉妻子唐婉,改娶王氏女为妻。

的父亲名"忠"，嫌"忠"与中书舍人中的"中"字同音，而不接受此官职，后将贾曾转徙为谏议大夫，知制诰。唐朝文人之中，最为著名的一起避家讳的事，当是李贺了。李贺避家讳一事，成了一起著名的历史公案。李贺是皇族出身，家于昌谷（河南宜阳县），享有诗名。"世传杜甫诗天才也，李白诗仙才也，李贺诗鬼才也"，故一般人将李贺称做是诗鬼。原因是李贺吟诗，以苦吟著称，其诗的用语以生僻著称，一般读者不易理解。据《新唐书·李贺传》载，李贺"每旦日出，骑弱马，从小奚奴，背古锦囊，遇所得，书投囊中。未始，先立题，然后为诗。如他人牵合程课者，及暮归，足成之。非大醉、吊丧日，率如此过，亦不甚。省母，使婢探囊中，见所书多，即怒曰：是儿要呕出心乃已耳"。以锦囊装诗，就是说的李贺。李贺因才华横溢而深得当时的文坛领袖韩愈、皇甫湜的欣赏。然而就是这样一个在当时享有盛誉的李贺，在参加科举考试中却遇到了麻烦，这个麻烦，就是李贺家讳的事。李贺的父亲名晋肃，因"晋"与进士之"进"的读音相同，

杜甫《南邻》诗意图

杜甫，唐代伟大的现实主义诗人。其现实主义诗歌风格于安史之乱前夕开始形成，历经安史之乱天下无节、遍地哀号的苦难现实，杜甫诗歌创作进入了关心人民疾苦、关切社会、重视写实的成熟阶段。诗歌感情深沉苍凉，韵律曲折有力。相传其为避讳其母海棠之名而不做海棠诗。

而有人告发了李贺，说李贺若参加科举考试的话，就犯了家讳。有人认为告发者是唐末的大诗人元稹。按《剧谈录》云，"元和中，李贺善为歌篇，韩公深所知重于搢绅间，每加延誉，由是声华籍甚。时元稹年少，以明经擢第，常愿交结贺。一日执贽造门，贺览刺令仆者谓曰：明经及第，何事来看李贺。稹惭愤而退，其后稹制策登科，日当要路，及为礼部郎中，因议贺父讳晋肃，不合应进士举。"也就是说，李贺因与元稹结怨而遭到了元稹的报复。不过，据宋朝的董彦远考证，"谓贺死元和中，使稹为礼部，亦不相及。争名盖当时同试者。"到底是不是元稹告发了李贺，这事较为复杂，原因是李贺的生卒年在新旧唐书中的记载就不一样，一说是二十四岁，一说是二十七岁，这些都值得探讨。由于李贺不能参加科举考试，韩

唐太宗剪须和药（右）

　　古代帝王对年老的大臣非常照顾，大臣到了老年体弱多病，皇帝都要多次存问体恤，并赐医赐药。图为选自明刻本《帝鉴图说》的"剪须和药"，讲的是唐朝功臣李世勣身患重病，唐太宗李世民剪下自己的胡须为他治病的故事。

唐太宗搬殿营居

　　唐太宗李世民以敬重老臣而闻名。唐初进谏功臣魏徵生病，太宗多次亲临府第探视。相传贞观十六年，太宗听说魏徵私宅没有厅堂，便下令将宫中建殿工程停下，把木料砖石用来为魏徵修建厅堂。这就是历史上著名的搬殿营居。图选自明刻本《帝鉴图说》。

愈为他鸣不平，特地写了《讳辩》一文，此文收录在韩愈的文集《昌黎集》卷12中，现将《讳辩》的前部引述如下，从中可以看出唐朝的避讳的规定，有助于弄清当时的情况：

　　愈与李贺书，劝贺举进士。贺举进士，有名与贺争名者毁之曰：贺父名晋肃，贺不举进士，为是劝之举者为非，听者不察也。和而唱之，同然一辞。皇甫湜曰：若不明白，子与贺且得罪？愈曰：然律曰：二名不偏讳。释之者曰：谓若言"征"，不称在言，在不称"征"是也。律曰：不讳嫌名。释之者曰：谓若"禹"与"雨丘"与"蓲"之类是也。今贺父名晋肃，贺举进士为犯二名律乎？为犯嫌名律乎？父名晋肃，子不得举进士，若父名仁，子不得为人乎？

　　《讳辩》一文中，提到了唐朝法律规定的两种避讳情况，一是"二名不偏讳"，一是"不讳嫌名"，李贺这两种情况，都不存在，故韩愈写信给李贺，要他参加科举，也驳斥了其他人对李贺的指责。李贺最终没能参加科举，也有两种说法，一说是李贺自己主动不参加的，一说是李贺因为遭到别人的指责，不得不放弃。不管怎样，李贺未能参加当时的科举考试，成了避讳习俗的牺牲品。李贺虽然一生短暂,但还是留下了文集《昌谷集》,为我们研究这位短寿的诗人,提供了第一手资料。

宋朝的避讳

"只许州官放火,不让百姓点灯。"宋代的避讳,达到了中国古代史的高峰。陈垣先生有《史讳举例》一书,称宋代的避讳"空前绝后"。单就南宋高宗一人的名讳,就多达53字;到了光宗时,需要避讳的文字达到298个。一时间,文人学士吟诗作赋,不得不谨慎小心,唯恐触犯了国讳而引来大祸。在中国,人人皆知的"只许州官放火,不让百姓点灯"的典故,就是出自宋代。在著名的诗人陆游的《老学庵笔记》卷5中,有一段文字,现录如下:

田登作郡,自讳其名,触者必怒,吏卒多被榜笞。于是,举州皆谓'灯'为'火'。上元放灯,许人入州治游观,吏人遂书榜贴于市曰:本州岛岛依例放火三日。

翻检史籍,可知宋代有两个叫田登的人,北宋、南宋各有一人叫田登。由于陆游是南宋初的人,故他记载的不会是南宋的田登。这个要求全郡避讳的田登,是北宋末期人。在宋代的名人之中,说到避讳,当然要说到苏轼。苏轼因祖父的名"序",故苏轼作序时不叫"序,"而是改作"叙"。有人将苏轼与西汉初期的张苍比较。张苍是阳武(今河南原阳东南)人,好历律,从荀卿受《左氏春秋》,在秦朝曾做过御史,入汉之后,任代相、赵相,迁为计相,以列侯居相府,主持郡国上计。在张苍那里,"序正律历"则改称为"绪正律历"。也有人将苏轼的避讳与唐朝大诗人杜甫的家讳来作比较。有人发现,杜甫的咏物诗很多,但独不及海棠,有人以为,这是因为杜甫的母亲名海棠,故杜甫有意回避咏海棠诗,如王安石有"少陵为尔牵诗兴,可是无心赋海棠"句。苏轼谪居齐安,妓女有李宜,常侍宴集,其他妓俱得坡诗,惟宜以语讷不得。坡去齐安,宜哀请甚力,坡有诗曰:"东坡居士文名久,何事无言及李宜。恰似西川杜工部,海棠虽好不吟诗。"明安盘则以为,杜甫之所以不赋海棠,正是因为杜甫的母亲名海棠的缘故,"坡老于是失言矣,

李贺及元刻本李贺《歌诗编》书影

唐代诗人,字长吉,祖籍陇西,生于福昌(今河南宜阳)昌谷,后世称李昌谷。李贺年少时,才华出众,父名晋肃,但为避家讳("晋"、"进"同音),被迫终身不参加进士科考试。其诗歌想象丰富,构思奇特,善于运用神话传说,诗歌意境瑰丽新奇,后人称其为"诗鬼",代表作为《李凭箜篌引》。

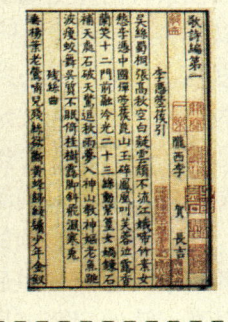

龙袍、龙冠　明代

中国古代文化中存在很多忌讳现象，如取名字的避讳、国讳、家讳等等方面，在一定程度上是封建阶级、伦理观念的体现。中国古代的龙袍便是百姓避讳的一个方面。黄色自古以来被皇家垄断，士庶百姓避之而不能穿。图为明代的龙袍龙冠。

子美无海棠诗者，以母讳海棠耳，安可引用以与一妓哉"。当然，也有持反对意见的，如宋朝朱翌在《猗觉寮杂记》中说："凿者乃云子美之母小名海棠，故子美不作海棠诗，不知出何典？记世间花卉多矣，偶不及之耳，若撰一说以文之则不胜其说矣，如牡丹、芍药、荼蘼之类，子美亦未尝有诗，何独于海棠便为有所避耶？"

宋代避讳有点儿过了头的，当数北宋初年的刘温叟了。据宋僧文莹《玉壶野史》卷2载，"太宗居晋邸问，宾僚今朝父子一德者何人？有以刘温叟父子为对者，父岳，退居河阴。温叟方七岁，尝谓客曰：吾老矣，他无所觊，但得世难稍息，与此儿偕为温裕之叟，耕钓烟月，为太平之渔樵，平生足矣。后记父语，父因名焉。岳，后唐为学士。温叟，晋少帝时又为学士，人尽荣之。受命之日，抱勅立堂下，其母未与之见，隔帘闻鱼钥声，俄而开箧二青衣，举一箱至庭，则紫袍兼衣也。母始卷帘见之曰：此则汝父在禁林内库所赐者。温叟跪泣，捧授开影寝列祀以文告其先。方拜母庆，以父名岳，终身不听乐，大朝会有乐，亦以事辞之。客有犯其讳，则恸哭急起，与客遂绝。太宗闻之，嘉叹益久。"看来，刘温叟在避讳上确实有些过了，只因为父亲名"岳"，而自己终身不听音乐；且听到客人说到自己父亲的名字，就会哭泣，并与客人绝交。不过，宋太宗倒是非常欣赏刘温叟的做法，对刘温叟的避讳行为很是赞扬。

至于明清时期的避讳，此处就不再叙述了。避讳虽最早起源于对死者名字的忌讳，但后来发展为一种完整的制度。南朝之时，政府就有大臣避家讳的记载，唐朝时，政府以法律的形式规定了违反避讳应当遭到刑罚。就中国古代来看，国讳可以视为是忠君思想的延伸；家讳，可以视为孝的自然发展，是天经地义的。

孝与祭祀
XIAOYUJISI

最早的孝，实际上就是祭祀，即对死去的长者的祭祀仪式，上面坐的是尸，下面是孝子孝孙，整个的祭祀仪式是非常烦琐的，就像是演戏一般。孝的仪式，都有着一个共同的目的，就是对生命的重视，尤其是对生命延续的重视，再演变为对活着的生命的重视。

丧礼，是孝子行孝的主要内容之一。如何行孝？对谁行怎样的孝？行孝时间的多少？如此等等，在古代都有一整套的规定。我国的礼文化非常发达，其核心源于《三礼》，尤其是《礼记》。《礼记》中有《丧服小记》、《丧大记》、《祭法》、《祭义》、《祭统》、《本丧》、《问丧》、《服丧》、《间传》、《三年问》、《丧服四制》，这些篇章中，对孝子行孝作了具体的规定。

汉代的祭祀陶屋

汉代的陪葬品异常丰富，墓主人几乎将生活中方方面面的物事都带入墓葬，希望在另一世界继续过富足的生前生活。古代子女对过世父母的孝敬与否，也体现在陪葬品数量上。

三年之丧

这是服丧时间最长的一种，只对父母才行三年之丧。文献中最早记载三年之丧的是《左传》昭公十一年："五月甲申，（夫人）齐归薨。大蒐于比蒲，非礼也。……九月，葬，齐归，公不戚。……叔向曰：'鲁公室其卑乎！君有大丧，国不废蒐。有

汉代墓室中表现宴乐场面的壁画

汉代墓室壁画多为车马出行、宴饮歌舞等炫耀墓主人生前生活排场的题材，寄托了墓主人期望死后升天可以继续生前的豪华生活的愿望。图为汉代墓室壁画中表现宴乐场景的壁画。

三年之丧，而无一日之戚。国不恤丧，不忌君也。君无戚容，不顾亲也。国不忌君，君不顾亲，能无卑乎！殆其失国。'"此是《左传》中最早的三年之丧的记载，此事说的是，昭公初即位的时候，还在服丧期间，却表现得很高兴的样子。就在这时，戚归公的夫人死了，昭公一点都不哀伤，这是失礼的事。结果此事被晋国的使者看到了，于是，才有叔向的一段评价，说鲁昭公实在是卑下！国有大丧，而昭公还打猎，有三年大丧，昭公却没有一天悲戚。叔向是在指责昭公在服大丧期间，既不表示忧伤，又要打猎，将来会亡国的。《左传》中记载有多起三年之丧的情况，如昭公十五年，叔王大子寿（周景王子）死了，接着就是王穆后（大子寿母）死，也就是说，在前后不到两个月的时间内，周王室内死了两个重要的人物。同样，当时晋国的大夫荀跞到周朝参加葬礼，回国之后，就将自己所见到的情况告诉了叔向，他就这次丧葬的问题也发表了一些看法。叔向对周王在一年之内两个三年之丧内，以乐器来表示哀伤，认为是不合礼制的。

孔子死后，其弟子就是为他服的三年之丧。此事在《史记·孔子世家》中有记载："孔子葬鲁城北泗上，弟子皆服三年，三年心丧毕，相诀而去。则哭各复尽哀，或复留，唯子贡庐于冢上，凡六年，然后去。弟子及鲁人，往从冢而家者，百有余室，因命曰：孔里。"孔子死后，他的弟子在他的墓上，种植了柞、枌、雒离、女贞、五味、甑檀之树，孔子墓上不生荆棘及刺人草。孔子的弟子，都为他服三年丧，只有子贡，是为孔子服的六年丧。

在孔子之前，三年丧已经成为了定制。那么如何解释"既葬除丧"的说法呢？"既葬除丧"四字，在《左传》中频繁地出现，这且不是与三年服丧互相冲突了吗？如《左传》襄公十四年载："吴子诸樊既除丧，将立季札，季札辞。"对于这段话，晋朝杜预的解释是："诸樊，吴子乘之长子也。乘卒，至此春十七月，既葬而除丧。"宋朝的魏了翁在《春秋左传要义》卷2中是这样看待杜注的，魏了翁以为，历史上持"既葬除丧"的看法只有杜预一人。魏了翁细细地分析了杜预为何会做出这样的解释:"既葬除丧,惟杜有此说。正以春秋之例,皆既葬成君明葬是人君之大节也。昭十二年,《传》曰:齐侯、卫侯、郑伯如晋,晋侯享诸侯,子产相郑伯,辞于享请免丧,而后听命,晋人许之,礼也。于时,郑有简公之丧未葬,故请免丧。其下《传》又云:六月葬郑简公。丘明作《传》未尝虚举经文,而虚言此葬,得非终前免丧之言也。以此知,诸侯既葬则免丧,丧服既除,则无哭位。诸侯既然,知天子亦尔。《尚书》:高宗亮阴,三年不言。《论语》云:何必高宗,古之人皆然,是天子诸侯除服之后,皆谅阴终丧也。"以上所引的这段话,实际上涉及到古代的服丧制度的一个争议,即三年服丧是公认的制度。问题是在具体的操作上,该如何处理。一种是,在三年服丧期间,同时还得穿着孝服,也就是所谓的披麻戴孝,这种情况主要在民间。一种就是杜预所谓的既葬除丧,但这并不等于服丧已经结束,而是采取"居心丧"的方式。也就是说,葬礼一结束,就先脱掉孝服,此后的三年,服丧之人都得住在"亮阴"(又写作"谅闇",即为了服丧而搭建的简陋的房子)中,完成三年丧期。根据汉晋时人的解释来看,他们对先秦时期的服丧制度在认识上本来就存在争议,以上的两种说法,实际上代表了汉晋时的两种对立的观点。实际上的情况可能是这样,民间流行三年着丧服的服丧方式,而朝廷可能存在着变通的方式,也就是杜预所谓的既葬除丧。原因是朝廷公务繁忙,天子、大臣不可能整日身着孝服办理公务,故采取"居心丧"的方式。

孔门弟子守丧图

孔子死后,其弟子均为其守丧三年,唯子贡一人在孔子墓旁建茅屋而居,为孔子服丧达六年之久。图为孔门弟子为孔子守丧场景。

汉唐时期对丧期的规定

秦汉之后,朝廷中居丧的情况非常复杂,实际上各种服丧的期限都有。南宋郑樵在《通志》卷45中,有"丧期"一目,回顾了宋朝以前各个朝代不同的服丧的情况。三年丧期，确实在先秦就有，并非传说，三年心丧，先秦也有。也就是说，先秦已经有了完整的三年丧期的制度。三年丧期变革的第一人是汉文帝。汉文帝在临终之时有遗制，规定了即使是天子，丧期也不得超过三十六天。文帝此诏令出后，全国基本上是依照此例来做。汉成帝之时，丞相翟方进的母亲故后，既葬之后，三十六日除服，可见，即使是贵为宰相，也不敢逾国典。由于有汉文帝的诏书在前，故有汉一代，行三年丧的就显得异常突出。茂陵原涉行父丧三年，名彰天下，河间惠王，行母丧三年，诏书褒称，以为宗室仪表，是则丧制三年，能行者贵之矣。西汉末平帝驾崩时，正值王莽摄政，王莽欲惑天下，示忠孝，使吏六百石已上，皆服丧三年。从以上的情况可知，西汉享国228年，但行三年大丧的，屈指可数的就这三起。而西汉十三个刘姓皇帝驾崩后，行丧三年的，就只有平帝一人而已，这还是王莽别有用心安排的。东汉之时，三年丧期，是时而施行，时而禁止。到了曹操时，曹操遗令，死后葬毕即除服。魏文帝驾崩之时，国内只服丧三日。

到了晋代，服丧制度有复古的倾向。晋代，只要是皇帝、皇后驾崩，君臣动辄就丧期进行讨论，故晋代的丧期是最为复杂的。有三年丧的，也有三月丧的，不一而足。晋立国之初，晋武帝泰始十年（274年），元皇后驾崩，依汉魏旧制既葬，帝及群臣皆除服，现在的问题是，皇太子是否皆除服，皇帝一时间拿不定主意，于是就诏令尚书，会同仆射卢钦等人讨论此事。只有杜预以为，古者天子诸侯三年之丧，始服齐斩，既葬除丧服，谅阍（为了服丧而临时建的简陋的房屋）以居心丧，终制，不与士庶同礼。杜预提出"皇

平民丧葬图

中国古代的丧葬礼仪规定，不同的等级必须遵循不同的丧葬风俗，如天子死后要等七天才可以殡殓，而一般的平民只需三日便可下葬。此图表现了中国古代北方平民丧葬的场景：牛拉着灵车缓缓前进，灵车上置人字坡形白帐，帐下放置随葬的明器，通常都有一人头顶祭盘走在灵车前面，随着时代的变化平民丧葬的形式也有所变化。

九头怪镇墓兽

镇墓兽是我国古代墓葬中常见的一种怪兽，是用来镇慑鬼怪、保护死者灵魂不受侵扰而设置的一种明器。相传古代有一种叫魍象的怪物，专喜食死人肝脑，而又有一种叫方相氏的神兽，有驱逐魍象的本领，因此死者家属就将方相氏立于墓侧，防止死者灵魂被侵扰。学者认为，古代墓葬仪式中"镇墓兽"的源头来自"方相氏"的传说。图中"九头怪"镇墓兽，是人体、怪物以及鸟兽的组合，造型奇特，形象恐怖。

南北朝帝王陵寝的风水地势

南北朝时期，南方帝陵注重聚族而葬，多集中于建康一带。在埋葬制度上讲究葬地的"风水"，葬地均"背依山峰，面临草原"。这与当时南朝宋以后以法律形式肯定山林川泽的私有有关，所以，在这种土地私有制基础上的聚族而葬，六朝时蔚然成风。图为南北朝时帝王陵寝的风水地势。

太子宜复古典，以谅闇终制"，从之。后来，皇太子就是依照此种古制来服丧的。杜预的观点引起了广泛注意，对晋代的丧葬制度影响很大。

到了唐朝，三年丧期成了法律规定的制度。《大唐开元礼》中规定，对于政府官员，凡是在职者，当遇到"斩衰三年、齐衰三年者，并解官"。也就是说，凡是在职的官员，只要遇到父母丧期的，一律停职，回原籍服丧。对违反者，《唐律》规定了相应的处罚："诸闻父母若夫之丧，匿不举哀者，流二千里"；对于"诸父母死应解官，诈言余丧不解者，徒二年半"；对于"丧制未终，释服从吉，若忘丧作乐，徒三年；杂戏，徒一年；即遇乐而听及参予吉席者，各杖一百"；对于在父母丧期之内怀孕的，也要处以徒刑一年。居丧期间，不得参加科举考试或求官职。总之，规定非常繁复、详细。

新旧唐书中，记载有多起因在父母丧期违反规定而遭到处罚的例子，如宪宗元和九年（814年），"陆慎余，故京兆府法曹赓之子。慎余与兄博文居丧，衣华服，饮酒食肉于坊市，为京兆府所奏，诏各决四十，慎余流循州，博文递归本贯"。即使是贵为皇亲国戚，若是违反了居丧的规定，也会严惩不贷。在唐德宗、宪宗朝享有盛誉的左仆射平章事于顿，其第四子于季友，求尚于皇帝公主，宪宗皇帝将长女永昌公主下嫁给了他。然而，就是这个宪宗皇帝的乘龙快婿、驸马都尉于季友，在元和十二年（817年）居嫡母丧时，与进士刘师服欢宴夜饮。于季友因此被削官爵，笞四十板，忠州安置。刘师服，笞四十板，配流连州。此事还牵连到了于季友的父亲，

挂孝图

清代汉族的丧葬一般采用土葬形式。丧葬的礼仪程式主要有停尸、招魂、吊丧、殡仪、送葬等几个阶段，丧葬期间要严格遵守丧礼的规定。自儒家学说兴盛以来，丧葬的礼仪规定，一直是汉朝丧葬制度中的重要组成部分，并一直延续至清代，是历朝宣扬孝道、礼教的重要手段。图为清代的挂孝图。

"于顿不能训子，削阶"。从这些事例中，可以看出唐朝对违反丧期规定者，处罚是非常严厉的。

自唐之后的一千多年，中国古代的服丧制度，基本上没有多少变化，总体上是趋于严格。从这些规定中，大体上能够知道，三年丧期，是古人对父母尽孝心、孝行的具体表现，也是作为孝子应当做到的最为基本的要求。历代朝廷，尤其是唐代之后，对丧葬制度在法律上有了严格的规定，对孝行提供了法律上的保护，进一步强化了孝子的孝行。这些规定，对中国古代的社会生活、政治活动，都产生了深远的影响。

德行语录

孝弟者，仁之祖也；忠信者，交①之庆②也。内不考③孝弟，外不正忠信，泽④其四经而诵学者，是亡⑤其身⑥者也。

——《管子·戒第二十六》卷十

【注释】①交：交友。②庆：赏赐、奖赏。③考：成。④泽：润泽。⑤亡：无。⑥身：品德。

【译文】孝悌，是仁的起源；忠信，是交友的基础。对内不讲孝悌，对外不讲忠信，即使是读遍了四经的学者，也是没有道德品质的。

以"孝"命名
YIXIAOMINGMING

在中国，将"孝"字作为事物的名称，具有普遍性。由于古人认为，只有心诚，才会感动万物，故而后人就习惯上将许多事物的名称前冠以"孝"字。

孝 水

中国有四条以"孝"字命名的江，即三条"孝水"，一条"孝女江"。三条孝水是：河南洛阳县西的孝水、四川绵竹县的孝水、山东淄川孝水；一条孝女江，即浙江的曹娥江。每一条江水的命名，都与孝行有关，都有一个孝子的感人故事。

从时间上来看，第一个应当谈到的是在四川绵竹的孝水，此孝水原名绵水。隋开皇十八年（598年），绵竹县改名为孝水县，另外，县境内有姜诗泉，

明孝陵神功圣德碑

明孝陵是明太祖朱元璋和马皇后合葬地，位于江苏省南京市钟山南麓玩珠峰下。明孝陵建于明洪武十四年，是中国现存最大的陵墓之一。图为孝陵四方城内的神功圣德碑，是朱棣为其父亲朱元璋歌功颂德所建。

王莽

王莽是中国古代历史上的孝子皇帝之一,他也是靠"孝道"才向皇帝宝座靠近的。《汉书·王莽传》中记载,汉成帝阳朔三年,王莽的伯父、独掌朝政的王凤生病休养在家,王莽不辞辛苦,衣不解带地侍候伯父,王凤为之感动,临终之前向太后托付,请赐予王莽黄门郎之职,这对虽然出自皇家亲族,却因父兄早逝未及封爵的王莽来说,是迈出其人生中一大步。

汉墓壁画的对饮场面

汉代古辞《蚕丛国诗》曰:"川产惟平,其稼多黍,旨酒嘉谷,可以养父。野惟阜丘,彼稷多有,嘉谷旨酒,可以养母。"生动地描绘出成都平原的先民通过辛勤劳作,收获黍麦,酿酒敬老的美德。图为河南洛阳烧沟六十一号汉墓壁画的对饮场面。

姜诗泉一名源于县内有东汉孝子姜诗。

第二条孝水是洛阳县西的孝水。《山海经》有"厃山俞随之水出于其阴,北流注于谷水",《水经注》则说:"世谓之孝水,在河南城西十余里。"晋代潘岳在《西征赋》中写道:"澡孝水而濯缨,嘉美名之在兹。"此孝水又名为王祥河,得名于汉朝孝子王祥,王祥的墓就在附近。王祥卧冰求鲤的故事在前面已经谈到,此处就不再赘述。不过要补充一句的是,"卧冰"这类孝行,后世多有模仿的,但一般被视为愚孝。

第三条孝水,在山东淄川(今属山东淄博市),按照《地舆志》的记载:"齐有孝妇颜文姜,事姑孝养,远道取水,不以寒暑,易心感得灵泉生于室内,文姜常以绢笼盖之,姑怪其须水即得,非意相供。值姜不在,私入姜室,去笼观之,水即喷涌,坏其居宅,故俗亦呼为笼水。"笼水除了叫孝水之外,又叫孝妇河,孝妇河一名至今仍在使用。清代初期,籍贯本是淄川颜神镇的大学士孙廷铨告籍回乡,搜集旧闻,著述《颜山杂记》一书;该书具有地方志的性质,书内汇集了大量的颜文姜资料,参考价值很强。颜山镇的一些地名也因颜文姜而来,如颜泉、颜山、颜水等。纪念颜文姜的遗迹还有一些。在颜文姜获泉水处,后人立有庙,即颜文姜灵泉庙。宋

朝时，在此立过三次碑，其一是周沆撰写，首句是："孝为天地之经，神乃阴阳不测生当异矣，死则庙焉。颜娘之神，是其徒也，事姑至孝，汲水为劳，聿有灵泉潜生密室，当笼覆而湛处，外莫知其感通，暨源发而派流，众方骇其灵异，孝妇之水因兹以名。"北宋时，颜文姜越发受到朝廷重视，除了在刚才所说的地方为她立过三次碑外，神宗皇帝曾两次为颜文姜下过诏书。颜文姜虽非后来的二十四孝之一，但得到皇帝如此青睐，在中国历史上确实不多见。北宋神宗熙宁八年（1075 年），神宗皇帝下诏书，敕封颜文姜为"顺德夫人"。

看神宗皇帝的此篇敕文，的确有意思。原来，这个孝女颜文姜，到了北宋时，她的职业发生了变化，由一个孝女，变成了祈雨的神灵。果然，颜文姜被皇上封为"顺德夫人"后，祈雨很灵验。神宗熙宁十年（1077 年），皇帝再次下诏书，是为"勅告二道以孝妇颜神图经具载祈雨获应"。此后的金、元、明、清，代代都为颜文姜立碑。孙廷铨回原籍后，又有《重修顺德夫人祠记》，并亲自撰铭文，勒于石上，以下为其前半部分：

孝水洋洋，东国是疆。介邱封麓，长城巨防。猗猗孝妇，灼灼颜姜。视远惟迹，执德惟常。克勤竭节，以奉姑嫜。于沼于沚，载雨载霜。召彼灵泉，涌此闺房。涓涓不绝，乃成谷王。

至于浙江绍兴的孝女江，即与前面已经提到过的汉代孝女曹娥有关，她溺水而死的江，改名为孝女江，又叫曹娥江。曹娥江（孝女江）在文献中出现的频率很高，因为它是浙东地区的一条重要的水上交通要道，从绍兴到宗教圣地天台，通常就是走此水路。这一点在唐代之后的诗文中，常会提到。

魏文帝曹操

曹操反对"厚葬"制度，是"薄葬风气"的倡导者，遗诏规定："天下尚未安定，未得尊古也。葬毕，皆除服。"曹丕继父遗愿，力主薄葬，对曹魏乃至晋代的丧葬风气产生积极影响。

郑庄公掘地见母 《东周列国志》清代

郑武公的夫人武姜先后生下了两个儿子，长子寤生和次子段，因为寤生是难产出生的，因此武姜对他非常的厌恶，并且在寤生当上皇帝之后百般的联合段谋反，寤生对此相当的愤怒就随口说出了"不及黄泉，勿相见也"的狠话。很快寤生就后悔了，大臣颍考叔了解了他的心思，为他出了在地道中与武姜见面的主意，这也是掘地见母成语的由来。

石台孝经　唐代

《石台孝经》碑，唐天宝四年（745年）立，为唐代隶书碑刻，由唐玄宗李隆基亲自作序、注解并书，李亨篆额，现存陕西西安碑林博物馆孝经亭内。碑文隶书追汉隶风规又稍变其法，丰腴爽利，颇有盛唐气概。

有一些县的前面也冠以"孝"字，如孝义县、孝丰县、孝水县、孝感县等。孝义县在山西，在唐朝贞观元年，以县名与涪州县名同，故改为孝义县，因县人郭兴有孝义，故以孝义为名。孝丰县在浙江安吉，孝丰一名，源于本县的孝丰乡，也就是说，因乡而得名。孝水县在四川绵竹，因东汉孝子姜诗而得名，上面已经谈到。

孝感县

最值得一提的是孝感县了，孝感县之得名，则与东汉孝子董永有关。孝感县一名的来历，大致是这样的：原本是汉安陆县地，南朝刘宋因孝子董永，分置孝昌县，西魏于县置岳州及岳山郡，后周州郡并废。隋属安州，唐初以县置灉州，后州废，仍属安州，又省入云梦县，寻复置。后唐改孝感县，宋元仍旧，明洪武九年省入德安州，十三年复置，仍属德安府。清雍正七年改属汉阳府。也就是说，孝感县一名最早是在五代时的后唐出现，此后，虽然并入这府那州的，但孝感县名一直未变，沿用至今。孝感县之所以著名，全在于董永这个人。汉董永，青州千乘（今山东）人，早丧母。灵帝时，黄巾起，渤海骚动。董永奉父躲避战乱，逃到了今湖北一带的安陆。董永家贫，只得佣耕以养父亲。父亲死后，董永无钱安葬，只能向同里的富人裴氏借贷，约好若是还不了钱，就以身为奴偿之。待到父亲的葬事办完后，董永就到裴氏家去当奴隶抵债务了。途中，董永逢一

德行语录

事亲有隐而无犯①，左右就养无方②，服勤至死，致丧三年。

《礼记·檀弓上》

【注释】①事亲有隐而无犯：事，侍奉。隐，隐讳。犯，犯颜。②左右就养无方：方，犹常、固。

【译文】侍奉父母，父母有过失要为父母隐讳，不可对父母犯颜直谏。或在左，或在右，服侍父母没有固定的位置。

妇人,这位妇人提出要做董永的妻子。董永说:"吾有父而不能养父,殁而又不能有其身,吾应愧死,奈何屈辱。"这个妇人态度非常诚恳,一定要做董永的妻子,董永以为不可。于是,两人一同前往裴宅,裴氏见多来了一个夫人:"许一人鬻,而益以二乎?妇何能?吾实不能荒饱若。"董永回答说:"妇解织。"裴氏难之曰:"能为我织绢三百缗,免。"想不到这个女人一个晚上就织完了。裴氏非常吃惊,最后放董永回家了。妇中途谓永曰:我是天仙,对人间的事一点都不懂。天帝感君纯孝,就叫我来帮你织布,以偿还债务,若是我不来帮你,你用什么来偿还债务?我不能在此久留,还得回去复命。说完之后,就腾空而去。这大约就是孝子董永故事的全部。董永死后,葬在他父亲的墓的旁边,然让人觉得奇怪的是,除了在今湖北的孝感有董永的墓之外,其他地方像如皋县、长山县、博兴县、汝宁府、许州、青州府等地,都有董永的墓,让人无所适从。董永的孝行非常感人,史上有多人以诗赋咏董永,比较著名的是曹植的《灵芝篇》:

  董永遭家贫,父老财无遗。
  举假以供养,佣作致甘肥。
  债家填门至,不知何用归。
  天灵感至德,神女为秉机。

义 乌

  提到浙江义乌,中国是没有人不知的,它是目前中国规模最大的小商品城。可这"义乌"二字,原来与一个叫颜乌的孝子有关,知道的人并不多。据说,颜乌是会稽人,事父至孝。父亲死后,颜乌葬父,负土成坟。一群乌鸦衔土帮助颜乌葬父,葬毕,群乌因衔土而嘴巴都受了伤。后来为了纪念孝子颜乌,就将颜乌家居之地,叫做乌伤。王莽时称乌孝。唐高宗武德四年,将乌伤改名为义乌。明初杰出的文学家宋濂 为了表彰家乡的十大孝子,特著有"东阳十孝子赞",其中第一个便是颜乌,其赞曰:

慈恩寺大雁塔

  慈恩寺位于西安南郊,是唐贞观二十二年太子李治为追念他的母亲文德皇后而建。大雁塔位于慈恩寺内,又名慈恩寺塔,塔因仿印度雁塔样式建造,取名雁塔。后为区别长安荐福寺内修建的较小的雁塔,人们称其大雁塔。塔平面呈方形,建于周长约为45米,高约4米的台基上,塔7层,底层边长25米,高64米。塔身为青砖砌成,各层均有木质楼板和扶梯。整体造型简洁,气势雄伟,是我国佛教建筑艺术的杰作。

洛神赋图　顾恺之　东晋

此画以魏晋诗人曹植的《洛神赋》为蓝本而作。《洛神赋》是曹植于黄初三年入朝后归济洛川，因感宋玉对楚王说神女之事而作。此赋以浪漫主义手法，描写了曹植与洛水女神之间的爱情。顾恺之的《洛神赋图》，采用长卷连环画展开，分段描绘，以线描造型，浓色微加点缀敷染人物容貌，用色古朴凝重，极好地渲染了曹植赋中描绘的意境。

古有纯孝，厥姓惟颜。父丧未葬，行泣道间。我畚我锸，是薶是瘗，彼群乌，何知衔土予助我！冢既封，乌吻血流，感尔异类，愧我同俦。皇风日漓，借耰锄而德色，谁意零云之四，蒙忽当空，见此皦日千载之下，礼宪沦骨，岂独愧君！乌，亦不如有庙严，严春秋是祀，用兴薄夫，俱作孝子。

三个孝陵

"孝"字在各种名称中都使用得很广泛。皇陵中，以"孝陵"著称的，有三个。其一是北魏孝武帝孝陵，在陕西渭南县。其次是明朝朱元璋所葬之处，亦谓孝陵，前面提到过，朱元璋自称孝子皇帝，所以，他要求死后所葬之处也得称作孝陵。朱元璋的孝陵，在应天府治东北钟山之阳。清朝也有孝陵，那就是顺治帝所葬之处，地处遵化州西七十里凤台山麓。三个孝陵中，以朱元璋的孝陵最为著名，在古籍中频繁出现。武英殿大学士江西分宜人严嵩有《谒孝陵》：

社稷戎衣定，梯航玉帛朝。

睹河功戴禹，瞻庙祀宗尧。

石马嘶空翠，金灯照寂寥。
遥看钟阜上，御气满层霄。

明朝大臣多要拜谒孝陵，因此留下诗篇的也较多。这里再举一例，浙江归安人郑明选有《清明日上孝陵》：

夏后藏书穴，轩皇铸鼎湖。
人间留石兽，地下想金凫。
谷暗春泉响，松高晓月孤。
江山满目在，万古见黄图。

明朝的孝友堂

人名中，有许多人以孝命名的。南朝的彭城安上里人刘遵，字孝陵。隋朝有临孝恭、郝孝德；唐朝有张孝师、李孝恭；宋朝有李孝忠；明朝方孝孺更是名振天下。一些文人，也喜欢以"孝"字来给自己斋堂命名，使用得最为频繁的是"孝思堂"、"孝慈堂"、"孝友堂"等，或在自己的别号、称号中带个孝字。以下，仅就孝友堂举数例，以窥其貌。"孝友"二字，在古籍中使用的频率很高，盖因《孝经》中有"孝友"一章的缘故。此后，"孝友堂"就成了一个常见的名称，尤其宋明之后此类称呼更繁。宋福建浦城人真德秀的《西山文集》卷26中，应四川丹棱程叔运的要求，为其撰写《孝友堂记》一文："掌不佞，其曷敢有忘岁。丁亥先庐以圮，告因

董永卖身葬父

汉代的董永,幼时家贫,与老父相依为命。老父病逝,董永无钱买棺埋葬,无计可施只有卖身与富贵人家做长工抵债,以此得钱为父亲办丧。其孝行感动上天,仙女下凡嫁与董永,帮其织绢还债。这个传说在曹魏时期曹植的《灵芝篇》和干宝《搜神记》中均有记载。图为董永卖身富家,为人织布的场面,现湖北孝感县因董永孝行而得名。

即旧址筑为一堂,扁之曰:孝友悦斋。李公为书三大字以揭,继自今仰瞻题榜,惕然有动于中,若慈训之在耳也。子以好善闻当世,敢蕲一言,记之何如。"此段文字点明了写作《孝友堂记》一文的缘由。

明代文献中,有多篇《孝友堂记》,给人的感觉有泛滥之势,这也说明了明代将"孝友堂"视为一种荣誉,请名家做《孝友堂记》成了许多人的追求。明刘基有《孝友堂记》:"临川葛元哲,请以孝友名其堂。按《书》言,君陈惟孝友于兄弟。《诗》言,张仲孝友。是皆天子、大臣不举其事业,而以孝友称之。"刘基,鲜有人不知的,至于请刘基写《孝友堂记》的葛元哲,知道的人就不多了,《明史》中无传,《江西通志》中有其简单的介绍:葛元哲,金溪人。弱冠有文声,登进士,辟江浙行省掾。以大臣荐,为本县尹。未几,兵乱路梗,入福建省宪,交辟浮海北至大都而卒。学者陈介搜其遗稿,得诗文汇为十卷。元哲博学工文,居官以善绩称。门人苏伯衡举河汾故事,私定其谥曰:文贞先生。

明代著名大臣解缙,曾为同乡徐氏写过《孝友堂记》。从行文之中可以看出,解缙对徐氏要求代笔一事有些勉强,但又不好推辞,"余观世之为善者,其用心之诚伪,虽不可知,然观其所感发何如,而可以知之矣。自予耳目之所及,乡之人自大德以来以活饥民得官者,亦有矣。求如平远得人称道,至以黄丞相比之,则未之有也。有为善之名,而富贵一时者,又多有之,求如平远数世之后子孙,益盛而推广其志,则未之有也"。徐氏要解缙写《孝友堂记》,原因在于家乡闹饥荒,徐氏作为数世以来的地方大家族,拯救了大量的饥民,希望通过在京师做官的解

前出师表 宋濂 明代

明初朱元璋称帝,宋濂就任江南儒学提举,奉命主修《元史》。在古代文学上,他继承了儒家封建道统,为文主张"宗经"、"师古",取法唐宋,著作甚多。宋濂重孝,以"仁政"为理想,主张恢复古代的礼乐,以德治国,曾作《东阳十孝子赞》表彰家乡十大孝子。图为宋濂所书《前出师表》,字里行间透露出对诸葛武侯的敬仰之情。

孝悌故事图
北京门头沟斋堂元墓

此图为北京门头沟斋堂元墓墓室西壁的彩绘孝悌故事图，画幅高1.8米，宽1.5米，在构图上用四株不同的树木分割成左中右三部分，三部分内容独立成故事，故事依次为"原谷拉笆谏父"、"赵孝宗舍己救兄"、"丁兰刻木奉亲"，至今在元代墓室壁画中尚未发掘全套的二十四孝故事。

缙给自己代笔，来扬一下自己的名声。

明江西泰和人杨士奇曾为同省庐陵人萧仲清氏做过一篇《孝友堂记》。这个萧氏，上奉母亲，下与兄弟和睦，江苏江阴安成周子冶将萧氏之堂命名"孝友堂"，然后，再托人找杨士奇撰文。杨士奇在萧氏《孝友堂记》的开始就将此事的原委叙述得非常清楚：庐陵萧仲清氏，蚤丧父，偕其二弟叔宁季、灵敬养其母，而兄弟相与怡，怡又以适其母之心寖有闻于人。安成周子冶先生名其堂曰：孝友，以表之，且励之于无巳也。仲清间请侍读学士曾公求为之记，余前未尝识仲清兄弟，学士公之言曰：萧氏之先，由金陵徙长沙，又由长沙徙庐陵，而家于郭溪之上，代有显者。

明江西泰和人王直，在其文集《抑庵文集》后集卷5中，保存有《孝友堂记》，也是替同乡杨氏所撰写："予邑杨氏，为故家今居上源塘者，宋理定簿之后也。孟辩以赀雄一乡，于是长其乡粮赋。今年其子廷选督运来北京谒予，告曰：生不幸蚤失慈母，今幸有父与继母在堂，生与兄廷遥、弟廷遨、廷遂、廷述朝夕得奉养焉。顾所居堂宜有名，因名曰：孝友之堂，敢请记于先生。予尝识廷遥恂，恂恭让，甚爱之。今见廷选，不异其兄。又闻其名堂如此，可谓杨氏之贤者哉。"其他的尚有明江西永丰人罗伦为新喻李仁端撰写《孝友堂记》，新安汪曙为同乡王京祥家撰写《孝友堂记》。从以上所引几则资料中，可以看出，多是江西人氏好为《孝友堂记》，这可能与所留下来的资料有关，并非只是江西人就好如此。应当说，在明代，人人都以家中有个孝友堂而感到自豪，请名家为自己写一幅《孝友堂记》，更是一般人的追求。

《孝经》的功用

XIAOJING DEGONGYONG

将一本经书作为治病之用，这可谓是中国医学史、文化史上的奇观。在古人看来，病是"恶"，而"孝"是"善"。善能胜恶，因而，《孝经》能治病，也就顺理成章了。

《孝经》止讼

清朝周召，字公右，号拙庵，衢州人。康熙初年，他在陕西凤县做知县，当时，正值耿精忠叛乱，周召于此时作了一本书，叫做《双桥随笔》，在此书的卷2中，周召有这么一种说法："《孝经》可以止讼，兼可愈疾。"他举了一个例子，说："昔王渐作《孝经义》成五十卷，事亦该备，而渐性鄙朴，凡乡里有斗讼，渐即诣门诵义一卷反，为惭谢。后有病者，渐即请来诵书，寻亦得愈。有谓但诵《孝经》而贼自退者，虽迂腐可笑，然地义天经，变薄俗而起沉疴，未为不可。君子亦论，其理而已矣。"此王渐是清初人，所作《孝经义》一书不传。不过，王渐并非是最早拿《孝经》一书来止息斗讼或治病的人。

孝子图　墓室壁画　辽代

魏晋时期流传下来的汉代孝子故事，在其后的各个朝代墓室壁画中均有大量表现。图为辽墓壁画中反映汉族文化的孝子图。

《孝经》治病

历史上第一个用《孝经》为病人治病的是顾欢。顾欢（420—483年），盐官（今浙江海宁）人，《南齐书》卷54有其传，他与武康（今浙江德清）的沈麟士，太末（今浙江龙游）的徐伯珍同列入高逸传中。前文提到过顾欢。顾欢早孤，每读《诗》至"哀哀父母"，辄执书恸泣，学者由是废《蓼莪篇》不复讲。按《齐史》顾欢传载，顾欢好黄老，通解阴阳数术，人有病邪者，问欢，欢曰：家有何书？答曰：惟有《孝经》而已。欢曰：可取仲尼居置病人枕边，恭敬之，自差也。而后病者果愈。人问其故，答曰：善禳恶正胜邪，此病者所以差也。我们一般了解顾欢这个人，不是因为他是第一个拿《孝经》治病的人，而是因为他是南朝时期一个重要学者。学术界在谈到顾欢时，往往要说他那篇引起中国历史上第一次大规模争议的文章——《夷夏论》。今人一看到这个题目，觉得很熟悉，以为文中说的是汉族和少数民族的关系。其实，顾欢在此文中主要谈的是佛教与道教、儒教之间的关系，这是当时谈论的一个普通的问题。中国人一般将顾欢视作道士，而顾欢在《夷夏论》中，也确实是偏袒道学的，对佛教则持保留的态度。顾欢的《夷夏论》一出，立即遭到佛教徒及支持佛教的各界人士的坚决反对，一时间，批驳顾欢此说的声音非常高涨。梁释僧佑的《弘明集》卷7中收录有几篇批驳顾欢观点的文章，可见当时论战的盛况，计有宋朱昭之《难顾道士夷夏论》、朱广之《谘顾道士夷夏论》、宋释慧通《驳顾道士夷夏论》、宋释僧愍《戎华论折顾道士夷夏论》等。

顾欢是教别人如何用《孝经》治病，之后，南朝时期的另一个杰出的文学家徐陵，则是被《孝经》救了一命。徐陵（507—583年），字孝穆，东海郯（今山东郯城西南）人。少时好学，博涉经史。梁朝时官至东宫学士，曾两次出使北朝。入陈之后，历任尚书左仆射、中书监、左光禄大夫、

戏彩娱亲

孝道是儒家文化的基石，渗透于社会生活的各个方面，其形式大致有两种：一是养体，二是养志。养体就是指使父母在衣食住行上丰足，无忧虑；养志多指竭尽心力让父母在精神上愉悦、安心。"父母在，不称老。"老莱子便是竭力使父母开心的典型，古代孝经所谓的治病功能也应该是从精神方面讲的。

寿字图　清代

祝寿是中国的传统礼仪风俗，多预祝老人身体安康、生活幸福，是孝道的一种具体体现，在我国礼仪风俗中占重要的地位。图为清代艺术珍品寿字图。

太子少傅等职，朝廷重要文书都由他草拟。诗文为当代所宗，号为一代文宗，与庾信齐名，世号"徐庾体"。他们的诗以淫靡绮艳著称，是"宫体诗"的重要代表。著名的《玉台新咏》十卷，就是徐陵所主持编纂的，为中国古代现存较早的诗歌总集之一。虽然所选内容偏重闺情，但其中不乏后来为历代所称道的《古诗为焦仲卿妻作》、《苦相篇》等优秀诗篇。就是这样一位杰出的文学家。据《三国典略》载，徐陵的儿子徐份，有孝行，徐陵曾病得很重，徐份就不断地烧香，又涕跪诵《孝经》，昼夜不息，如此反复，徐陵的病就忽然好了。为此，宋朝林同在《孝诗》中写诗赞扬徐份的孝行，曰：

父疾亦云笃，如何豁尔平。

《孝经》惟泣诵，昼夜不停声。

明代金坛（今江苏金坛）人王肯堂著有《证治准绳》一书，在卷27中介绍有"追命散"处方，处方由川大黄、皂角刺各半两、川郁金五两组成，不过，服此药时有一个要求，那就是要在服药之前"口念《孝经》，善言服救苦救难观世音菩萨名号万千百声，最好心绝一切恶念。此病易疗，故发善言，戒劝伏幸听信"。

《孝经》也有治病失败的例子。清代就有一例以《孝经》治病而未治愈的例子。《陕西通志》卷62载，清代李天牖，泾阳人。性孝友，母病痢，尝粪，知不起。每夕跪诵《孝经》，祷天愿以身代。母殁，事父尤尽孝。兄年迈苦贫，仍迎养于家。业师文某，居三水，岁侵尝负米百里以赡之。至于还遗金，拒奔女焚宿券，尤多隐德，雍正八年旌表。

清末民初父母端坐像

为提倡孝道，古代很多家庭制定了为人之子应尽的礼仪。早上天一亮，就要穿好合乎礼仪的衣服，去父母居处省视，询问父母玉体是否安康，中午再去问安，晚上则到父母床前服侍就寝，每日三次。

《孝经》超度灵魂

古代，家里死了人，通常是请道士或者是和尚做法事，以便超度死者的灵魂，不过，也有拿《孝经》来超度灵魂的。据《宋史》记载，高宗驾崩之时，台臣乞定丧制。当时的大臣尤袤上奏称，释老之教，矫诬亵渎，非所以严宫禁崇几筵，宜一切禁止。陆游在家训中，则以一种较为折中的方式告诫家里的人说："吾见平时丧家百费方兴，而愚俗又侈于道场斋施之事，彼初不知佛为何人，佛法为何事，但欲夸邻里为美观耳。以佛经考之，一四句偈，功德不可称量，若必以侈为贵，乃是不以佛言为信。吾死之后，汝等必不能都不从俗，遇当斋日，但请一二有行业僧，诵金刚法华数卷，或华严一卷，不啻足矣。"从这些资料中，可以看出，宋时死了人，家里一般是要请和尚做法事的，即使是皇帝，也不例外。陆游对此较为勉强，觉得不做法事，有违世俗，如果做法事，又浪费太大，不合做法事的本旨，故告诫家人，将法事的规模缩小，表示一下就行了。

宋代的穆修，就是一个敢作违背世俗的事的人。母亲死后，他就不请和尚做法事，而是自己将母亲的棺材运至墓地，诵《孝经》、《丧记》，此事较为典型，常常被后人所提及。穆修，字伯长，郓州（今山东东平）人，他的传在《宋史》卷442中，负才而不世合，好论斥时病，诋诮权贵人，即使是宰相，他也不巴结。穆修死后，其好友苏子美撰《哀穆先生文》，以示纪念，对穆修的做人及文章都给以高度的评价："母丧，徒跣自负榇成葬。日诵《孝经》、《丧记》，未尝观佛书，饭浮屠氏也。识者哀怜之，或厚遗，则必为盗取去，不然且病，或妻子卒后，得柳子厚文刻货之，售者甚少，踰年积得百缣，一子辄

招魂习俗

超度灵魂的风俗应源自盂兰为母超度的佛家故事，其一般采用吃斋、请和尚僧人念经的方式，使死者灵魂得到超度升天，免遭地狱之苦，以此来表达后辈的孝养之心，其通俗说法是"做法事"。对于死在外地或战场上的死者，其家属一般先要举行招魂仪式，招魂仪式一般由招魂童子引领，用死者生前所穿衣物招魂。

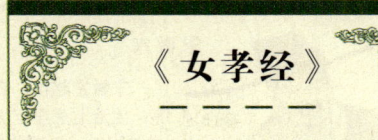

《女孝经》

唐代郑氏所作。《女孝经》是仿照《孝经》所作，也是十八章。今文孝经中没有单列女子行孝的规范，古文孝经比起今文孝经多出了二十四个字，这多出的二十四个字就是"闺门章"，是对女子行孝所作的规定。但关于这二十四个字的真伪，存在着争议。唐玄宗的御注《孝经》就将这个所谓的"闺门章"给排除了。对女子行孝得有具体的规定，这就是《女孝经》，它主要是调整夫妇之间的关系，也就是女子出嫁之后，要在夫家遵从为妇之道。《女孝经》对女子行孝有着不同于男子的规定，那就是要求女子要治家，搞好家族关系，再就是孝敬公婆。

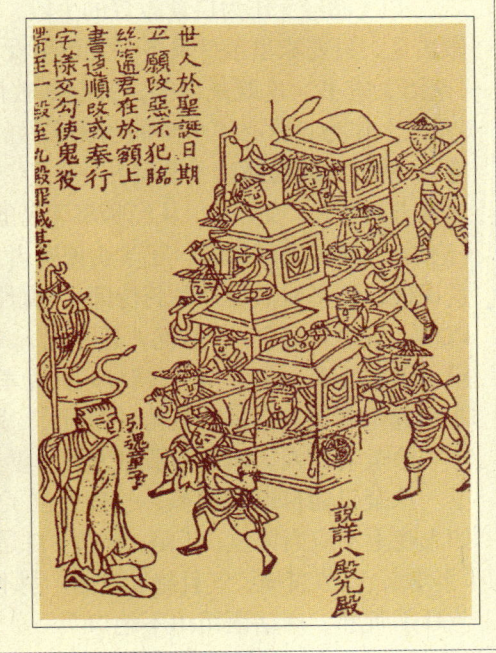

宋徽宗

宋徽宗赵佶，在政治上十分荒唐腐朽，重用善于投机的蔡京等，生活上荒淫至极，肆意搜刮民财，但在艺术上是非常有作为的。其工书画，尤擅花鸟画，书法初师薛稷，草书学黄庭坚，楷书瘦劲峻丽，有"屈铁断金"之称，世称"瘦金体"。传世书迹有《真草千字文》、《临写兰亭绢》等。

宋钦宗

宋钦宗赵桓，北宋皇帝。宣和七年金兵南下时即位。次年被迫起用主战派李纲抗金，斩杀罢黜了蔡京一党。汴京城破后，降金，在位一年四个月，北宋灭亡。靖康二年（1127年）与徽宗为金兵俘掳北去。

宋高宗

宋高宗赵构，南宋皇帝。靖康二年(1127年)金兵俘徽、钦二宗北去后，在南京应天府（今河南商丘）即位，改元建炎，南逃至临安（今浙江杭州）定都，建立南宋政权。在对抗金兵侵犯上，任用奸相秦桧，采取投降态度。

死。将还淮西，道遇病，气结塞胸中不下，遂卒。噫！天之厌文久矣，先生竟以黜废穷苦终其身，顾其道宜不容于世。"宋代还有一人，也是居丧只念《孝经》，此事记载在宋朝田况的《儒林公议》中："马元，儒学精深。名齐孙奭。居丧不为佛事，但诵《孝经》而已，时人称其颛笃。"

《孝经》的启蒙之功

以《孝经》作为启蒙教育的手段，本是中国古人的常用方法。通常的做法是，只要家里条件具备，无论男女，从七八岁时，开始诵读《孝经》、《论语》等书。这既是识字，又起到教化的作用。不过，古代曾有将诵读《孝经》作为日常必不可少的功课来做的。最为著名的一例，就是《南史》卷71中所载皇侃诵读《孝经》一事了。据《皇侃传》载，皇侃是吴郡（今江苏苏州）人，少好学，从经师事著名的学者贺玚，尤明《三礼》、《孝经》、《论语》，为兼国子助教，于学讲说听者，常数百人。入梁之后，梁武帝很赏识他，让皇侃做员外散骑侍郎。"侃性至孝，常日限诵《孝经》二十遍，以拟《观世音经》。丁母忧，还乡里，平西邵陵王钦其学，厚礼迎之，及至，因感心疾，卒。"故宋朝林同在《孝诗》中歌之："儒释本同途，遗经非尔殊。未应普门品，胜似仲尼居。"另据《内则衍义》卷7载，明朝有个叫徐莹的女人，她是东阳赵为潜的妻子，就在她年二十七时，赵为潜死了。徐莹只能自己抚遗孤，昼夜哭泣了多年。有人就说，礼制上有规定，妇人晚上不应当哭泣，于是，徐莹"自是夜惟饮泣，间诵《孝经》、《论语》、《小学》，以节哀痛，气且绝，犹诵。割不正不食席，不正不坐，目不视邪色耳不听邪，声诸语缉缉不绝口"。

第六章 不孝之罪

孟子谈孝,故著有《孝经》,同时又强调「三不孝」的过错。中国古代最早将不孝作为罪状列入刑法是在秦汉时期,最严重的可以弃市。此后,不孝被统治者列入重罪十条之一,一直延续到清代。朝廷为了鼓励尽孝,对报杀父母之仇而违法者,通常采取支持的态度。

三不孝

SANBUXIAO

所谓"三不孝",最先是由孟子提出来的,孟子有"不孝有三,无后为大"的说法。但孟子并没有说三不孝中的另外两种不孝是什么。到了汉代,赵岐在为孟子做注释时,才有"阿意曲从,陷亲不义,一不孝也;家贫亲老,不为禄仕,二不孝也;不娶无子,绝先祖祀,三不孝也"。

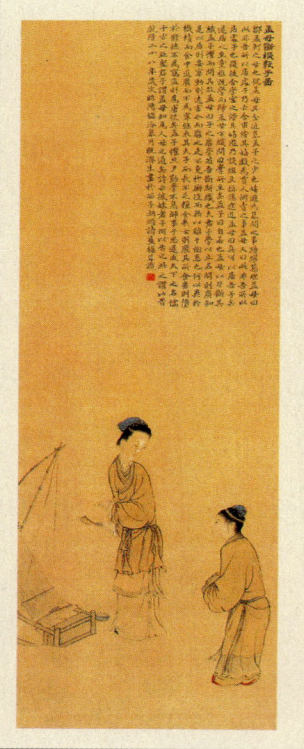

第一不孝是"阿意曲从,陷亲不义"

虽然孟子并没有直接说"阿意曲从,陷亲不义"这句话,但实际上,后人基本上仍将此话视为是孟子的观点。那么,赵岐到底是看到了我们没有看到过的孟子所说的话,还是赵岐凭着自己的理解而生造的这么一种解释,我们就不得而知了。不过,我们有必要先看一看赵岐这个人。"赵岐,字邠卿,京兆长陵人也。初名嘉,生于御史台,因字台卿,后避难,故自改名字,示不忘本土也。岐少明经,有才艺,娶扶风马融兄女。融,外戚豪家。岐常鄙之,不与融相见。仕州郡,以廉直疾恶见惮。"在学术

孟母断机教子图　康涛　清代

《三字经》中有"昔孟母,择邻处;子不学,断机杼",孟母"三迁择邻"与"断机教子"成为千百年来妇孺皆知的故事。史书记载,此画作者清朝康涛以孝敬为名,此画可能是其幼时生活写照,希望天下人们都孝敬父母,万事以孝为先。

上，赵岐可不是一般的人物，他曾做过"孟子博士"。至于汉代是否设过"孟子博士"一职，学术界存在着争议，朱熹的意思就是，汉朝除了有个五经博士外，没有设过其他的博士。不过，清朝杰出的考据学家阎若璩则持相反的态度，他以为，这个赵岐，正是孟子博士，"岐多所述，作《孟子章句三辅决录》，传于世"。也就说，在汉代，赵岐对孟子是最有发言权的。赵岐在序言中，也提到说，孝文帝曾经设过《论语》《孝经》《孟子》等博士，看来并非虚传。

那么，赵岐突然提出了这么个"阿意曲从，陷亲不义"，是否有根据呢？这句话实际上就是《孝经》中"诤谏"章的另一种说法而已。《孝经》中"诤谏"章第十五：

热闹的嫁娶图

中国盛行以"孝道"为核心的婚姻嫁娶观念。"父母之命，媒妁之言"是中国古代婚姻礼仪的一道重要程序。在中国古代，结婚并不是出自男女双方的意愿，而是由父母、尊长决定，媒妁从中奔走、传信促成，若违背父母之命，另娶他人，古代人谓之不孝。这种婚姻制度体现了古代森严等级制度和封建礼教的伦理思想。

曾子曰："若夫慈爱恭敬，安亲扬名，则闻命矣！敢问子从父之令，可谓孝乎？"子曰："是何言与！是何言与！昔者天子有争臣七人，虽无道，不失其天下；诸侯有争臣五人，虽无道，不失其国；大夫有争臣三人，虽无道，不失其家；士有争友，则身不离于令名；父有争子，则身不陷于不义。故当不义，则子不可以不争于父，臣不可以不争于君。故当不义，则争之，从父之令，又焉得为孝乎？"

将《孝经》与赵岐的解释对照一下，其实很简单，赵岐就是拿《孝经》的诤谏章中的"父有争子，则身不陷于不义"来作为所谓的三不孝中的第一不孝。

第二不孝是"家贫亲老，不为禄仕"

孟子在其他地方，提出过相似的说法，如《孟子·万章》中有："孝子之至，莫大乎尊于亲；尊亲之至，莫大乎以天下养。为天子父，尊之至也；以天下养，养之至也。"同在《孟子·离娄下》中，孟子有"五不孝"的说法，孟子采取了列举的方式，列出了五种不孝的行为："惰其四肢，不顾父母之养，一不孝也。博弈好饮酒，不顾父母之养，二不孝也。好贷财，私妻子，不顾父母之养，三不孝也。从耳目之欲，以为父母戮，四不孝也。好勇斗狠，以危父母，五不孝也。"看看这前面三种不孝，就知道，孟子是非常重视在物质上孝养父母的，孟子在这里所列举的前三种"不孝"，正是直接与物质奉养有关的。

第三不孝是"不娶无子，绝先祖祀"

这是其中最为重要的，也是后世谈论最多的。有关这一点，也是后人最为感兴趣的事。不过，要弄清这个问题，不可断章取义，先将这句话的后半部也引出来看一看："舜不告而娶，为无后也。君子以为犹告也（舜惧无后，故不告而娶。君子知舜告焉，不得而娶，娶而告父母，礼也。舜不以告，权也。故曰：犹告，与告同也）。"此处所引的这段话，既有孟子的原话，也有后来的注疏。后人对于这句的理解，实在是五花八门，有的人的解释让人看后反而更加不知所云。以下，我们来综合各种解释，看这句话到底说的是什么意思。舜结婚较晚，当时已经三十岁，原来部落时期的人，这样的年龄才结婚，当然是晚了一些的。《诗经·齐风》之"南山之篇"有"娶妻如之何，必告父母"之说，可见，结婚得取得父母亲的

湘君湘夫人图　文徵明　明代

氏族社会的婚俗，男人娶妻可有选择权，即在岳父母的同意下可以将妻子家中待嫁的姐妹一起娶走，周朝时这种婚俗正式成为一种贵族特有的礼制，被称为"媵妾制"，相传舜娶娥皇、女英，就采用这种制度。但舜与伊部落的联姻没有得到父亲的同意，为免无后，舜"不告而娶"，历代圣贤认为这不是不孝。此图是根据屈原《九歌》所作，描绘了舜帝两个妃子的形象。

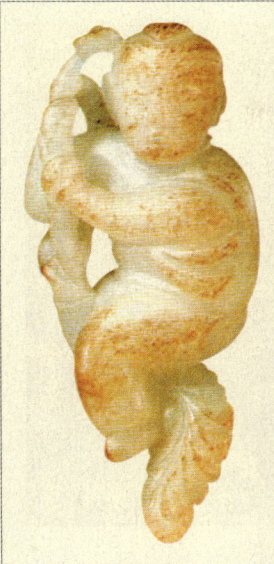

宋代执荷叶童子玉雕

宋代玉雕呈现一种世俗化的倾向，最典型的是玉雕童子的形象。图为宋代的执荷叶童子的玉雕，童子与荷叶的结合多有"连生贵子"的寓意，这与中国古代多子多福的观念是紧密联系的。

同意。那么，舜婚娶却不告诉父母，当然是无礼的。作为尧的继承人，舜当然明白这个简单的道理，那么，舜为何又不将自己结婚一事告诉父母亲呢？尧有九子二女，要将两个女儿娥皇、女英同嫁给舜，舜没有将此事告诉父母，有人以为是因为"舜父顽母嚣，常欲害舜，告则不听其娶，是废人之大伦，以怼怨于父母也"。这当然算得上是一种解释。舜在当时陷于一种两难的境地，若将自己的婚事告诉父母，父母会反对，若不告诉父母，又不合当时的礼制。所以，千百年来，对"舜不告而娶"这句话的解释，是不知所云。至于那句"为无后也"，解释倒是较为一致，意思是说，不结婚，就没有后嗣。没有后嗣，也就没有祭祀的人，这在先秦是很严重的事情。这一点与当时祭祀的习惯有着密切的关系，"其诸侯守宗庙社稷之大，其事尤重。故圣人制礼，使一娶九女，广其继嗣，生生不绝，永可以守宗庙社稷之祀，而不废也"。所谓的"君子以为犹告也"，这句话有为圣人讳的嫌疑，就是说，一般人若是将结婚这样重大的事都不告诉父母亲的话，是绝对违反礼制的，但既然舜这样的伟大人物这样做了，那只能给他一个合理的解释，那就是舜虽然没有将结婚一事告诉父母亲，但仍算是告诉了。

至于孟子在谈到无后为大不孝时，何以要以舜为例来说明，这有必要进一步探讨，最主要的是要弄清当时的背景。因为，我们现在见到的解释，多很牵强，尤其是宋朝人的解释，掺杂了太多的理想成分。

舜在婚姻一事上，由于与父母之间的意见不一，成了后人探讨他孝与不孝的焦点，以至于引出了许多的误解。但舜是中国传统的二十四孝中的第一孝子，有帝舜"孝感动天"的说法。故宋林同有诗曰：

孩提知所爱，妻子具而衰。
大孝终身慕，子于舜见之。

在关于舜的孝的问题上，我们知道在舜一生之中，有两个时期：一是在舜三十岁时，舜结婚当不当告诉父母，这是上面已经谈到的；还有就是，舜年五十岁时，舜思念父母亲。这第二件事，就是我们常常说的"孝感动天"故事中的孟子与他的两个学生万章、公明高，三个人在议论舜与

孝廉方正科

清代特设的科制之一。清雍正元年（1723年），朝廷下诏书，要求直省各府州、县、卫向朝廷推举孝廉方正；被选中的，由朝廷赐六品服备用。此后，每次新皇帝即位，都要求直省各府州、县、卫荐举一次孝廉方正。

鹿鸣之什图　马和之　宋代

《诗经·齐风·南山》中有载：娶妻如何？必告父母。由此可知，"父母之命、媒妁之言"是西周春秋时期的婚姻礼仪的一道程序。如果违反这道程序就是非礼的行为，所以在世人眼中，大舜不告而娶，是不合礼制的。图为《诗经·小雅》部分的写意图。

诸侯按礼制规定祭祀先祖

自西周来，祭祀先祖是一个国家最重要的活动之一。祭祀先祖都有特定的时辰规定，并存在严肃的礼仪程序，如果有人违反祭祀的礼仪，一般都要受到处罚。图为陕西凤翔马家庄秦故城发现的春秋时期祭祀祖先的宗庙建筑群，充分体现了"天子五庙、诸侯三庙"的礼制规定。

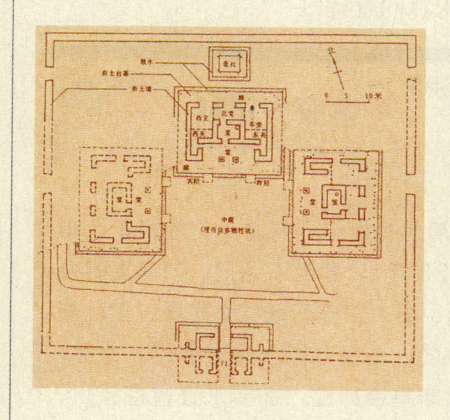

父母之间的关系的问题。这段文字中，透露出了舜的父母与舜之间，可能因为舜的婚姻的问题，带来了家庭的不和。这就涉及到舜孝敬父母的问题，至于舜在年三十时，娶妻没有征得父母的同意，但舜仍然不失为一个大孝子。舜年"五十而慕者"，也就是说，舜一直在思念着父母亲，所以才有万章的"舜往于田，号泣于旻天"的说法。

舜今天虽然被我们奉为圣人，但他的家庭生活是很不幸的。舜的父亲叫瞽叟，也就是说是个瞎子，是当时部落的巫师。舜的一家都想着如何杀掉舜，尤其是舜的父亲瞽叟几次想杀掉舜，但都失败了。瞽叟让"舜上涂廪，瞽叟从下纵火焚廪。舜乃以两笠自扞而下，去，得不死。后瞽叟又使舜穿井，舜穿井为匿空旁出。舜既入深，瞽叟与象共下土实井，舜从匿空出，去"。从这些记载看来，舜每次都幸运地逃脱了。虽然舜一家人都想着谋害他，但舜仍然思念着父母亲的养育之恩，这也难怪后来将舜列为二十四孝中的第一孝子了。

不孝鸟鸱枭

BUXIAONIAOCHIXIAO

动物通情,也有孝与不孝之分。古人将自己的情感寄托在动物身上,于是,自然界有了"孝鸟"与"不孝鸟"之分。

鸱枭(猫头鹰)是不孝鸟。中国古人有万物有孝的说法,前面已经谈到这一点。除了人之外,动物之中,孝的代表就是乌鸦。同时,古人也发现了动物中一个不孝的典型,那就是鸱枭。宋代,元城人王令,曾写过一首诗,他将孝鸟乌鸦和不孝鸟鸱枭,写在同一首诗中,作为对照,名《乌鸱》,此诗收录在他的文集《广陵集》卷11中:

雄乌无空冲,雌乌无定飞。
一巢不易成,两口千柴枝。
已高惧风颠,已下忧人窥。
欲集更自翔,既安复重移。
乌巢又生乌,复哺犹可期。
鸱枭亦有巢,母死子后飞。

《鸱枭》诗寄意图

鸱枭,相传为古代的恶鸟,其一般与凤凰相提并论,寓意一反一正。《抱朴子·交际篇》言:"梧禽不与鸱枭同枝,骥虞不与豺狼连群。"史上文人也常常将鸱枭与乌鸦比照而言,乌鸦因反哺而被列为孝鸟,鸱枭因食母而被列为不孝鸟,其寓意形象经常在后人的文章中出现。

此为《鸱枭》诗寄意图,周公以大鸟喻自己,以稚子喻成王,以鸱枭喻武庚禄父,图中为周公正在写此诗的场景。

呜呼造物者，于此竟谁尸。

此诗中赞扬了乌鸦对母亲的反哺，同时，也表现出了对鸱枭食母的谴责。

那么，这种令古人深恶痛绝的不孝之鸟，到底是什么鸟呢？"枭，恶鸟，又名不孝鸟，旧称枭生子以百日，及子长生羽翼，则食母而飞。故古以春祠，用枭祀。黄帝遇至日，则磔枭，悬首于木。说文：谓古制枭字，即以鸟头缚木上，为义惩其恶也。则此哲妇为枭，是恶鸟，非恶声之鸟，恶声鸟是鸮，即鸱鸮，不是枭，鸮与枭两物，不得错认。下文长舌字，以妇之长舌，诬坐鸟也。且枭与鸱，不连名，枭鸱自旧儒作释鸟书者，多鹘突不能分别，每以枭、鸮、鸱三物，混立名色，因有茅鸱、怪鸱、枭鸱、鸟鸱诸名，致名此枭为枭鸱，别名土枭。"这种解释就像前面谈到过的古人对乌鸦的解释一样，使人难以理解。不过，倒是《五杂俎》给了一个解释，应当最为符合现代人的习惯，它解释说："猫头鸟，即枭也。"绕了一些弯子，终于算是将枭解释清楚了，不过，由于语言的模糊性，在具体的语言中，还得具体地理解才是。

说枭是不孝鸟，就是因为枭长大之后，就将母枭给吃掉。故枭的名声极坏。古人为了表示对鸱枭的不满，就有了吃枭鸟的习惯。贾谊作有《鹏鸟赋》，称鸱枭的"肉甚美，可为羹臛，又可为炙"。汉朝有捕杀枭而食之的说法，通常是在夏至日，赐百官枭羹。且解者云，夏至微阴，始起长养万物，而枭害其母，因以是日杀之。乃《说文》又云：枭食母，不孝，故冬至捕杀枭，首绝其类。许慎也觉得奇怪，何以汉朝人的记载互相有冲突，"汉人不应与汉仪，反岂汉制两至，皆杀枭，而说不厌烦，故两书各记其一"。当然，还有一种说法，古人吃枭的目的，并非是枭的肉肥美，而是因为枭鸟不孝，要将枭给吃光，"本恶鸟，欲绝其类"。《晋书》中有王羲之好鸮炙的记载。

明朝周王朱橚，太祖朱元璋的第五子，初封吴王。洪武十一年改封周，十四年就藩开封。他著述有《普济方》一书，在卷99中，有将枭入药的记载，其中有处方叫"铅丹丸"，治风癫，症状是此病发作时吐涎，起卧不定，及大小便不能知觉，药方中就有将一枚鸱枭头烧为灰入药。在同书的卷100中，有

管 仲

管仲是春秋时期齐国著名政治家、军事谋略家，其在经济、政治、军事等许多领域都有卓著的建树。齐桓公即位，任用管仲为相，成为春秋时期首位称霸中原的国君。相传齐桓公举行封禅仪式时，管仲因无凤凰、麒麟出现而鸱枭满庭，认为是不祥之兆。以此为由，劝说桓公取消了封禅仪式。

一个处方叫做"神应丹",此方治诸风心痛病,配方中,就要有一个鸱枭。李时珍在《本草纲目》中有将枭的眼睛入药的记载,所谓"鸮目,吞之令人夜中见物"。看来,古人对猫头鹰的认识是较深的。

无论哪里出现了鸱枭,就不吉利,大到可以亡国,小到可以破家,古人尽可能地避开鸱枭,并想出了一些办法来对付鸱枭。据《南史》记载,侯景入台城时,在昭阳殿廊下居处,常有鸺鹠鸟鸣呼,侯景很是讨厌这些鸱枭,就叫人穷山野捕。《神仙传》中记载有"符奏鸟死"的故事,说有个叫尹轨的人,字公度,有人奇怪鸟鸣其屋上者,就告诉公度,公度为一奏符放在鸟鸣处,其夕鸟伏符下。看来,道家的符箓是对付鸱枭的最为有效的办法了。据《岭表录异》记载:"北方枭,人家以为怪,共恶之。南中昼夜飞鸣,与乌鹊无异。""闽人最忌之,云是城隍摄魂使者,城市屋上有枭,夜鸣必主死丧。然近山深林中,亦习闻之,不复验矣。好事者伺其常鸣之所,悬巨炮枝上,以长药线引之,夜然其线,枭即熟视良久,炮震而陨地矣。此物夜拾蚤虱,而昼不见丘山,阴贼之性。即其形亦自可恶也,古以午日赐枭羹,又标其首以木,故标贼首,谓之枭首。"

古人在诗文中谈到鸱枭时,往往充满了憎恨的情感。元代余姚人岑安卿撰有《栲栳山人诗集》,在卷中有诗《正月闻鸮有感》:"恶人恒多善人少,春来未省听啼鸟。惟有鸱枭最恼人,聒聒五更鸣到晓。鸱枭鸱枭尔何为,万人怪汝千人讥。更有王孙金弹丸,绕林逐尔将安归。"诗中表现了一般人见到鸱枭就会驱赶的那种心态。在有关鸱枭的诗文中,最为著名的恐怕是贾谊的《鵩鸟赋》了,此赋常常为后人提及。贾谊为长沙王太傅三年,有鵩飞入贾谊住的宿舍,止于坐隅。鵩似枭,不祥鸟也。谊既以谪居长沙,长沙卑湿,谊自伤悼,以为寿不得长,乃为赋。以自广其辞曰:

单阏之岁,孟夏庚子,鵩集予

贾 谊

贾谊仕途失意,被贬为长沙王太傅,时任三年。一天,有鵩鸟飞入其屋,贾谊自感不祥,于是作《鵩鸟赋》以寄意抒怀。《鵩鸟赋》是汉代骚体赋的代表作。当时有捕杀鸱枭而食的说法,这可能与鸱枭为恶鸟、不孝鸟的寓意有关。

西汉帛画

乌鸦在中国古代是以多种形象出现的。上古神话中有三足神乌为王母取食的故事,已将乌鸦称为"神乌"。西汉时期,乌鸦还充当指引者的角色,用于指引人寻找某种东西,多出现在墓室壁画或帛用以沟通天界和人界,指引墓主人升天。图为西汉帛画中的乌鸦形象。

宋代男子夏季便服

便服，即男子日常家居所穿之服。图中所示宋代男子便服为对襟袖单衫，衣料为盘绦纹纱，织造精细，衣质轻薄、飘逸，充分显示宋代丝织服饰的朴实、素雅。中国古代文人远离他乡，进京赶考，其包裹之中必携便装。孟郊《游子吟》中诗句："慈母手中线，游子身上衣。临行密密缝，意恐迟迟归。谁言寸草心，报得三春晖。"便为我们呈现了烛光下母亲为远行的儿子缝制衣物，儿子却因无法用语言表达对母亲之爱，只能默默站在旁边注视的温馨场面。

舍，止于坐隅。貌甚闲暇，异物来萃，私怪其故，发书占之。谶言其度曰：野鸟入室，主人将去。请问于鹏，予去何之。鹏乃叹息口不能言，请对以臆曰：万物变化，固无休息，斡流而迁，或推而还汤穆无穷，胡可胜言。斯游遂成，卒被五刑。傅说、胥靡乃相武丁，夫祸之与福何异。纠缦命不可说，孰知其极云。蒸雨降纠错相纷，大钧播物，块圠无垠。且夫，天地为炉，造化为工，阴阳为炭，万物为铜，合散消息，安有常则。

贾谊本来是个多愁善感的人，他对自己被流放到荒野长沙本来就非常敏感，偏偏在闲坐之时，飞来了一只鸱枭，于是，他就与这只鸱枭进行了对话，这只不祥之鸟的到来，甚至于使贾谊想到自己命运的不济。几十年之后，西汉另一位文学家孔臧，杰出经学家孔安国的弟弟，也写了一篇《鸮赋》：

季夏庚子，思遁静居，爰有飞鸮集我屋隅，异物之来，吉凶之符，观之欢然。览考经书，在德为祥，弃常为妖，寻气而应天道，不踰昔在贾生，有识之士，忌兹鹏鸟，卒用丧已。咨我令考信道，执真变怪，生家谓之，天神祸福无门，唯人所求，听天任命，慎厥所修，栖迟养志，老氏之俦。时去不索，时来不逆，庶几中庸仁义之宅，何思何虑，自令勤剧。

孔臧与贾谊一样，也是在夏日闲居之时，飞来了鸱枭。不同的是，孔臧这里飞来的是一群鸱枭，孔臧非常重视，先是查看了经书，接着又翻看了贾谊的《鹏鸟赋》。不过，孔臧与他祖上孔子一样，不太相信宿命论，当然就不相信鸱枭会带来坏运气，人生是祸是福，得听天由命。

古人常常将鸱枭与凤凰等鸟互相比较，若是凤凰出现，则是天下太平的象征，值得喜庆。若是鸱枭现身，那就是不祥之兆，甚至于影响到政治上的决策。齐桓公曾想举行封禅仪式，管仲就说：今凤凰、麒麟不来，嘉穀不生，而蓬蒿藜莠茂，鸱枭数至，而欲封禅，毋乃不可乎！于是，齐桓公只有打消了封禅的念头。据说黄帝用破镜来制服鸱枭，至于破镜，后人的解释是兽名，食母，形如豺而虎眼。《蜀地志》中所说的黄腰，与之近似，兽鼬身，狸首，生子长大能自活，则辈逐其母，令不得归，形虽小，能杀牛鹿及虎。通常的情况是，若政治清明的话，那就不会有鸱枭出现，如《拾遗记》曰：尧在位七年，鸱枭逃于绝漠。又据《水经注》载，曾子居曲阜，鸱枭不入城郭。子产治理郑国时，当时是蒺藜不生，鸱枭不至。

不孝者弃市
BUXIAOZHEQISHI

出土的文物给我们提供了古代一些珍贵的法律资料，如在汉墓竹简中就有"不孝者弃市"的规定，从中可以看出古代对不孝的界定及处罚措施。

《周礼》中"不孝之刑"的记载

先秦典籍，在鼓励孝的同时，也开始谴责不孝的行为，但不孝尚没有作为罪状。如《尚书·周书·康诰》，此篇是周公告诫其弟弟康叔的一段话。康叔当时代替周王统治武庚叛乱之地，周成王对原来殷之遗民进行了谴责："王曰：封原恶大憝，矧不孝不友，子弗祗服厥父事，大伤厥考心。"这里，周成王对康叔说，像殷这类遗民，实在是有大罪恶，更何况，他们是不孝不友，为人子，却不能敬行父亲之事，大大伤害了他们父亲的心。《周礼·地官上》："以乡八刑纠万民，一曰不孝之刑。"这就是所谓的《周礼》中的八刑之说，这八刑中的第一刑，就是"不孝之刑"。曾子关于孝的说教很多，除了《孝经》之外，他有所谓的"三孝"说，而在《礼记·祭义》中有曾子的"五不

孝子故事漆棺残片　北魏

北魏选举制度因袭了汉代的贡举制，设秀才、孝廉两科。"孝，谓善事父母者；廉，谓清洁有廉隅者。"参加孝廉科的条件便是"经明行修、孝悌廉贞"，要求地方官员将"力田孝悌""孝友德义"者举荐朝廷。图为宁夏回族自治区固原县北魏墓出土的孝子故事漆棺残片。

死刑图

《孝经·五刑章》云："五刑之属三千，而罪莫大于不孝。"在提倡"以孝治国"的古代社会，对于不孝罪的惩罚是非常严厉的。汉代就明确规定对控告父母以及在为父母守丧期间发生淫乱关系的子女要处以死刑。唐代法律中对孝罪的定刑，在吸收前朝律法的基础上有所变动，但对告发父母以及诅咒父母、祖父母的行为仍处以绞刑。图为唐代执行死刑的场景，死刑头部套有绳索，手被绑缚在背后，行刑时，囚犯前后各有一人拉紧绳索，刽子手在中间举长刀行刑。

清末年画洛阳桥

洛阳桥又称做万安桥，位于泉州东郊的洛阳江上，是我国现存最早的跨海梁式大石桥，北宋皇祐四年由泉州太守蔡襄主持建造。有关洛阳桥的建造有一段蔡襄替母还愿的传说。相传一日怀有身孕的蔡母乘船渡洛阳江，忽然江妖兴风作浪，小船将被掀翻之时，天上传来喊声："蔡学士在船上，不得无理！"顿时江面恢复平静，蔡母安然渡江。于是蔡母许下心愿，要是此胎生下男孩，长大后一定要他在洛阳江上建造一座大桥。后来蔡母生下蔡襄，蔡襄长大替母还愿。在后世看来，替母还愿与继承父志一样，都是大孝之为。

孝"说："居位不庄，非孝也；事君不忠，非孝也；莅官不敬，非孝也；朋友不信，非孝也；战阵不勇，非孝也。"显然，这些都是采取列举的方式，将不孝的具体行为一一举出来。总体上，先秦有关于不孝的言论，但尚未正式成为法律。《春秋公羊传·文公十六年》中有"冬十有一月，宋人弑其君处臼"。后来何休是这样作注的："无尊上，非圣人，不孝者，斩首枭之。"应当说，春秋之时，下犯上的情况是很多的，但对这些犯上者处以枭首之刑，恐怕是秦汉以来的注家的想法了。

到了秦朝，不孝正式写入了法律，并处以重罪。作为始皇的丞相吕不韦，著有《吕氏春秋·孝行》，这应当可以视为秦朝法律思想的一部分，其中有引《商书》话："刑三百，罪莫大于不孝。"秦时已将不孝罪入律，秦律有"殴大父母（祖父母），黥为城旦舂"、"今殴高大父母（曾祖父母），可（何）论？比大父母"的说法，这是中国古代正式承认不孝是罪状之一。

赵高矫秦二世胡亥诏书，赐死秦始皇的长子扶苏时，所用的理由便是说扶苏为人子不孝，蒙恬为臣不忠。据《史记》卷87载，赵高矫诏书，历数扶苏和蒙恬的罪状："今扶苏与将军蒙恬将师数十万以屯边，十有余年矣，不能进而前，士卒多耗，无尺寸之功，乃反数上书直言诽谤我所为，以不得罢归为太子，日夜怨望。扶苏为人子不孝，其赐剑以自裁，扶苏受诏自裁，将军恬与扶苏居外不匡正，宜知其谋为人臣不忠，其赐死。"可见，秦时，不孝是重罪，可定死刑。

　　1975年出土的湖北云梦县睡虎地秦墓竹简中就有关于不孝行为而被告发的案例。其中的《法律问答》有："免老告人以为不孝，谒杀，当三环之不？不当环，亟执勿失。"免老是指超过60岁（有爵位的为56岁）的老人。免老以不孝罪告发，当请求制裁犯罪者的时候，官府可以不经过三环（原）的手续就可以直接捕捉犯罪嫌疑人。又《封诊式》"告子条"有："爰书，某里士五（伍）甲告曰：甲亲子同里士五（伍）丙不孝，谒杀，敢告。即令令史已往执。令史已爰书：与牢隶臣某执丙，得某室。丞某讯丙，辞曰：甲亲子，诚不孝甲所，毋（无）它罪坐。"意思是说，若是做父亲的告发儿子不孝，并提出要求杀死儿子，官府在调查之后，认为做儿子的确实不孝敬父亲，也就是说调查的结果肯定了原告提供的不孝是事实，官府通常会同意父亲的请求。另外，秦律中有"非公室告"的规定，即"子告父母、臣妾告主，非公室告，勿听。可（何）谓'非公室告'？（子盗父母）主擅杀、刑、髡其子、臣妾，是谓'非公室告'，勿听。而行告，告者罪。告者罪已行，它人有（又）袭其告之，亦不当听"。这条规定看上去确实让人感到不公平，原因是对于子女告父母，下告上等行为，官府可以不予受理；若是原告不服，要强行上告，则上告的可能因此获罪。商鞅变法时，在秦国实行邻里连坐制度，鼓励告奸，但对子女告父母等行为，商鞅则采取保留的态度。秦朝对不孝罪的惩处是非常严厉的，睡虎地秦墓竹简为我们提供了直接的证据，据《封诊式》的"迁子条"中就有："士五（伍）咸阳才（在）某里曰丙，坐父甲谒鋈其足，迁蜀边县。令终生毋得去迁所，论之。迁丙如甲告，以律包。今鋈丙足……"这句话的意思是说，父亲状告儿子不孝，并提出了要将不孝的儿子断足，远迁到蜀地，要求儿子终生不得返回。最后，官府就是按照父亲的要求来处理他的不孝的儿子的。

司马相如与卓文君

　　司马相如和卓文君为爱情而私奔的故事，是中国文坛上千古流传的佳话。相如风流倜傥、才华横溢，文君妙龄貌美、精通音律，两人为爱情而冲破家庭压力的举动，受到历代文人的称赞。但卓文君的私奔行为，引起家长对她的担忧，此种行为违背了孝道。

刘爽因不孝而被弃市

入汉之后，以不忠、不孝而获死罪的，首先在王室内部开始。汉武帝时，淮南王刘安，即是以谋反罪而被迫自杀，国被降为九江郡。淮南灭国之后，衡山国顿时紧张起来了，内部争夺王位也日益激烈。衡山王锡先是立刘爽为太子，后又废太子爽而改立刘孝为太子："乃使人上书请废太子爽，立孝为太子。爽闻，即使所善赢之长安上书，言衡山王与子谋逆，言孝作兵车锻矢，与王御者奸。至长安未及上书，即吏捕赢，以淮南事系。王闻之，恐其言国阴事，即上书告太子，以为不道。事下沛郡治。"然而，太子刘孝因与淮南国之间有牵连，汉武帝乘此机会将淮南国一举给灭掉了，淮南王刘安被迫自杀，太子则因坐与王御婢奸，后弃市。而衡山国的前废太子刘爽的命运，似乎有些冤枉，要说谋反的话，应当与刘爽无关，刘爽因被废而不满，到长安去告状，最终还是被废了太子的位置。汉武帝要是杀掉刘爽，还真的找不着理由，问题就出在这里，汉武帝的处理方法是："太子爽坐告王父，不孝，弃市。"原来，汉武帝是以刘爽告发自己的父亲刘锡这一事实作为不孝的依据，杀掉了刘爽，这样，汉武帝达到了灭掉衡山国的目的。看来，不孝可以当做莫须有的罪名来使用。

汉武帝刘彻

汉武帝刘彻（前156—前87年），是汉朝的第六个皇帝。他登基后，采用主父偃提出的推恩令，让诸侯封他们的儿子为侯，削弱诸侯的势力；在军队和经济上加强中央集权；文化上用董仲舒的建议，"废黜百家，独尊儒术"。史载汉武帝曾以刘爽告父为不孝之罪为由而杀他，达到了灭掉衡山国的目的。

织布图

在古代，不孝顺老人的妇女不仅会被世人所谴责，还会因此得到相应的惩罚。此外，生性懒惰的妇女也会为周围的人所耻笑、唾骂，因此织布耕田、照顾老幼、打理家务都是一个妇女所具备的最基本的素质。

汉墓竹简中有"不孝者弃市"的规定

地下出土的文物，也给我们提供了汉代一些珍贵的法律资料，从中可以看出汉代对不孝的界定及处罚措施。出土的《张家山汉墓竹简·奏谳书》中就有此类记载。

《张家山汉墓竹简·贼律》对子女杀父母的定罪，都有着很细的规定，如："子牧杀父母，欧（殴）詈父母，父母告子不孝，其妻子为收者，皆锢，令毋得以爵偿、免除及赎。"《告律》中则称："杀伤大父母、父母，及奴婢杀伤主、主父母妻子，自告者皆不得减。子告父母、妇告威（婆婆）公，奴婢告主、主父母妻子，勿听而弃告者市。"可知，杀害、殴伤、辱骂父母、祖父母的，最重的有可能被处以死罪，处罚是非常严厉的。

"（汉景帝）三年冬十二月，诏曰：襄平侯嘉子恢说不孝，谋反，欲以杀嘉，大逆无道。其赦嘉为襄平侯，及妻子当坐者复故爵，论恢说及妻子如法。"以上是汉景帝的一个诏令，景帝何以会赦免一个要谋反叛大逆不道的人，这显然是不正常的。这得先说明这个诏令的背景，才能弄清其中的缘由。这个襄平侯是在高祖刘邦的时候就封了的，高祖于功臣以父死节，封其子者三人，一纪通，以父成战死好畤；一高景侯周成，以父苛守荥阳，骂项王死事；一高梁侯郦疥，以父食其说齐王死事。也就是说，受封襄平侯的第一个人是纪通，他是因为父亲的功劳而受封的。这里的纪嘉，就是纪通的儿子。但是，又出了一个问题，就是《汉书》中并未提到说纪通有个儿子叫纪嘉的，纪通倒是有个儿子叫纪相夫的，正因为这一疑问无法解释，所以有人以为这个纪嘉就是纪相夫，可能是纪相夫改名为纪嘉了。纪嘉的儿子叫纪恢，就是纪恢，他到汉景帝那里去告父亲，说父亲纪嘉不孝敬父亲纪通，而且还打算谋反。这样的罪状，哪怕是其中的一项，就是死罪，但景帝很宽容，赦免了纪嘉。据颜师古的解释是，纪恢对父亲纪嘉有私怨，于是就告父亲纪嘉不孝、谋反。所以，最后的结果是，有人就提出来，要将纪恢按照不孝、叛大逆的罪状来执行。

景帝在位时，还有一起王室内部因权利之争，最后闹到皇帝那里，告发的理由同样是不孝。事情的经过是这样的：常山宪王刘舜死后，其子刘勃继位。这个刘勃有个异母弟弟刘棁，双方的关系极其紧张，刘勃做了常山宪王后，就是不分财产给刘棁。于是，刘棁就将刘勃告到了皇帝那里，刘棁说："自言宪王病时，王后、太子不侍。及薨，六日出舍。太子勃私奸、饮酒、博

乳姑不怠

王震对二十四孝故事的描绘总是别出心裁，在唐夫人专心乳母的同时，将一孩童安排在唐夫人身后竭力拉她的衣襟，好像在传达也要喂他吃奶的讯息。一老一小的对照，将故事情节渲染得更加引人入胜。

为母请医

此图描绘了吕洞宾指导徒弟为老妇人看眼疾的场景。吕洞宾在民间广行好事,扶正祛邪、施药救人,留下了许多美妙动人的传说。图中穿白袍者为吕洞宾,旁边侍茶端水的大概为老妇人的儿媳。

忠谋武略的杨遇春

在古代,不忠不孝者必将为世人所唾弃,也会受到严厉的惩罚,而对于忠孝之士也有相关褒扬的措施,清代著名的将领杨遇春就是其中的一位。杨遇春(1760—1837),字时斋,四川崇庆州人,乾隆四十四年(1779)中武举,次年拣选入伍。后随福康安镇压甘肃田五起义、台湾林爽文起义、白莲教起义等,一生交战数百次却未曾受伤,被人们称为"福将"。又由于他忠于国家、英勇善战、孝顺父母,被朝廷紫光阁功臣像评为"忠谋武略"。

戏、击筑,与女子载驰环城,过市入狱视囚。天子遣大行骞验问,逮诸证者,王又匿之。吏求捕勃,使人致击笞,掠擅出汉所疑囚。有司请诛勃。"像这种在父亲死后还在丧期之内的,且通奸、饮酒的,最高可以处以死刑,且当时的官府确实是准备诛杀刘勃的。好在这时宪王王后修出来替刘勃说话了,她上书给皇帝说:"修素无行,使税陷之罪。勃无良师傅,不忍致诛。有司请废勿王,徙王勃以家属处房陵。"王后修承担了责任,并提出了一个折中的解决方案,就是废掉刘勃的王位,将他一家迁走。最后,皇帝就是按照宪王王后修的建议处理的。《汉书》卷47中,载有汉武帝时梁平王家内争之事,治罪的缘由也是因不孝而起。"又王(梁平王)及母陈太后事李太后(梁平王祖母)多不顺,有汉使者来,李太后欲自言,王使谒者中郎胡等遮止,闭门,李太后与争门,措指……不得见汉使者。(元朔年间有人上书告)天子下吏验问,有之。公卿治,奏以为不孝,请诛王及太后。天子曰:朕不忍致法。削梁五县,枭任后首于市。"事情都因这个任太后而闹得家庭不和,汉武帝的意思是尽可能地不将事态扩大,但仍下诏书处死了任太后,而这个任太后,是最得梁平王的宠爱的,这应当是对梁平王的一种警告。

刘贺因不孝,只做了二十七天皇帝就退位

以上举的几个例子,都是王国的事情,但朝廷发生了一事,也许更能说

《清史稿》中孝子入传人物

正史卷数	入传人物
清史稿 卷497 孝义一	硃用纯 吴蕃昌 沈 磊 周 靖 耿 燿 从弟谦牧 弟炳 兄子於彝 耿辅 李景濂 汪 灏 弟晨 日昂 日升 黄 农 曹 亨 黄嘉章 郑明允 刘宗洙 弟恩广 恩广子青 藜 吴氏四孝子 何复汉 许季觉 雷显宗 赵 清 荣 涟 薛 文 弟化礼 曹孝童 丁履豫 锺 保 翁 杜 觉罗色尔岱 佟 良 克什布 王麟瑞 李盛山 李 悃 奚缉营 周士晋 黄有则 王尚毅 胡 镇 李 三 张梦维 乐太希 董盛祖 徐守仁 李凤翔 卯观成 葛大宾 吕学孚 王子明 冯星明 张元翰 俞鸿庆 姜 瑢 汤 渊 魏 兴 戴兆笨 潘周岱 张廷标 张 淮 胡其爱 方其明 邓成珠 张三爱 杨梦益 阎天伦 夏士友 白长久 郭味兒 聂 宏 董阿虎 张乞人 席慕孔 张长松 崔长生 荣孝子 哑孝子 无锡二孝子
清史稿 卷498 孝义二	卢必升 李应麒 李中德 张文龄 黎安理 易良德 方立礼 丁世忠 汪良绪 贾锡成 王长祚 刘国宾 曹 超 黎兴岕 夏汝英 金国选 张 愫 李志善 弟志勃 彭大士 钱孝则 任遇亨 陆国安 族子裕德 徐守质 兄 基 黄 简 程原学 郁 褒 姚易修 胡梦豸 贺上林 何士阀 陈嘉谟 林长贵 弟长广 戚毁言 李敬跻 张大观 杨 璞 蔡应泰 张士仁 潘 瑂 刘希向 沈嗣绶 谢君泽 冯福基 黄向坚 顾廷琦 李 澄 刘献煜 钱美恭 赵万全 刘龙光 李芳巘 唐肇虞 缪士毅 子秉文 陆承祺 弟承祚 江 龙 方如珽 张 焘 硃寿命 潘天成 翁运槐 弟运标 杨士选 徐大中 沈仁业 魏树德 李汝恢 郑立本 李学侗 董士元 李复新 党国虎 严廷瓒 陆起鹍 弟起鹏 虞尔忘 弟尔雪 黄洪元 弟福元 颜中和 颜 鼇 王恩荣 杨献恒 任骑马 李巨勋 任 四 王国林 蓝 忠
清史稿 卷499 孝义三	岳 荐 张 廞 黄学硃 吴伯宗 钱天润 萧良昌 李 九 张 某 程含光 陈福谯 衿 黄成富 李长茂 任天笃 赵一桂 黄调鼎 杨艺咸 默 李晋福 胡端友 硃永庆 王 某 张 瑛 郭氏仆 胡穆孟 苑 亮 杨越子 宾 吴鸿锡 韩 瑜 程 增 李应卜 塞 勒 王 联 黎 侗 李秉道 赵 珑 蒋 坚 李林孙 高大镐 许所望 邢清源 王 元 凤 瑞 方元衡 叶成忠 杨斯盛 武 训 吕联珠

汉景帝

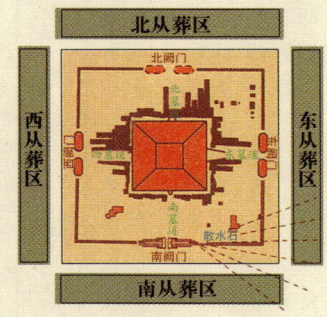

汉景帝像及其陵园布局图

汉景帝刘启（前188—前141年），文帝刘恒之子。景帝继承父业，在位十六年间，继续推行与民休息、轻徭薄赋政策，使国家政治清明、经济发展，出现安定繁荣的局面，为西汉王朝的兴盛奠定基础。历史上把文帝、景帝父子统治的繁荣时期称为"文景之治"。景帝死后，葬于阳陵（今陕西高陵县西南）。图为汉景帝像及其陵园布局图。

明问题之所在。汉武帝之后，是汉昭帝。昭帝死，汉武帝的孙子、昌邑哀王的儿子刘贺即位，这是一个新的皇帝，然而这个皇帝在汉代的纪年表中是看不到的。这个刘贺一即位，就行淫乱。当时是霍去病的弟弟霍光当政，霍光与大司农田延年商量对策，最后决定向皇太后请示。要知道，在一个皇帝即位之后，再将他废除，这是没有先例的，除非采取非常手段，如暴力等方式。于是，由霍光牵头，共计三十六位朝中大臣，联名向皇太后上书，此书的片段保存在《汉书》中：

臣敞等顿首死罪。天子所以永保宗庙总一海内者，以慈孝、礼谊、赏罚为本。孝昭皇帝早弃天下，亡嗣，臣敞等议，礼曰"为人后者为之子也"，昌邑王宜嗣后，遣宗正、大鸿胪、光禄大夫奉节使征昌邑王典丧。服斩衰，亡悲哀之心，废礼谊，居道上不素食，使从官略女子载衣车，内所居传舍。始至谒见，立为皇太子，常私买鸡豚以食。受皇帝信玺、行玺大行前，就次发玺不封。从官更持节，引内昌邑从官驺宰官奴二百余人，常与居禁闼内敖戏。自之符玺取节十六，朝暮临，令从官更持节从。为书曰："皇帝问侍中君卿：使中御府令高昌奉黄金千斤，赐君卿取十妻。"大行在前殿，发乐府乐器，引内昌邑乐人，击鼓歌吹作俳倡。会下还，上前殿，击钟磬，召内泰壹宗庙乐人辇道牟首，鼓吹歌舞，悉奏众乐。发长安厨三太牢具祠阁室中，祀已，与从官饮啖。驾法驾，皮轩鸾旗，驱驰北宫、桂宫，弄彘斗虎。召皇太后御小马车，使官奴骑乘，游戏掖庭中。与孝昭皇帝宫人蒙等淫乱，诏掖庭令敢泄言要斩。

显然，这个新皇帝在服丧期间，不但无悲哀之心，还做淫乱之事，这些显然违背礼制的事，激怒了朝中大臣。就是这个刘贺，只做了二十七天的皇帝，就被皇太后逼迫退了位。最后的处理结果是，群臣奏言："古者废放之人屏于远方，不及以政，请徙王贺汉中房陵县。"太后诏归贺昌邑，赐汤沐邑二千户。昌邑群臣坐亡辅导之谊，陷王于恶，光悉诛杀二百余人。看来，皇太后对这个刘贺还算得上是客气的，倒霉的是昌邑王的臣仆，因为他们没有辅佐好昌邑王，几乎全被诛杀。

不孝罪位列十恶

BUXIAOZUI WEILIESHIE

前面已经谈到了不孝之罪,在秦朝就已经被列入了法律,将不孝列为重罪加以处罚。自北齐有了重罪十条,其中就有不孝之罪。隋朝正式有了十恶的罪名,不孝之罪位列其中。唐朝将不孝之罪列在十恶之第七条。

从北齐到清朝,不孝之罪一直都作为十恶之重罪之一。但唐朝之前的法律条文都已经不见,我们现在能见到的最早的完整的法律条文是《唐律疏义》。在其卷1中就明确地记载了"七曰不孝":"谓告言诅詈祖父母、父母及祖父

玄武门兵变

唐高祖武德九年(626年),秦王李世民和太子李建成,为争夺皇位展开了激烈的斗争。李建成联合李元吉密谋夺取秦王军权,反被早已埋伏在玄武门的秦王射死,其后,李渊让位于秦王,史称玄武门之变。宋人范祖禹认为李世民杀兄夺位之举为不孝。下图为玄武门之变时的内部权力争夺事件。

花鸟屏风画　吐鲁番阿斯塔那217号墓

屏风是古代陈于室中的器具，用以挡风或遮蔽，最早出现在西周时期。随着古代建筑结构的不断完善，屏风的功能也逐渐发生变化，明清时期屏风由实用性转向装饰性。屏风将室内空间隔开，古代父母在家款待宾客时，儿子一般都要躬身立于屏风后，随时听候父母召唤。

唐律疏议　残片

《唐律疏议》由唐代长孙无忌等奉皇帝之命编撰，它是我国现存最早最完整的一部法典。按照唐律12篇的顺序，对502条律文逐条逐句进行了注解，其思想有以下两个特色：第一，"德礼为政教之本，刑罚为政教之用"；第二，简化法律条文，减轻刑罚。作为封建法典，有着浓厚的封建思想意识，体现着封建统治阶级的阶级意志。《唐律疏议》中明确将不孝罪列为十恶之七。

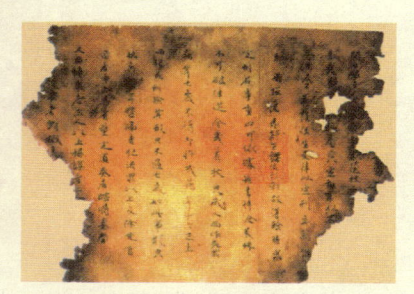

母；父母在别籍，异财若供养有阙；居父母丧，身自嫁娶，若作乐释服从吉；闻祖父母、父母丧，匿不举哀，诈称祖父母、父母死。"

同样的规定，在《明会典》卷127、《大清律例》卷4中，竟是一字不差地记载着，足见历代统治者对重罪十条的认同。

李惟岳因不孝不忠被处死

唐朝以不孝之罪名而处以死刑的，著名人物之中有李惟岳。李惟岳的父亲是李宝臣，其传在《新唐书》卷211中。李宝臣后追随安禄山之子安庆绪而做了恒州刺史。李宝臣死后，其子李惟岳要继承父亲的位置，手下的人推李惟岳为留后，但遭到朝廷的拒绝。之后，李惟岳要田悦代为上奏章请封，但仍遭到朝廷的拒绝。于是，李惟悦就与田悦、李正已等拒命，联手发动叛乱，最后遭到镇压。唐德宗在镇压了李惟岳等人的叛乱之后，曾发布了一个诏书《削夺李惟岳官爵诏》：

此诏书是在唐德宗建中二年（781年）发的，其中有一句话很值得注意，就是"缞绖之中，擅掌戎务，矫陈悃欵，冀邀爵禄，外结凶党，益固奸谋，不孝不忠"。意思是说，李惟岳在父丧期间，就迫不及待地向朝廷求官，按照唐律的规定，父丧期间，得回原籍服丧三年，之后才能够恢复原任，或派他任。

若是在父丧期间任职,就是不孝,属于重罪,仅凭这一条,就足以处以李惟岳的死刑,更别说是谋反了。所以,德宗皇帝将李惟岳处以死刑,是在情理之中的事。在《唐大诏令集》中,李惟岳是我们能够见到的唯一的一个以不孝的罪名被处以死刑的人。

大臣不孝,皇帝可以以不孝之罪诛杀之,若是皇帝不孝,则只能是谴责而已了。宋朝范祖禹,是《资治通鉴》的主要作者之一,他著述有《唐鉴》一书,范祖禹列举了唐朝皇室之中的两个不孝的皇帝,分别是唐太宗、唐肃宗。唐太宗在玄武门之变中杀害兄弟李建成、李元吉,之后逼迫父亲退位,自己做皇帝,这是人尽皆知的事。范祖禹在谈到此事时,最后发表议论说:"臣曰:古之贤人守死而不为不义者,义重于死故也。必若为子不孝,为弟不弟,悖天理灭人伦而有天下,不若亡之愈也。故为唐史者书曰:秦王世民,杀皇太子建成、齐王元吉,立世民为皇太子,然则太宗之罪着矣。"范祖禹参与撰写《资治通鉴》的目的,是为了借鉴历史,而他独立撰写《唐鉴》的目的,同样是为了借鉴唐朝的历史。唐朝还有一个皇帝取得皇位也是颇有争议的,这就是唐肃宗。安史之乱时,唐玄宗率一批文武官员向四川逃窜,当时的皇太子李亨在灵武(今宁夏灵武西北不远处)即位,由于战乱,直到两个月之后,唐玄宗才知道儿子已经即位为皇帝了。等到唐军收复长安之后,唐玄宗一变而为太上皇,李亨做了唐肃宗,入都长安,但父子俩的关系仍很紧张。高力士仍然跟随着太上皇唐玄宗,而李辅国则辅助唐肃宗,在皇帝父子之间制造了许多的矛盾。李辅国因担心太上皇唐玄宗复位,就对唐肃宗说:"太上皇居近市,交通外人,玄礼、力士等将不利陛下,六军功臣反侧,不自安。愿徙太上皇入禁。"但唐肃宗当时并没有悟出李辅国的用意。后来,李辅国干脆矫诏,将太上皇唐玄宗的马由300匹减为10匹,这下激怒了太上皇唐玄宗,但太上皇无能为力,只得对高力士说:"吾儿用辅国谋,不得终孝矣。"李辅国的最后一招是,诈言唐肃宗邀请太上皇回宫中,采取强行的方式,将太上皇引入宫中,完全处在唐肃宗的监控之下,最终达到了将太上皇与高力士等人隔开的目的,彻底断绝了太上皇唐玄宗

明皇幸蜀图　李昭道　唐代

此图描绘天宝十四年安禄山举兵造反,攻陷长安,唐明皇带领家属蜀地避难的场景,画中着朱衣者为唐明皇李隆基。此图为青绿设色山水画,青绿山水以勾勒为法,用笔细密烦琐,颜色以石青、石绿为主;有时为了突出重点,勾以金粉,使画面产生金碧辉煌的装饰效果。

复位的梦想。虽然我们在新旧唐书中没能看到说唐肃宗如何如何，但这些重大的决定，背后若没有唐肃宗的同意，李辅国是没有能力做到的。故范祖禹以为，唐肃宗是为不孝也。"臣祖禹曰：肃宗以皇太子讨贼，遂自立于灵武，不由君父之命，而有天下，是以不孝令也。及其迎上皇于望贤宫，百姓皆注耳目。则辞帝服，避驰道屑屑焉，为末礼以炫耀于众，岂其诚乎？况其终也，用妇言而保奸谋，迁其父于西宫，卒以愤郁而殂，事亲若此罪，莫且临危则取大利，居安则取小节，以是为孝，亦已悖矣。孟子曰：不能三年之丧，而缌小功之察，放饭流歠而问无齿决，其肃宗之谓乎。"范祖禹对唐肃宗的不孝行为，一一列举，严词批评，是有道理的。

迎玄宗图

此图为安史之乱过后，玄宗带领队伍从蜀地回朝，朝廷百官和百姓迎接的场面。唐玄宗避难蜀地期间，李辅国辅助李亨在灵武即位，史称唐肃宗。李辅国为防止玄宗复位，唆使肃宗将玄宗监禁起来。宋代《唐鉴》有此记载，认为肃宗之为有失孝行。此画为《迎玄宗图》。

以上我们在探讨唐代不孝之罪时，似乎多与政治目的有着很密切的关系，虽然确实有人因为是不孝之罪而被处以死刑，但多是数罪并罚，不孝之罪更多是处罚的借口而已。不过，到了宋代，情况发生了变化。宋代，大臣对不孝之罪的议论，已经具有普遍性，成为日常政治生活的一部分，稍有不慎，就会遭到弹劾，因此而丢官的不在少数，党派之间的争论，也多借此为手段。

以下，照例先从皇室开始，从中可窥见一斑。当英宗皇帝病重之时，对太后有不逊之语，一时间朝廷内关系紧张，太后及一些大臣议论着要废掉英宗。大臣之中只有韩琦、欧阳修出来做工作，要太后谨慎一些，韩琦说："此病故尔，病已必不尔。子病母不容之乎？"欧阳修也乘此劝说太后："今母子之间而反不能忍邪？"几天之后，欧阳修见到了英宗，英宗皇帝说："太后待我无恩。"欧阳修说："自古圣帝明王不为少矣，然独称舜为大孝，岂其余皆不孝邪？父母慈爱而子孝，此常事，不足道。惟父母不慈而子不失孝，乃可称。但恐陛下事之未至尔，父母岂有不慈者。"英宗皇帝大悟，自是不复言太后短矣。欧阳修在此拿舜来做比方，是有道理的。前面我们已经提到过舜帝，即使他的父亲瞽叟多次谋害他，但舜帝仍然是孝敬父母的。

苏轼因诗讽李定不孝，而与王安石关系紧张

北宋一大公案，就是王安石与苏轼之间的关系很紧张的问题。本来，最初苏轼与王安石之间的关系，虽然谈不上好，至少是可以的。有人说苏轼与王安石之间关系紧张，与欧阳修有关，原因是欧阳修与王安石之间关系紧张，而欧阳修是苏轼的老师，当然就影响到了苏轼与王安石的关系。但苏轼与王安石之间，还夹着一个人，这就是李定。李定是扬州人，王安石的学生，王安石变法时，他坚决支持王的变法。然而，就在李定为泾县主簿闻庶母仇氏死，匿不为服丧时，朝廷下诏追查此事，李定曾上书奏称父年老求归侍养，但就是不提为母服丧一事。李定辩护说，实不知自己是仇氏所生。就是这件事情，御史陈荐曾上疏弹劾李定，苏轼也撰诗讽刺李定，李定遭到降职的处分。但王安石则力举李定改崇政殿说书，马上就遭到史林旦、薛昌朝的驳斥，说"不宜以不孝之人，居劝讲之地"。朝中大员，因为一个人服丧的事，反复上奏弹劾，这在唐代时还是不曾见的，但宋代已经是常事了。苏轼也因此事，与王安石产生过节，此后成了政敌。

石榴图　鲁宗贵　南宋

中国自古以来崇尚多子多福的传统观念，因此在历代的工艺品中童子的形象多次出现。宋代以后，特别是明清世俗文化发展以后，谐音的文字游戏逐渐流行，人们也逐渐运用谐音制作了一系列的祈愿福寿的艺术品。图为宋代画家所绘的水果写生画，葡萄、石榴绘于画面中央，石榴绽开露出红色籽实，有"榴生贵子"之辞，表达了希望多子多孙的美好愿望。

《孝笋》

三国吴司空孟仁，江夏人，本名宗。孟仁的母亲喜好吃竹笋，正值冬天到来之际，竹笋尚未生长，孟仁就进入竹林哀叹，竹笋为之长出，孟仁拔得竹笋，供母亲吃。众人都以为是孟仁至孝，感动上天，故长出了竹笋。孟仁也因此迁光禄勋。

茹孝标匿母丧而被废官

庆历二年，韶州曲江人余靖，劾奏太常博士茹孝标不孝，匿母丧，茹孝标因此官被废，自此不曾出仕。蔡襄曾有《上仁宗论谏官好名好进彰君过三说》的奏章，对朝廷任命王素、余靖、欧阳修三人为谏官非常赞赏，认为这三人皆为特立之士。余靖在做谏官之时，确实敢于直言，不失为一个优秀的谏官。他参劾茹孝标不孝，使得茹孝标因此丢了官，事后遭到了茹孝标的报复。事情是这样的：余靖，本名希古，举进士，未预解，荐曲江主簿。这时，王仝知韶州，也亦举制科，两人关系密切。当时的知州在查他俩的罪状，但没有证据。王仝因为违反了朝廷的有关规定而被杖责二十大板，希古更名靖，取他州解，及第。景祐中，为馆职，为范文正（范仲淹）讼冤获罪，由是知名，范公（范仲淹）参政引为谏官。茹孝标因余靖的弹劾获罪而深恨余靖，正愁着报复余靖，得知余靖冒籍参加科举一事，于是就举报了余靖，余靖也因此丢了官。

仁宗朝还有一事，被后世传为美谈，这就是所谓的"贾废追服"，此事后来成为了历史上一个著名的典故。贾黯，字直孺，邓州穰人，擢进士第一。宋朝对地方官有铨选制度，也就是对地方官进行考核，长时间都是走一走形式。就在贾黯判流内铨时，他发现益州推官桑泽（有的地方写作"乘泽"），在蜀三年，不知其父死，及代还铨吏，不为入选。这时，桑泽知道问题的严重性，就回原籍为父亲补丧。等到三年服完丧后，桑泽要求再行磨勘，但贾黯曰：泽与父不通问者三年，借非匿丧，是岂为孝。最终，贾黯没有替桑泽再行磨勘。自此，桑泽废官归田里，再也没能出仕。

杨柳青年画《忠孝节义》

在儒家提倡的"孝道"思想中，事君不忠为不孝之举。此图描绘的是《说岳全传》里的故事，讲的是抗金名帅宗泽病重将印信交与岳飞代管，却引起杜充奉暗地排挤，岳飞一气之下私自回家。岳母晓以大义规劝，并在岳飞背上刻下"精忠报国"四字。图为岳母刻字劝归营的场景。

胡寅不为亲母服丧而被参劾

宋代名人之中，因为不孝而遭人指责的，恐怕是胡寅了。但是，文献中对胡寅不孝一事，提到的不多，这可能与胡寅的学问做得太好有关。绍兴二十年壬寅右正言章厦奏左承议郎致仕胡寅，指责胡寅不为生母服丧。此事在朝廷中引起了震动。胡寅因为开罪了秦桧，而被贬官外放到新州，而章厦是秦桧的死党，受秦桧的指使，于此时参劾胡寅不为亲母服丧一事。胡寅为人

孝德升闻

图为明代万历刻本《帝鉴图说》中的《孝德升闻》，描绘了舜的孝行被尧帝知闻，特派人去迎接舜的故事。图中右侧表现的是舜的父母及异母弟弟象正在斥责他的场面。

宋代瓷枕

"不孝有三，无后为大"，因此娶妻生子是古代人对父母尽孝道的一个重要方面。对于过门的新妇来讲，对姑舅行孝道只是家庭生活中的一个封建等级仪式的象征，是否为夫家添丁生子以续香火是判断古代妇女是否尽孝的标准。图中瓷枕是专门供准备怀孕和已经怀孕的妇女使用的。

以气节著称，其父胡安国也是朝中名臣，胡寅为何会不明事理，而不为生母服丧呢？胡寅是崇安人，其父胡安国是他的伯父。胡寅出生时，因其母嫌家中男孩多，就将胡寅送给了胡安国抚养。《宋史》对此事的记载非常简单，"寅将生，弟妇以多男欲不举，安国妻梦大鱼跃盆水中，急往取而子之"。章厦为了达到打倒胡寅的目的，在奏章中历数胡寅的罪状：天资凶勃，敢为不义。寅非胡安国之子，不肯为亲母持服，此其不孝之大罪也。寅初傅会李纲，后又从赵鼎，建明不通邻国之问，其视两宫播迁如越人视秦人之肥瘠。后来，梓宫既还，皇太后获就孝养，寅乃阴结异意之人，作为文记，以为今日仕进之人，将赤族而不悟此，其不忠之大罪也。诏寅责授果州团练副使，新州安置。胡寅为了表白自己的无辜，就给秦桧上书，其《寄秦丞相书》在胡寅的文集《斐然集》卷17中，从中可以看出胡寅不为生母服丧事，是事出有因：

胡寅辩白的焦点，是说过继与遗弃是有差别的，如果自己是过继给了伯父胡安国的话，那当然要给生母服丧。但自己是遭到生母的遗弃，自己与生母的养育之恩已绝，故可以不为生母服丧。随后，胡寅举了福建路某官也是如此，他是有先例可作为依据的，没有违反礼法的规定，所以，不为生母服丧，也是有道理的。客观地说，胡寅的辩白是有些牵强的，后来朝廷追查了下来，给胡寅降职的处分，直到秦桧死后，胡寅才复职。

宋代整个社会，对不孝的行为，都是非常敏感的，对于那些具有不孝行为的官员，尤其如此，一经发现，就动辄参劾、降职。明清之时，基本上沿用了宋代的方法，朝廷对不孝者也是严惩不贷，在此不再赘述。

孝法冲突，屈法全孝
XIAOFACHONGTU QUFAQUANXIAO

杀人者偿命，这是自古以来的铁律。不过，对于有杀父之仇而报仇杀死仇人的，则另当别论。有父仇不报，被视为不孝。故报父仇而杀仇人，向来都得到社会、政府的认同。复仇理论，在原始社会就有，在先秦时，逐渐成为了一套理论，《大戴礼》有"父母之仇，不与同生；兄弟之仇，不与聚国；朋友之仇，不与聚乡；族人之仇，不与聚邻"。又如，"父者，子之天，杀己之天，与共戴天，非孝子也。行求杀之，乃止故父母之雠，不与共戴天"。所谓的成语"不共戴天"之仇，就是指的杀父之仇。对于因杀父之仇而杀掉了仇人的，政府并非完全不干预，只是在处理这类事时，很大程度上照顾到了社会的习俗。

赵娥为父报仇，被刊石表彰

据孔演《汉魏春秋》的记载，庞济外祖父酒泉赵君安，被同县李寿所杀。后庞济舅舅兄弟三人都相继病死，李寿非常高兴，以为赵家没有男人，无人来报父仇，举家相贺。庞济的母亲赵娥，暗自感伤，杀父之仇无人报，就自己推着车，袖子里藏着刀，寻找杀死李寿的机会，一等就是十年。终于有一天在都亭前遇上了杀父的仇人李寿，就刺杀了李寿。随后，赵娥自己到了县衙，颜色不变，曰："父仇已报，请授戮。"当时的禄福长尹嘉，解印绶纵娥，娥不肯去，遂强载还。正好遇上了大赦，赵娥得以免死。州郡莫不嗟叹，喜其烈义，刊石以表其间。太常张奂嘉叹，以束帛礼之。此事虽然在《后汉书》

中没有记载,但应当是真实的。这个嘉叹赵娥的太常张奂,其传在《后汉书》卷95中,他本是敦煌酒泉人,与被杀的赵君安是同乡。

《晋书·孝义传》中,王谈因报父仇,而入传。晋废帝太和年间,吴兴乌程人王谈,年十岁,其父为邻人窦度所杀,王谈阴有复仇之志,但王谈担心被窦度所疑,故寸刃不畜,日夜监视窦度。直到十八岁,扮农人模样,带利刃去街市寻觅窦度,度常乘船出入经一桥下,谈伺度行,还伏草中,度既过,谈于桥上以锸斩之,应手而死。王谈杀了窦度之后,就去自首。有司太守孔岩义其孝勇,列上宥之。后太守孔廞究其义行,于元兴三年,举王谈为孝廉,时称其得人,谈不应召终于家。王谈为父复仇,私自杀掉了窦度,两度被地方官表彰,并被举孝廉,

掘墓鞭尸

春秋时期,楚平王听信谗言将大夫伍奢全家斩杀,次子伍子胥逃至吴国担任重臣。公元前506年,伍子胥随吴王阖闾出兵作战攻陷楚国,楚昭王仓皇出逃。伍子胥为报杀父灭族之仇,掘开楚平王之墓,鞭尸泄恨。为父报仇也是传统孝道的一个方面。

西汉铜执伞男佣

西汉时期,青铜制造技术已发展到相当高的水平,出现了各种不同用途的青铜制品。图为云南晋宁县发掘的西汉铜执伞男佣,男佣作跪坐状,形象生动,刻画入微,应为帝王外出游玩或狩猎所用。中国古代家庭以父权为中心,讲究尊卑长幼的伦理秩序,并根据这种秩序制定不同的礼仪规范。图中男子跪坐姿式是遵循当时的礼制规定的。

至唐朝时修《晋书》,将王谈的报杀父之仇写入《晋书·孝义传》中,所以,我们有幸看到这个故事。在魏晋南北朝时期的大家族中,也有复仇而免遭处罚的,此事便发生在武康大家族沈氏身上。南北朝之时的浙江武康(今湖州德清),有一个延续了六百多年的大家族,这就是沈氏。为了有别于北方南迁的大家族,如王羲之这类侨姓,史学界就将沈氏这类土著称做是吴姓。然而,沈氏族人中一个名叫沈充的人,在王敦的叛乱中站在了王敦一边。不久,沈充战败,"败归吴兴,亡失道误入其故将吴儒家。儒诱充内重壁中,因笑谓充曰:三千户侯也。充曰:封侯不足贪也,尔以大义存我,我宗族必厚报汝,若必杀我,汝族灭矣。儒遂杀之充,子

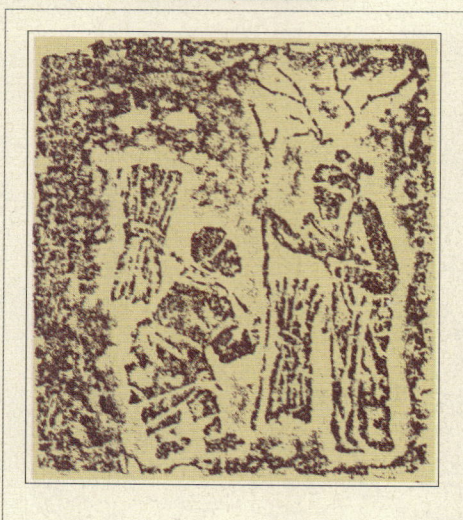

啮指痛心　宋元画像砖　拓片

画像砖描绘了曾子负柴归来，向母亲询问事情缘由的场景。图中曾母形象高大，曾子身材矮小并作躬身问候状，两者形成鲜明对比，以此衬托幼者对长者的尊敬。"啮指痛心"的孝子故事也充分验证了"母子连心"这句老话。

劲竟灭吴氏"。沈充的儿子沈劲，本当以连坐受诛杀，但同乡人钱举将沈劲藏匿起来，后被赦免。沈劲就将杀害父亲的仇人吴儒的一家给灭了族。这个沈劲，并没有因为报杀父之仇而受到处罚，相反，沈劲后来以忠义著称，其传在《晋书·忠义传》中。

唐朝时，大臣对复父仇的看法有两种对立的观点，这既表现在皇帝对复父仇的处理上的不同，也表现在大臣在这问题上的对立的看法。《唐律》对复父仇没有具体的规定，这就给具体操作带来了麻烦，在《新唐书》中，共记载复父仇杀人者七人，其中有三人被赦免，四人被处死刑。

张琇因报杀父之仇而被唐玄宗处死刑

我们先来看唐玄宗时一起著名的复父仇的案例。张琇，河中解人。父张审素，为巂州都督，有个叫陈纂仁的人诬陷张审素冒领战功，私自拥兵。唐玄宗对这起告发案产生了怀疑，就下诏叫监察御史杨汪去查明此事。陈纂仁又乘机向杨汪告发张审素与总管董堂礼谋反。于是杨汪收审了张审素，将张审素关押在雅州监狱。董堂礼对此非常气愤，就杀了陈纂仁，率部众七百人将杨汪围住，要求为张审素昭雪。随后，官兵斩董堂礼，救出了杨汪。杨汪就以谋反罪诛杀了张审素，没其家。张审素被杀时，他的两个儿子张琇、张瑝还小，被徙迁到岭南。数年之后，张氏两兄弟逃走了。杨汪这时改名万顷。

德行语录

子曰："事父母几谏①，见志不从，又敬不违，劳②而不怨。"

《论语·里仁篇第四》

【注释】①几谏：几，轻微、婉转。婉转地进行劝说。②劳：忧愁、烦劳。

【译文】孔子说："侍奉父母，（如果见到他们有不对的地方）要委婉地进行劝说。看到父母从心里不愿听从，还是要对他们恭恭敬敬，不要违背他们的意愿，为父母操劳而不怨恨。"

张瑝十三岁，张琇十一岁，兄弟二人夜里在魏王池埋伏刺杀万顷。张瑝以刀砍马，万顷一时惊慌失措，被张琇杀死。两兄弟将杀万顷的缘由写在纸上，系在斧头上，然后向案自首。此事惊动了朝廷，最后，玄宗采纳了裴耀卿的建议，下诏杀张琇。张琇在临刑时，面色自如，说："下见先人，复何恨！"众人都感到很可惜，有人在路边上写上谏文，募钱将张琇葬于北邙。因担心仇人挖墓，做了乌假坟。这起张瑝、张琇兄弟二人为父复仇之事，是唐代几起著名的为父报仇案件中较为复杂的一起。事情一开始，唐玄宗就关注了此事，直到最后，朝廷经过反复讨论，唐玄宗下诏书杀掉张琇。但民间的反应是完全不同的，民间对张琇的死，持同情的态度。

韩愈撰《复仇状》

关于复父仇者是否应当承担法律责任，朝中大臣多参与了其中的讨论。目前能见到文章的有韩愈的《复仇状》一文，载于《昌黎集》卷37中。韩愈上此奏章，是因为在元和六年九月富平县人梁悦，为父报仇杀人，自投县，请罪。敕复仇杀人，固有彝典，以其申冤请罪，视死如归。自诣公门，发于天性，志在徇节，本无求生，宁失不经，时从减死，宜决杖一百，配

韩愈秋怀二章　鲜于枢　元代

韩愈（768—824年），字退之，河南南阳（今河南孟县）人，郡望昌黎，世称韩昌黎。唐代著名的散文学家兼诗人。性秉直，居官不改其性，故屡被贬。他和柳宗元都是古文运动的倡导者。其《师说》《马说》都是千古流传的好文章。韩愈曾作《复仇状》探讨儒家经义与孝子为父报仇的律法问题。图为元代鲜于枢以其诗所作书法，笔法纵横，姿态横生。

流循州。对于朝廷免予复父仇者梁悦的死刑，韩愈并没有说对或者不对，而是希望朝廷就此事能拿出一个具体的法律条文出来，以便于操作。朝廷之所以在处理复仇之事时处理结果不一，缘于在法律上没有具体的规定，故韩愈的倡议是较为切合实际的。

韩愈议曰：伏以子复父仇，见于《春秋》，见于《礼记》，又见《周官》，又见诸子史，不可胜数，未有非而罪之者也。最宜详于律，而律无其条，非阙文也，盖以为不许复仇，则伤孝子之心，而乖先王之训。许复仇，则人将倚法专杀，无以禁止其端矣。……然则，杀之与赦，不可一例，宜定其制曰：凡有复父仇者，事发具其事，申尚书省，尚书省集议奏闻，酌其宜而处之，

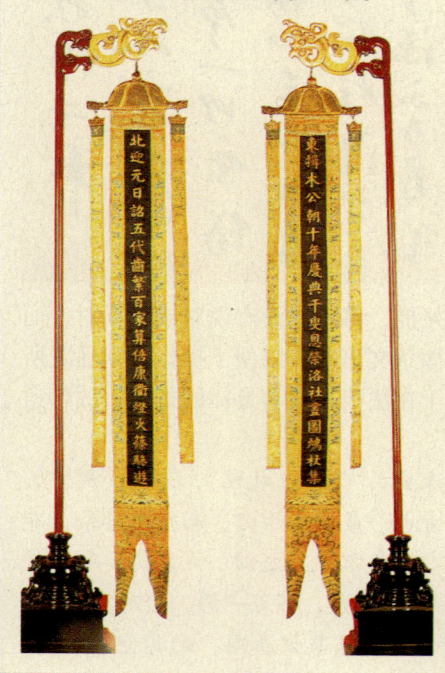

则经律无失其指矣。

韩愈提出了一个临时性的方法，如果在现存法律中没有对"复仇"如何处置的条文时，当有人因复父仇而杀人时，由他自己具状，交给尚书省，再由尚书省集议，最后将集议的意见交给皇帝，由皇帝定夺。这就是韩愈的建议。他这样做，既照顾到现行的法律，又兼顾到经书上的记载。

柳宗元撰《驳复仇议》

不过，就在稍后一些时候，下邽人徐元庆父爽为县尉赵师韫所杀，徐元庆变姓名为驿家保。久之，师韫以御史舍亭下，徐元庆手杀之，自囚诣官。就是这个徐元庆复父仇一事，该如何处理，在朝廷引起了争论。当时的左拾遗陈子昂议进言曰："臣闻刑所以生，遏乱也；仁所以利，崇德也。今报父之仇，非乱也；行子之道，仁也。仁而无利，与同乱诛，是曰能刑，未可以训。然则邪由正生，治必乱作，故礼防不胜，先王以制刑也。今义元庆之节，则废刑也。迹元庆所以能义动天下，以其忘生而趋其德也。若释罪以利其生，是夺其德，亏其义，非所谓杀身成仁、全死忘生之节。臣谓宜正国之典，寘之以刑，然后旌闾墓可也。"陈子昂的意思是，徐元庆当杀，处死之后，朝廷再表彰其孝行。陈子昂的言论立马遭到了柳宗元的反驳，柳宗元与徐元庆算得上是同乡，他反对将徐元庆处以死刑，柳也进了一状。

柳宗元不愧为散文大家，他从正反两方面驳斥了陈子昂先杀掉徐元庆，再行表彰的说法。柳宗元以为，要么就是杀，要么就是表彰，不存在

催生娘娘

中国古代存在"母以子贵"的封建伦理思想。因此，产妇及家人在生产前都要到庙堂上香，祈求催生娘娘保佑自己顺利生产，但更重要的多是求神保佑自己生下儿子，继承家族香火，对祖先长辈有所交代。

清乾隆御制"千叟宴"宫绣灯联

"千叟宴"始于清朝康熙年间，盛于乾隆年间，是清朝养老尊老制度的重要体现，因康熙在寿辰之日作"千叟诗"得名。图为清朝乾隆年间御制的"千叟宴"宫绣灯联，此联为宫廷所制，为乾隆五十五年乾隆主持的"千叟宴"会场专用，是清代宫廷有关"千叟宴"史实遗存的唯一文物。

既杀又表彰。当然，柳宗元最终的目的是希望朝廷推翻前议，赦免徐元庆。

宋朝时，朝廷一般支持为父复仇者

《宋史》中竟然有"太祖、太宗以来，子有复父仇而杀人者，壮而释之"的记载。如《宋史·孝义》卷215的《李璘传》载：李璘，瀛州河间人。晋开运末，契丹犯边，有陈友者乘乱杀璘父及家属三人。乾德初，璘隶殿前散祗候，友为军小校，相遇于京师宝积坊北，璘手刃杀友而不遁去，自言复父仇，案鞫得实，太祖壮而释之。同传中有《刘斌传》。刘斌，定州人。父加友，端拱中为从弟志元所杀。斌兄弟皆幼，随母改适人，母尝戒之曰："尔等长，必复父仇。"景德中，斌兄弟挟刀伺志元于道，刺之不殊，即诣吏自陈。州具狱上请，诏志元黥面配隶汝州，释斌等罪。同样的事情，在宋仁宗皇帝时，单州民刘玉复父仇，杀死了王德，仁宗的处理方式是"帝义之，决杖、编管"。随后的神宗元丰元年，青州民王赟将杀父的仇人断肢首祭父墓。神宗皇帝是"以杀仇祭父，又自归罪，其情可矜，诏贷死，刺配邻州"。不难发现，宋代对复父仇者杀人多持支持的态度，这与唐代有一些不同，故我们在《宋史》中见不到因杀父之仇杀死仇人而处以死刑的记载。

《明会典》卷127中，规定亲属得相为容隐。凡同居，若大功以上，亲及外祖、父母、外孙妻之父母；女婿，若孙之妇夫之兄弟，及兄弟妻，有罪相为容隐；奴婢、雇工，人为家长隐者，皆勿论。若漏泄其事，及通报消息，致令罪人隐匿、逃避者，亦不坐。其小功以下，相容隐及漏泄其事者，减。凡人三等，无服之亲，减一等。若犯谋叛以上者，不用此律。明代法律非常干脆，直接按照亲属关系的

曾国藩

曾国藩（1811—1872年），字伯涵，号涤生，祖辈以农为主，生活较宽裕。曾国藩自幼天资聪颖，勤奋好学，二十八岁中进士。曾国藩作为近代著名的政治家，面对"乾嘉盛世"后清王朝的腐败衰落，提出过"国贫不足患，惟民心涣散，则为患甚大"和"行政之要，首在得人"等重要的理论。

曾国藩手札

清代法律对待为父报仇的案例明确规定不得处以死刑。相传曾国藩曾表彰过为父报仇的任骑马。图为曾国藩手札。

清代百子盘

百子戏春是中国民俗文化一个重要取材，此盘所绘，以极细腻的笔法描绘了百子嬉戏游乐的场面，人物表情各异，生动有趣，充分显现了祈求子孙满堂的愿望。

亲疏程度，规定必须得为亲者讳，鼓励帮助亲属逃避罪责。

《大清律例》明确规定，复父母之仇者，不得处死刑。清朝的《大清律例》卷28中的条例规定：凡祖父母、父母为人所杀，本犯拟抵后，或遇恩遇赦免死，而子孙报仇，将本犯仍复擅杀者，杖一百，流三千里。一人命案内，如有父母被人殴打，实系事在危急，伊子救护情切，因而殴死人者，于疏内声明援例两请候旨定夺。其或有子之人与人角口，故令伊子将人殴死者，仍照律科罪，不得概议减等。

如果将明朝和清朝的法律进行对照，不难发现，明朝是明文规定亲属之间可以互相祖护，但没有关于复父仇的规定。清律则不一样，明确规定了复父仇者不得处以死刑，只能是"杖一百，流三千里"。这应当是中国历史上最早的关于复父仇的规定了。《清史稿·孝义》卷498中，就记载一起典型的复父仇的案例：

任骑马，直隶新城人。父为仇所戕，死以四月八日，方赛神，被二十八创。骑马时方幼，至七岁，问母，得父死状，恸愤，以爪刺胸，血出。悲至，辄如是，以为常。其仇姓马，因自名骑马。长，虑仇且疑，乃字伯超，诡自况马超也。母欲与议婚，力拒。母死，治葬，且营祭田。年十九，四月八日复赛神，骑马度仇必至，怀刃待于路。仇至，与漫语，指其签问值，骑马左手脱笠授仇，蔽其目，右手出刃急刺，洞仇胸，亦二十八创乃止。仇妻子至，怖甚，骑马曰："吾杀父仇，于汝母子何与？"乃诣县自首。知县欲生之，曰："彼杀汝，汝夺刃杀之耶？"骑马对曰："民痛父十余年，乃今得报之，若幸脱死，谓彼非吾仇，民不原也。"因袒，出爪痕殷然，见者皆流涕。狱具，得缓决。在狱十余年，知县尝使出祭墓，辞，怪而问之，曰："仇亦有子，假使效我而斫我。我死，分也，奈何以累公？"新城人皆贤之，请于县，筑室狱傍，为娶妻生子。久之，赦出。知县后至者欲见之，辄辞。闻其习形家言，以相宅召，又谢不往，曰："官宅不同于民，若言不利，且兴役，是以吾言扰民也。"既卒，总督曾国藩旌其庐曰"孝义刚烈"。

这个任骑马，得到了官府和社会的广泛的同情，知县想方设法来帮助他，新城人竟然帮他在监狱外娶了一个老婆生孩子。任骑马死后还得到像曾国藩这种朝中大员的表彰，足见当时对复父仇的态度与往朝无异。

第七章 日常生活中的孝行

历史上孝子日常生活中的孝行，主要表现在孝养父母上。但不同朝代有其特殊的一面，总的趋势是日常的孝行变得越来越丰富，内涵越来越广。从二十五史中可以清楚地看出，中国古代孝子日常生活中的孝行主要有这么几个方面：葬亲庐墓、闻丧殒命、负骨还乡、同居敦睦、事亲尽孝、刲股疗亲、子代亲死、万里寻亲等。

汉代尽孝的方式

HANDAIJINXIAO DEFANGSHI

汉代的孝子孝行更加质朴一些，他们更加现实，在战乱之中更加注重父母、兄弟等人的生命安危，更加重视物质上的孝养。

由于资料的缺乏，先秦时期只有少数几个人的孝行保存了下来，这几个人就是大舜、孟子等。秦朝短暂，加之秦朝是一个以严刑酷法著称的王朝，孝子孝行的资料也相对较少。不过，从汉代开始，孝子孝行的资料多了起来，这为我们理解这一时期的孝文化提供了可靠的依据。前面我们已经谈到了历代孝的政策、典故及一些重要的有孝行的人物。从这章开始，我们来看看中国历史上寻常百姓的孝行，看看一般人在尽孝时到底做了些什么，从中可以发现孝行在不同阶层上的细微差异。

《史记》和《汉书》中没有孝义传，两书中也很少有孝行的记载。《史记》在谈到孝行时，多是先秦时期一些著名的帝王将相的孝行和忠君

青釉白陶牛车

魏晋南北朝之时，由于地理环境的不同，北方人多乘车，南方多乘船，牛车便是此时北方的主要陆行工具，甚至重臣出门也要乘牛车。唐代之后，牛车多为女子所坐，古代民间老妇远行，一般都是由儿子或仆人在前驾驭。图中白陶牛车，造型精巧简练、古朴，充分显示了烧制技术的精湛。

汉代子代亲死的主要代表

孝子	字号	生卒年	籍贯	孝行
刘平	公子	?—68	楚郡彭城（今江苏徐州）	平朝出求食，逢饿贼，将亨之，平叩头曰："今旦为老母求菜，老母待旷为命，愿得先归，食母异，还就死。"因涕泣。贼见其至诚，哀而遣之。平还，既食母讫，因白曰："属与贼期，义不可欺。"遂还诣贼，觽皆大惊，相谓曰："常闻烈士，乃今见之。子去矣，吾不忍食子。"于是得全。
赵孝	长平	?—68	沛国蕲（今安徽宿县）	及天下乱，人相食。孝弟礼为饿贼所得，孝闻之，即自缚诣贼，曰："礼久饿羸瘦，不如孝肥饱。"贼大惊，并放之，谓曰："可且归，更持米糒来。"孝求不能得，复往报贼，愿就亨。觽异之，遂不害。
淳于恭	孟孙	?—80	北海淳于（今山东安丘）	王莽末，岁饥兵起，恭兄崇将为盗所亨，恭请代，得俱免。后崇卒，恭养孤幼，教诲学问，有不如法，辄反用杖自棰，以感悟之，儿辈而改过。初遭贼寇，百姓莫事农桑。恭常独力田耕，乡人止之曰："时方淆乱，死生未分，何空自苦为？"
江革	次翁		齐国临淄（今山东临淄）	遭天下乱，盗贼并起，革负母逃难，备经阻险，常采拾以为养。数遇贼，或劫欲将去，革辄涕泣求哀，言有老母，辞气愿款，有足感动人者。贼以是不忍犯之，或乃指避兵之方。遂得俱全于难。革转客下邳，穷贫裸跣，行佣以供母，便身之物，莫不必给。革以母老，不欲摇动，自在辕中挽车，不用牛马，由是乡里称之曰"江巨孝"。

故事。《汉书》中也鲜有孝行方面的记载。《后汉书》中虽然没有"孝友"的标题，不过，其中的卷39姑且可以作为后来正史中孝友传的雏形。《后汉书》卷39中正附传共提到了十一人，这里，择其代表性人物进行分析，从中可一窥汉代孝行的状况。

两汉之际与东汉末期，战乱纷纷。《后汉书》一开始所列的几个孝子的孝行有着鲜明的时代特色，其共同之处就是在逃难之中，孝子或舍命救父母或舍命救兄长，孝行常常是以生命作为代价，表现出中国先秦时期的侠义的思想在家庭中的体现，感人至深，为历代所传颂。

刘平在西汉末时，是地方上的小官吏，以善政著称。然而，好景不长，西汉末的农民起义引发了天下大乱，刘平也因此不得不加入了逃难的人群中。在更始年间，刘平的弟弟刘仲被起义军给杀了，刘平扶持母亲继续逃跑。刘仲遗留一女儿，只有一岁，此时刘平的儿子也小，刘平狠下心来，放弃了自己的儿子，慌忙之中，只能带着母亲和刘仲的一岁的女儿继续逃亡。刘平的母亲想带上孙子一起走，但被刘平给劝阻了："力不能两活，仲不可以绝类。"逃亡途中，刘平外出觅食，结果碰上了饿贼，饿贼要烹食刘平。刘平就说："且为老母求菜，老母待旷为命，愿得先归，食母毕，还就死。"饿贼见刘平很诚恳，就放了他。刘平给母亲带来吃的之后，就与母亲话别："属

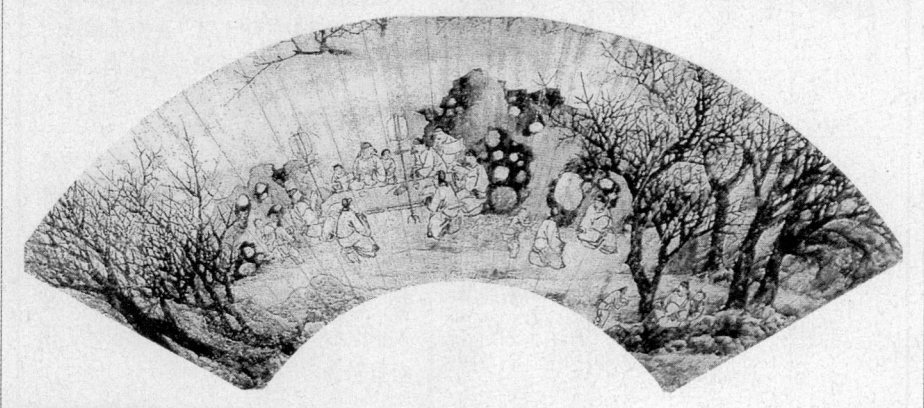

春夜宴桃李园图　盛茂烨　明代

初春的傍晚，诗人李白与朋友小院相聚、饮酒畅谈的场景。在这里，孔子孝道思想从孝养双亲、扩大到兄弟、友人关系方面。画面布局精巧，树石人物安排得当，笔墨严谨不失轻松。

与贼期，义不可欺。"遂结诣贼。觸皆大惊，相谓曰："常闻烈士，乃今见之。子去矣，吾不忍食子。"于是刘平一家才得以保全。另据华峤的《后汉书》记载，东汉建立之后，刘平被委任为全椒令，刘平不改西汉末年的办事作风，采取一系列减轻老百姓负担的措施，由于刘平的善政，使得在全椒多年的虎患也逐渐少了起来，据说就在刘平视事三个月之后，全椒境内的老虎都渡江逃走了。

至于孝子赵孝，有两个典故与他的孝行有关，一个是兄肥弟瘦，一是赵孝食蔬。兄肥弟瘦这个典故大致是这样的，赵孝在西汉末年任郎官，就在西

汉末天下大乱时，赵孝的弟弟赵礼被饿贼抓获，打算烹食了。赵孝听说之后，就将自己绑上找到饿贼，对饿贼说："礼久饿羸瘦，不如孝肥饱。"贼大惊，并放之，谓曰："可且归，更持米糒来。"孝求不能得，复往报贼，愿就烹。觿异之，遂不害。至于赵孝食蔬这个典故，在《后汉书》赵孝的传中倒是没有记载，这个典故则是出自《东观汉纪》中，类书诸如《初学记》《永乐大典》等都有记载，只是小有出入。相比较而言，《永乐大典》的记载要全面一些，说的也是在东汉建国之初，天下少食，赵孝夫妻吃蔬菜，将有限的粮食留给了弟弟赵礼夫妻两个吃。"建武初，天下新定，谷食尚少。孝得穀炊将熟，令弟礼夫妻俱出外，孝夫妻共蔬食。比礼夫妻归，即曰：我已食讫。以谷饭独与之，积久，礼心怪疑。后掩伺见之，亦不肯食，遂共蔬食。"不难看出，赵孝是友悌兄弟的典型。

淳于恭与上面所说的刘平、赵孝的故事如出一辙，说的是在王莽末年，天下大饥，淳于恭的兄淳于崇被饿贼抓着烹食，淳于恭不计个人安危，救出了兄弟。至于其经过，此处就不再详述。

江革巨孝的典故比起上面所提到

江革行佣供母

江革，东汉时齐国临淄人，少年丧父，侍奉母亲非常孝顺，战乱时背着母亲逃难，几次被匪盗劫杀，都因其孝行幸免于难。后来，他迁居江苏下邳，做雇工供养母亲，明帝时被推举为孝廉。图为清刻本的《二十四孝·行佣供母》，画面中，在盗匪追赶下江革神态坦然，无丝毫的紧张感。

圯上授书

秦末张良从容步游于圯桥上，桥上一老人等到张良走近时，故意将鞋子坠于圯桥下，命令张良桥下取鞋并要求亲手为他穿上。其后又多次试探张良的诚心和耐心，最后觉得张良孺子可教，便在圯桥上传授《太公兵法》与张良，命其苦读。后来张良用从书上学来的计谋帮刘邦出谋划策，并夺得天下。此图出自清末民初的《马骀画宝》，描绘了张良跪接兵书的场景。"圯上授书"不仅成就了张良"忍小忿而成大谋"的性格，也从一个侧面反映了老人对他"尊老、敬老"的考验。

孝经图卷　绢本设色　南宋

曾子所著《孝经》是十三经中字数最少但影响最大的一部，全书仅有一千八百字左右，却道出了孝道的内容、价值以及各个阶层应尽的不同的"孝道"职责。图为南宋画家据孔子《孝经》所作的《孝经图卷》，画面以《孝经》的成文顺序依次展开，旁有孝经各章节内容的题词。

的三个人无疑要著名得多。江革之所以著名，原因在于他是二十四孝之一，二十四孝中将江革之孝用四个字概括为"行佣供母"。从个人事迹来看，江革与上面提到的三个人应当没有特别的地方，要说不同的话，江革在王莽末年大乱之时，是背负着母亲逃难，经历了许多磨难。途中几次遭遇盗贼，盗贼要将江革劫去，"革辄涕泣求哀，言有老母，辞气愿款，有足感动人者。贼以是不忍犯之，或乃指避兵之方，遂得俱全于难。"等到江革背负着母亲逃到了下邳时，已经是一贫如洗了，裸着身，赤着脚，只能是"行佣以供母，便身之物，莫不必给"。东汉光武帝建武末年，江革历尽千辛万苦，与母亲回到故里临淄。此后每年案比①，江革因担心他八十岁的老母亲坐在牛车中颠簸，就干脆自己居辕挽车，拉着母亲走。于是，乡里的人都称江革是"江巨孝"。到了章帝建初初年，江革被《忠经》的作者牟融举贤良方正，再迁司空长史。肃宗甚崇礼之，迁五官中郎将。元和年间，章帝因思念江革的孝行，曾特地下诏书表彰其孝行："谏议大夫江革，前以病归，今起居何如？夫孝，百行之冠，觽善之始也。国家每惟志士，未尝不及革。县以见谷千斛赐'巨孝'，常以八月长吏存问，致羊酒，以终厥身。如有不幸，祠以中牢。"当时的皇帝是如此地看重江革的孝行，给江革以高度的评价，这在东汉孝子中是少见的。也难怪后世会将江革列入中国传统的二十四孝之一。

①案比：指古代社会查验户口和比礼仪。汉代通常是八月案比。案即是户口。其次比之礼仪。

江革之后，元代、清代都曾出过像江革一样背负母亲的孝子。元代江西临川道士查居广写过《孝子行》一诗，在诗序中提到江西丰城廖孝子背负母亲逃难并终养母亲的事迹，其序言称："丰城廖孝子，至元十九年，乡寇大作，子负母冒刃逃。反靖，孝养终身，与江革不殊。惜无史书之揭，翰林近题其墓曰：有元纯孝廖公之墓。又为作文刻石，虞学士书之。"查居广可惜了这位丰城廖孝子在历史中淹没，所以特为他作诗赞扬他的孝行。另一位则是负母看花的袁孝子，其生平籍贯不知，只是清初的浙江萧山毛奇龄在其《西河集》卷163中有诗《题袁孝子负母看花图》谈到这位袁孝子有西周老莱子一般的孝心，为了母亲高兴，将行动不便的母亲背着去看花：东园花发好颜色，白发欲看行不得。负母能传江革心，娱亲自竭曾参力。春花已落不再攀，高堂老去扶来难。只今负手花前子，长把斯图带泪看。

汉书》卷39中其他几个孝子的孝行

长信宫灯　西汉

此灯出土于西汉中山靖王刘胜妻窦绾的墓葬，灯为跪坐执灯的宫女形象，通身鎏金，构造精巧，设计合理。宫女体臂中空，右臂充当烟道，可将灯烟导入体内，防止污染，保持室内空气清洁。父母生病卧床，为母侍水奉药、掌灯夜半也是尽孝道的表现。

至于《后就不再赘述。若是将汉代孝子的孝行与魏晋南北朝时期孝子孝行相比较的话，应当说，汉代的孝子孝行更加质朴一些。他们更加现实，在战乱之中，更加注重父母、兄弟等人的生命安危，更加重视物质上的孝养。当然，这里并不是说魏晋南北朝时的孝子就不注重现实，而是相比较而言的。在魏晋南北朝时，动辄庐墓三年，哀毁而死的孝子，在汉代几乎看不到记载。以下来看看魏晋南北朝时孝子孝行到底有何特色，一般孝子会有着什么样的孝行。

凌源富家屯墓壁画侍寝图

中国古代富裕的大家庭常设有严格的礼仪制度，此套制度一般由家长制定。在此套制度中，家长处于家庭的中心地位，并通过制定家规来维护自己的权威，并以此正门风，维护家族利益。图中侍寝的生活内容，不仅仅落在家庭结构中仆人丫鬟的身上，最为重要的还有子媳等幼辈的问安。

魏晋南北朝时期的孝行
WEIJINNANBEICHAO SHIQIDEXIAOXING

与汉代的孝子孝行相比，魏晋南北朝时的孝子孝行更加注重于形式，尤其是注重于丧葬和死后的表达方式。

就一般的孝行来看，这个时代与前朝没有多少差别，至于相同的地方，诸如孝养父母、孝悌兄弟、和睦家族、帮助邻居和族人等孝行，这里就不再赘述。以下要谈的是魏晋南北朝时孝子在孝行上突出的地方，也就是与汉代孝子孝行不同的方面。

孝子在父母亲死后庐于墓是这一时期最为重要的特色。我们在《三国志》中看不到孝子庐于墓的记载，更别说因为父母去世，孝子因悲伤而死的说

汉文帝为母请安　清刻本

孔子曰，"身体发肤，受之父母，不敢毁伤"，是"孝之始"；"立身行道，扬名于后世，以显父母"，是"孝之终"。孔子《孝经》在中国思想史上具有不可忽视的地位，西汉统治者"以孝治天下"更巩固了其地位。汉文帝事母"亲尝汤药"，便是二十四孝中名扬千古的孝贤故事。

涌泉跃鲤　清刻本

相传最初为姜母远涉河边打水的是姜诗的孩子。但一次打水时孩子不小心失足溺死，人们为了掩去孝子故事的悲剧性，后来在传承中将打水的人改成姜诗的妻子。此刻本插图描绘姜诗夫妻勤勉侍母的场景：姜母坐在凳子上，看着儿子媳妇为自己忙里忙外，脸上洋溢出微笑，旁边的坑中还有一条鲤鱼跃出。

法。但在《晋书》中，我们可以找到八处孝子在父母死后庐于墓的记载，《北史》中庐于墓的记载有十七处，在《南史》中庐于墓的记载多达二十一处。在这些庐于墓的孝子中，有几个是这一时期特别著名的人物，其中的王裒、顾欢，我们在前面已经谈到过了，在此就不再赘述。此处需要提一下的是南朝著名的文学家、目录学家、藏书家任昉。任昉历任宋、齐、梁三朝。任昉的行状出自萧子良之手，墓志铭则出自南朝另一位杰出的文学家沈约之手，可知当时的人对他的重视。任昉是"竟陵八友"之一，文盛一时，他的文集收录在《汉魏六朝百三家集》卷91中。作为文学家的任昉，他是一个孝子，当父亲任遥死时，任昉随即去官，泣血三年，不思饮食。齐武帝就叫任昉的伯父任遐劝任昉进食，任昉虽然勉强吃了一点东西，回家后就吐了出来。任昉的父亲喜好槟榔，就在临终之前，打开了上百个槟榔，未见一个满意的。为此，任昉深以为恨，为自己未能满足父亲死前最后一个愿望而感到愧疚，此后再也不吃槟榔。任昉的继母死时，任昉又是悲痛欲绝，"因庐于墓侧，以终丧礼。哭泣之地，草为不生。昉素强壮，腰带甚充，服阕后不复可识"。

传神的哭泣陶俑

此女陶俑做伏膝痛苦状，人物造型简练，古朴大方，以身态表心态，悲恸之状跃然纸上，是在哀痛墓主抑或是父母，令观者产生遐想。

《晋书》所载孝子庐于墓侧者

人 物	字 号	生卒年	籍 贯	孝 行
桓 云	云子	？—360	谯国龙亢	葬毕，起为江州刺史，称疾，庐于墓次。《晋书卷74》
夏 方	文正		会稽永兴	葬送得毕，因庐于墓侧。《晋书卷88孝友》
王 裒	伟元		城阳营陵	庐于墓侧，旦夕常至墓所拜跪，攀柏悲号，涕泪著树，树为之枯。《晋书卷88孝友》
王 延	延元		西 河	父母终后，庐于墓侧，非其蚕不衣，非其耕不食。《晋书卷88孝友》
桑 虞	子深		魏郡黎阳	哀毁骨立，庐于墓侧。《晋书卷88孝友》
韦 忠	子节		平 阳	服阕，遂庐于墓所。《晋书卷89忠义》
范 宣	宣子		陈 留	亲没，负土成坟，庐于墓侧。《晋书卷91儒林》
郭 瑀	元瑜		敦 煌	遂服斩衰，庐墓三年。《晋书卷94隐逸》

《北史》所载孝子庐于墓侧者

范 粲	晖茂	202—285		既葬，庐于墓侧，负土成坟。《北史卷26》
陆 仰				仰兄弟相率庐于墓侧，负土成坟。《北史卷28》
薛 聪（薛耕之后）	延智		河东汾阴	遭父忧，庐于墓侧，哭泣之声，酸感行路。《北史卷36》
元文遥	德远		河南洛阳	父卒，庐于墓侧而终。《北史卷55》

续 表

人 物	字 号	生卒年	籍 贯	孝 行
魏兰根	兰 根	475—535	钜鹿下曲阳	父丧,庐于墓侧,负土成坟,忧毁殆于灭性。 《北史卷56》
王 谊	宜 君	540—585	会稽永兴	丁父艰,毁瘠过礼,庐于墓侧,负土成坟。 《北史卷61》
田德懋	宜 君		高 平	丁父艰,哀毁骨立,庐于墓侧,负土成坟。 《北史卷55》
李显达	宜 君		颍川阳翟	六年庐于墓侧,哭不绝声,殆于灭性。 《北史卷84》
荆 可	宜 君		河东猗氏	葬母之后,遂庐于墓侧,昼夜悲哭,负土成坟。 《北史卷84》
皇甫遐	永 贤		河东汾阴	后遭母丧,乃庐于墓侧,负土为坟。 《北史卷84》
纽 因	孝 政		河东安邑	父母丧,庐于墓侧,负土成坟。 《北史卷84》
纽士雄 (纽因之子)	孝 政		河东安邑	丧父,复庐于墓侧,负土成坟。 《北史卷84》
刘仕俊			彭 城	庐于墓侧,负土成坟。 《北史卷84》
翟普林			楚 丘	庐于墓侧,负土成坟。 《北史卷84》
华 秋			汲郡临河	母终,遂绝栉沐,发尽秃落。庐于墓侧,负土成坟。 《北史卷84》
徐孝肃			汲 郡	祖父母、父母墓,皆负土成坟。庐于墓所四十余载,被发徒跣,遂以终身。 《北史卷84》
徐处默 (徐孝肃之侄)	孝 政		汲 郡	庐于墓侧。 《北史卷84》

《南史》所载孝子庐于墓侧者

人物	字号	生卒年	籍贯	孝行
严未甄				丁所生母忧,三年庐于墓侧。 《南史卷18》
王秀之	伯奋	442—494	琅邪临沂	父卒,庐于墓侧。 《南史卷24文学》
袁昂	千里	461—540	陈郡阳夏	葬讫,更制服庐于墓次。 《南史卷26》
蔡撙	景节	467—523	济阳考城	丁母忧,庐于墓侧。 《南史卷29》
张玮	子深		魏郡黎阳	父永及嫡母丘相继殂,六年庐于墓侧。 《南史卷31》
江蒨	彦标	476—528	济阳考城	居父忧以孝闻,庐于墓侧。 《南史卷36》
江纻 (江蒨之子)	含絜		济阳考城	及父卒,纻庐于墓,终日号恸不绝声,月馀乃卒。 《南史卷36》
刘览	孝智		敦煌	以所生母忧,庐于墓。 《南史卷39》
刘霁	士湮	478—529	平原	霁庐于墓,哀恸过礼。 《南史卷49》
萧劢 (梁宗室)	文约	478—529	兰陵	庐于墓所,亲友隔绝。 《南史卷51》
夏侯详	叔业	434—507	谯郡谯人	居丧哀毁,三年庐于墓侧。 《南史卷55》
夏亶 (夏侯详之子)	世龙		谯郡谯人	父忧解职,居丧尽礼,庐于墓侧。 《南史卷55》
任昉	彦升	460—508	乐安博昌	遭继母忧,因庐于墓侧,以终丧礼。 《南史卷59》
贺琛	国宝	482—550	会稽山阴	俄遭母忧,庐于墓所。 《南史卷62》

续表

人 物	字 号	生卒年	籍 贯	孝 行
沈崇傃	思整		吴兴武康	庐于墓侧。 《南史卷74 孝义下》
甄恬	彦约		江陵	及居丧，庐于墓侧。 《南史卷74 孝义下》
李庆绪	孝绪		广汉郪人	丁母忧去职，庐于墓侧，每恸呕血数升。 《南史卷74 孝义下》
司马暠	文升		河内温人	丁父艰，哀毁愈甚，庐于墓侧。 《南史卷74 孝义下》
孔淳之	彦深	372—430	鲁郡鲁人	居丧至孝，庐于墓侧。 《南史卷75 隐逸上》
顾欢	景怡	420—483	吴郡盐官	庐于墓侧。 《南史卷75 隐逸上》
萧修	世和		兰陵	葬讫，因庐墓次。 《南史卷52 梁宗室下》

隋唐孝子的孝行

SUITANGXIAOZI DEXIAOXING

"数世同居"是这一时期孝行的最大特征。

隋唐在某种程度上继承了魏晋南北朝时期的传统,例如,孝子不胜丧的记载,在《隋书》中有三人,分别是田翼、薛浚和李士谦。同样,在《旧唐书》中也有三人,分别是颜相时、吕方毅和李畲。对《旧唐书》中的颜相时需要单独说两句,他是唐朝杰出的经学家颜师古的弟弟,颜师古在经学史上有深远的影响。据《旧唐书》颜师古传载,颜师古的弟弟

祭侄文稿　颜真卿　唐代

安史之乱时,河北二十四郡纷纷陷落,只有颜真卿与其从兄颜杲卿所守之郡平原郡和常山郡得以固守,颜杲卿第三子颜季明在两郡之间联络。颜杲卿设计巧夺军事要地土门,派长子去长安报捷,并请求援兵和粮草。岂料山西节度使王承业为抢战功,将其扣留,导致常山郡士兵因粮草短缺而战败,颜杲卿及其子颜季明一家三十多口被杀。此书为颜真卿写给其弟与侄子的祭文,因此稿是在情绪悲愤的情况下所书,故书随感情起伏而变化,虽其中有多处涂抹,但仍不失其神采飞动、姿态横生之貌。

颜相时,"字睿,亦以学闻。为天策府参军事。贞观中,累迁谏议大夫,有争臣风。转礼部侍郎。羸瘠多病。师古死,不胜哀而卒"。看来,颜相时之不胜丧与前面提到过的孝子有细小的差异,就是他的身体本身就较为虚弱。

如果说唐代的孝子在孝行上有什么特别之处,那就是数世同居。欧阳修在编纂《新唐书》时,在开始的序言中将唐朝的孝子分为三类:第一类是事亲居丧著至行的,有王世贵等一百五十人;第二类是数世同居的,有宋兴贵等三十六人;第三类是刲股疗疾的,有二十八人。至于事亲居丧者,历代都很普遍。数世同居并非起自唐代,南北朝时,朝廷就常常表彰数世同居者。不过从《旧唐书》来看,唐代的数世同居的情况要普遍一些,这也是为什么欧阳修在主持撰写《新唐书》时将数世同居单列为一类的原因,从中可以看出宋代对聚族而居、和睦家族的孝义行为的重视程度。

《旧唐书》孝友传中第一人便是李知本,赵州元氏人。出身于名门望族,其六世祖李灵(390—452年)在北魏官至洛州刺史,一家老小都在北魏朝中做官。李知本的父亲名李孝端,李孝端与族弟李太冲同出门阀,李太冲官位较高,而李孝端则官位不显,二人不睦。故乡族有句歌谣,说的是他两兄弟之间的关系:"太冲无兄,孝端无弟。"不过,李知本则不同于他的父辈,李知本与他的弟弟李知隐则很是和睦。两兄弟的子孙多达一百多人在一起居住,无论财物还是童仆,不分你我。隋末

香山九老图　周臣　明代

"乞身""乞骸骨"意思是向朝廷讨回自身,是古代老臣告老退休之辞。古代官员虽然年龄不到七十岁,但因身体衰弱多病,均可主动上书朝廷请求提早退休,这是古代帝王对老臣体恤、照顾的一个方面。唐会昌元年,白居易上书辞官后,退居河南洛阳龙门山东部的香山,与香山僧人如满,退休官员胡杲、吉玫、刘贞、郑据、卢贞、张浑、李元爽等结为九老会,世称"香山九老"。图中描绘九老在香山居处欢聚畅饮、赋诗作画的场景。

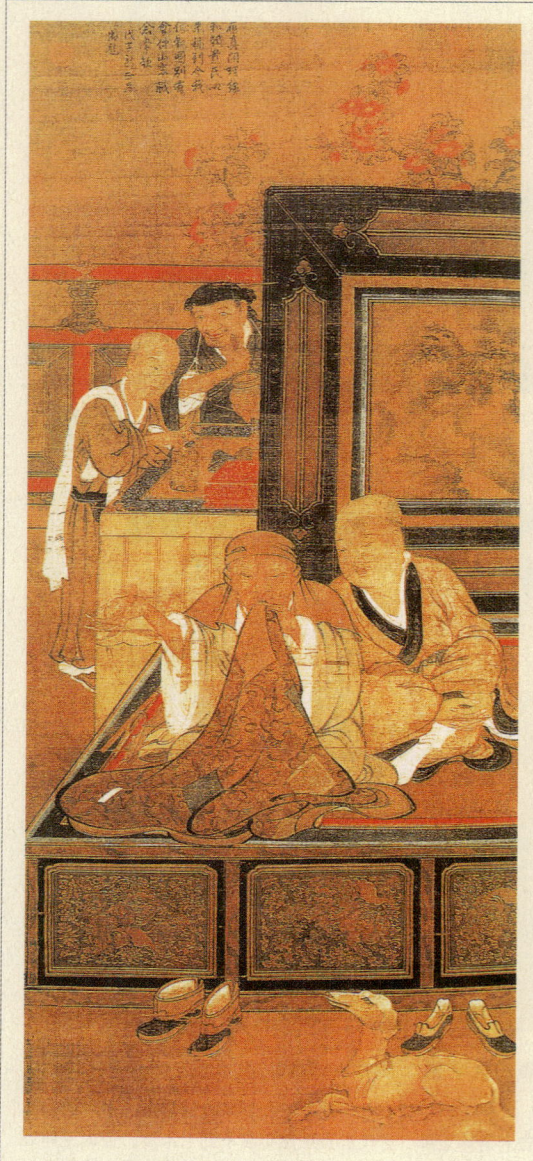

补衲图　刘松年　宋代

图中所绘充满浓重的亲情：一老僧手拿针线，坐于榻上补衣，旁坐弟子专心注视师傅，眼中充满对老师的崇敬，据推测老僧人应该在为弟子补衲。在中国有句老话，"一日为师，终身为父"，对于远离父母出家当和尚的小僧人来讲，师傅就是他的父母。在寺院修行，师傅不仅教授佛经内容，同样也灌输做人的原则。

社会动荡，盗贼即使经过他们家门时，也都不去他们家打劫，并互相转告："无犯义门。"为了躲避战争，当时到他家避难的多到五百多家，如果按照一家平均五口人计算的话，就有二千五百多人获得了避难。旧、新唐书将李知本放在孝友传的首位加以赞扬，是名副其实的。

妻劝异居的典故，也是说的数世同居的故事。瀛州饶阳（今河北饶阳）人刘君良兄弟四世同居，尺布斗粟，人无私焉。隋炀帝大业末年，天下大乱，因饥荒饿死了许多人。这时，刘君良的妻子劝刘君良分家析产。为了达到分家的目的，刘居良的妻子故意给刘君良示范，她将树上的雏鸟交互放在不同的鸟巢中，让群鸟为此互相争斗。就在家里的人都为此感到奇怪的时候，刘君良的妻子则说："方今天下大乱，争斗之秋，禽鸟尚不能相容，况于人乎！"刘君良听了妻子的话之后，思考良久，就听从了妻子的意见。但分家一个月之后，刘君良觉得这是妻子的一个诡计，半夜里拉着妻子的头发大叫起来："此即破家贼耳！"于是就召集兄弟，哭着告诉了他们这个情况。当天夜里，就赶走了妻子，又重新与各兄弟一同居住，情好如初。刘君良在此处出妻的理由是他的妻子在这个大家庭内引起了家族的不睦。唐代出妻的所谓七出的七个理由是写在《唐律疏议》中的：一无子、二淫泆、三不事舅姑、四口舌、五盗窃、六妒忌、七恶疾义绝。对照起来看，刘君良出妻的理由只能算得上是与七出中的"口舌"相对应。从这个故事中可以看出，在当时的背景之下，家族的和睦有时要高于家庭生活，刘君良即是典型的一例。刘君良这个家族同样在隋末的农民起义的混乱时期给数百个家庭以庇护，他们在那个特殊的时期共同构建了义成堡，安全地度过了战乱时期。唐朝立国之后的太宗贞观六年（632年），皇帝下诏书表彰了刘君良家族。

唐太宗皇帝表彰刘君良的孝行，可惜的是诏书没有流传下来。不过，比刘君良稍微早一些的雍州万年（今西安）人宋兴贵也是四世同居，有幸的是，唐高祖李渊于武德二年（619年），也就是唐朝立国的第二年，发布的一个诏书保存了下来：

人禀五常，仁义为重；士有百行，孝敬为先。自古哲王，经邦致治，设教垂范，皆尚于斯。叔世浇讹，人多伪薄，修身克己，事资诱劝。朕恭膺灵命，抚临四海，愍兹弊俗，方思迁导。宋兴贵立操雍和，志情友穆，同居合爨，累代积年，务本力农，崇谦履顺。弘长名教，敦励风俗，宜加褒显，以劝将来。可表其门闾，蠲免课役。布告天下，使明知之。

只是宋兴贵得到了这个诏书之后不久就死去了。

唐代聚族同居而代数最多的是郓州寿张人张公艺，其家族同居多达九代人。张氏同居早在北齐时就已经开始，并受到了当时的东安王高永乐的旌表。到了隋朝开皇中，再次受到邵阳公梁子恭的慰抚。唐贞观年间，又受到太宗皇帝的旌表。二十多年后的高宗麟德年间，李治有事去泰山，途经郓州，皇帝亲幸张宅，向张公艺询问九世同居的秘诀。张公艺请人拿来纸笔，书写了一百个"忍"字。高宗皇帝见后感动得流下了眼泪，当即赐给张公艺缣帛。张公

汉代陶庄园

传统上所谓的"家庭"通常是指在一位家长主持下，共同居住、共同拥有财产的血亲组织，它的形态随着生产力和社会的发展变化而变化。汉代时的家庭结构规模不一，一般百姓以五口之家的小家庭居多。所谓"五口之家"，通常指父母妻子三代型。图为汉代用陶土烧造的庄园模型。此庄园由田园和宅第两部分组成，宅第为三进院落，庄园结构是研究汉代家庭结构的一个重要方面。

庄园图　壁画

此壁画发掘于内蒙古和林格尔县新店子一号墓后室南壁，图中所绘为一座山峦环抱、树林掩映的庄园，画面中还有廊舍、坞堡、厩棚等建筑内容。中央偏右绘一人扶犁、两牛耕作的田间耕作景象；壁画中还包括酿造、采桑等农忙场景。此图为后人研究当时的社会、家庭提供了翔实的历史资料。

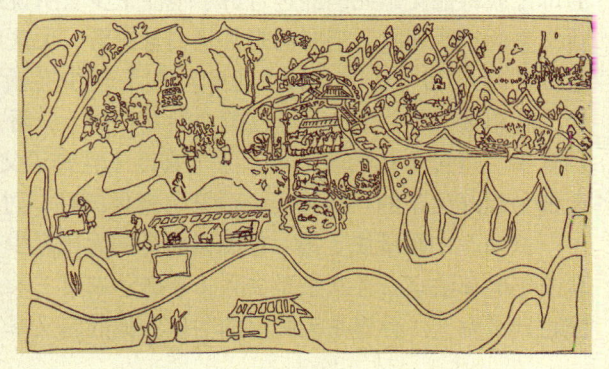

宋元画像砖"闻雷泣墓"

二十四孝的故事在中国民间孝道教育中起着不可估量的作用。在二十四孝故事绘画的传承过程中，人物的形象、服饰、动作等随着时代变化而改变，明显地带上了时代特征，历代表现二十四个孝子故事的绘画就可以证实这一点。图为宋元时代画像砖中的王裒，刻画为拄拐杖的形象，这可能是由他悲伤过度、身体虚弱而不能站稳演绎出来的。

生动的汉代陶狗

汉代对于狗的造型的刻画，达到一个相当高的水平，这与两汉时期封建庄园经济的发展是紧密联系的。图中所示陶狗出土于湖南长沙。陶狗两耳直竖，嘴巴张开，造型生动夸张。

艺九世同居及他的"忍"字秘诀，成为了历史上和睦家族的典范，为后人所传颂。司马光在所著述的《家范》卷1中是这样评价张公艺的"忍"字的："其意以为宗族所以不协，由尊长衣食或有不均，卑幼礼节或有不备，更相责望，遂成乖争，苟能相与忍之，则常睦雍矣。"明武进人孙慎行（1564－1635年）在《玄晏斋文钞》中谈到，他家里藏有一幅周臣所画的《九世同居图》，他的父亲即使是贫困得卖田宅，也坚决不卖这幅画：

家有《唐张公艺九世同居图》一轴，相传以为姑苏周臣作也。自祖传先君数十年，先君性落落无嗜欲，诸凡家什物美丽无所取，顾独取此画，亦非必知丹青赏其品格神理也，然独徘徊盼视不休，画可值数十金。方先君贫居至鬻田宅，为朝夕独不忍鬻画。

后人为了纪念张公艺，明正德年间，有人在寿张县南立有张公艺墓。清代，有人在县里刻个百忍石，以表示对这位乡贤的赞扬。

唐代有一起滴血验骨的孝子孝行，这类孝行在中国历史上极为少见。据《旧唐书》孝友传记载：博州聊城人王少玄，他的父亲在隋朝末年时被乱兵所杀。王少玄是一个遗腹子，十岁的时候，他突然向母亲问起父亲的所在。他的母亲就将他父亲死的经过告诉了他。王少玄听说后大哭了一场，就打算寻找父亲的尸骨埋葬。当时的野外是白骨遍野，无法辨认。于是，就有人告诉王少玄说："以子血霑父骨，即渗入焉。"王少玄就拿着锥子，每见到一具尸骨，就用锥子刺一下，将自己的血涂在尸骨上，看自己的血是否能够渗透到尸骨中。经过十几天的努力，王少玄终于找到了父亲的尸骨，带回家埋葬。而他为找寻父亲的尸骨，历经沧桑，遍体鳞伤，过了一年才恢复。

其实，中国历史上第一位滴血验骨的人比王少玄要早二百多年，他是东晋末年的孙法宗。孙法宗是吴兴（今浙江湖州）人，他的父亲在孙恩起义时流亡到了海上。孙恩是天师道的主教，他的起义军一度攻占了会稽郡，规模曾达到数十万人。最后被东晋辅国将军刘牢之所败，于是就率残部二十万人撤退到海上。孙法宗的父亲就是在随孙恩退居海上之后死掉，未见尸骨。孙法宗的母亲和兄弟也在这次混乱之中被饿死。当时孙法宗年纪尚幼，在外漂流，直到十六岁时才回到家乡，经过自己辛勤劳作，虽然简单，但按照礼制将母兄给埋葬了。然而，孙法宗为自己不能够见到父亲的尸骨感到遗憾，作为一个孝子，不能将父亲掩埋让其灵魂安息而感到不安。后来听说只有至亲之人的血才能够渗透到死去的亲人的骨头里时，孙法宗就拿着刀，在海边每见到一具尸骨，就用刀刻骨，将自己的血灌到尸骨上。然而，经过十年的寻找，体无完肤，血脉枯竭，也未能找到父亲的尸骨。后来，孙法宗按照亡失尸柩①的方式埋葬了父亲，并终身衰绖②，常居墓所。山上的野兽都被他的孝行所感动，并被他所驯服。一次，他头受伤，夜里有个女人对他说："我是天使来相谢，行创本不关善人，使者远相及。取牛粪煮傅之即验。"孙法宗就按照天女的方法做，果然灵验。孙法宗终身未娶。到了宋孝武初年，辟他为扬州文学从事，但被他拒绝，不久后便死去。

　　唐代开始了中国历史上割股疗亲这种被后世称为愚孝的愚行，前面已经谈到，此处就不再赘述。

汉昭帝对孝的推行

　　早在汉代，各个在位的皇帝就以"孝"之名治理天下，汉昭帝就是其中的一位在元凤元年（前80年）三月他所发布的诏书中就有这样的一段话："朕闵老以官职之事，其务修孝、弟以孝乡里。令郡、县常以正月赐羊、酒。有不幸者赐被一袭，祠以中牢。"这充分地体现了汉昭帝以孝治理天下的思想。

---

①亡失尸柩：古代的葬俗之一种。《通典》中有"父母死亡失尸柩服议"一篇，讨论东汉、晋代时的事例。对于父母死亡而失尸的话，在先秦的礼制中没有具体的规定如何办理丧事。现实中处理方式不一，有的按照正常的丧事等级办理，但也有采取减等级的方式处理。

②衰绖：丧服。古人在行丧事时，所穿的丧服的当心处有一块长六寸、宽四寸的麻布，那就是衰。而围在头上的散麻绳就叫做首绖，缠在腰间的麻绳就是腰绖。由于衰绖是丧服的主要组成部分，所以就将丧服叫做衰绖。

宋人的日常孝行

SONGRENDE RICHANGXIAOXING

宋代是历史上"数世同居"的高峰期。由于朝廷对数世同居者大加奖励、表彰，因而推动了这一孝行的发展。

根据《宋史》孝友传的记载，宋代孝子有名可查的共有七十六人。从具体的孝行来看，大致可以分为以下几类：事亲笃孝者有十八人，刲股、割肝等孝行者九人，居丧庐墓者共二十五人，累世同居者有十二人，孝悌者五人，复父仇者三人，寻母者三人。以上的分类只是大致的，其实有的孝子既刲股疗亲了，又居丧庐墓了，这种孝子的孝行只计其一。宋代孝子孝行与唐代相比而言，没有太大的变化，由于唐宋时期朝廷都对刲股这类孝行持奖励的态度，所以这类

红楼梦人物　改琦　清代

曹雪芹以自身经历为蓝本所著的《红楼梦》，是以贾家为主脉，对贾、史、王、薛四大家族错综复杂的关系，以及家庭命运展开的研究，也是探究清代家庭结构和社会关系的一面透视镜。图中仕女面带忧伤，从侧面反映了生活在贾家这样一个复杂的家庭中为人处世的艰难与辛酸。

孝行在这两代的正史中都有记载。要说略有不同的话，就是宋代更加重视累世同居的孝行，这方面的孝行宋代要更加突出一些。另外，《宋史》孝友传中有三起寻母的故事，相对来说有些突出。为了叙述的方便，以下就宋代孝子中一些典型的孝行做一些叙述，以窥这些孝子感人事迹之一斑。

宋代突出的孝行表现在累世同居上，是历史上数世同居的高峰期。朝廷对数世同居者大加奖励、表彰。从《宋史》孝友传的记载来看，数世同居代数最多的是越州会稽的裘承询，然而，因资料的缺乏，加之裘氏并非出自官宦，故裘承询的具体情况不是很清楚。《宋史》孝友传中的记载很简单，只有数语："居云门山前，十九世无异爨。子弟习弦诵，乡里称其敦睦。州以闻，诏旌其门闾。"虽然《宋史》的记载过于简略，好在南宋时寓居山阴的王楙在他的著作《燕翼诒谋录》卷5中提到了此事，其文不长，可引述如下：

大中祥符四年十二月己未，越州言会稽县民裘承询同居十九世，家无异爨，诏旌表其门闾，屈指今二百三十六年矣。其号"义门"如故也。余尝至其村，故听事犹在，族人虽异居，同在一村中。世推一人为长，有事取决，则坐于听事，有竹箠亦世相授矣。族长欲挞有罪者，则用之。岁时拜同饮咸在，至今免役，不知十九世而下今又几世也。余尝思之，裘氏力农，无为士大夫者，所以能久聚而不散。苟有骤贵超显之人，则有非族长所能令者，况贵贱殊途，炎凉异趣，父兄虽守之子孙，亦将变之义者，将为不义矣。裘氏虽无显者，子孙世守其业，犹为大族，胜于乍盛乍衰者多矣。天之佑裘氏者，岂不甚厚乎！

安徽黟县承志堂

皖南宏村承志堂，建于清咸丰五年左右，是清末大盐商汪定贵的宅邸。此图为住宅的正厅，是主人宴宾、会客以及家庭匡聚的场所，其正厅内布局设计不仅是江南大户人家正厅设计的典型，同时是家族人丁兴旺、家庭和睦的表征。此外，厅内书法作品是主人文化修养的一个重要见证。

山西祁县乔家大院正院主楼

乔家大院，位于山西祁县东北十二公里处的乔家堡村，始建于清朝乾隆二十年，后经过两次扩建、一次增修才有今天的规模。整个大院占地8724平方米，建筑面积达3870平方米，大小院落共计十九个，由五组住宅、一座祠堂（祭祀祖宗或先贤的庙堂）和一个花园构成。大宅设有正院及偏院，入口房屋及正房阶为两层楼，其余皆为平房。乔家大院的布局结构不仅反映了家庭结构中长幼、尊卑有序的秩序，也是封建时代数世同堂的世俗观念的体现。

《宋史》孝友传中的数世同居者

人 物	籍 贯	同居代数	人 物	籍 贯	同居代数
徐承珪	莱州掖人	数世同居	董孝章	解州	十世同居
李罕澄	冀州阜城	七世同居	高 珪	莫州	八世同居
许 祚	江州德化	八世同居	朱仁贵	永定军	八世同居
李 琳	信州	十五世同居	邢 滂	潞州	八世同居
田 祚	贝州	十世同居	赵 祚	相州	八世同居
惠从顺	京兆	十世同居	杨 荣	麟州	七世同居
赵 广	庐州	八世同居	赵 友	隰州	七世同居
郑彦圭	顺安军	八世同居	李居正	开封	七世同居
俞 隽	信州	八世同居	张可象	颍州	七世同居
张文裕	陕州	六世同居	张 珪	卫州	七世同居
张巨源	襄州	五世同居	崔 谅	沧州	七世同居
刘 芳	襄州	五世同居	王 觉	邢州	六世同居
瞿景鸿	潭州	五世同居	曹 遵	赵州	六世同居
陈 侃	温州	五世同居	童 升	兖州	五世同居
褚彦逢	江陵	五世同居	樊可行	陈州	五世同居
彭 程	徐州	四世同居	元守全	京兆	五世同居
胡仲尧	洪州奉新	数世同居	段 德	平定军	五世同居
陈 兢	江州德安	十三世同居	王子上	亳州	四世同居
洪文抚	南康建昌	六世同居	瞿 肃	建昌军	四世同居
方 纲	池州青阳	八世同居	张仁遇	开封	四世同居
裴承询	越州会稽	十九世同居	肃 家		数世同居
姚宗明	河中永乐	十世同居	王世及	河阴	数世同居
郑 绮	婺州浦江	九世同居	李宗祐	大名	数世同居
孙 浦	保定军	十世同居	刘 闰	陈州	数世同居
常元绍	襄州	十世同居	汪 政	宣州	数世同居
王 美	蔡州	十世同居	李 耕	潭州	数世同居

王栐与裘承询算是同乡，两家相距不远。从这段文字来看，可知裘承询的家族是在北宋真宗年间，也就是1011年被旌表。王栐写此篇文章是在236年之后，也就是南宋理宗宝祐六年，即1246年，已经是南宋末年了。王栐在文中发了一番感慨，以为可能正是因为裘氏家族是普通的农家出身，没有人在外做官，才使得他们家族有机会聚族而居，自南齐、梁至于北宋，十五代同居，创造了中国有史以来同居代最多的纪录。

　　宋代陈兢陈氏家族，是十三世同居，多次受到朝廷和地方官的表彰，是宋代一代同居家族中较为突出的义门家族。陈兢是江州德安（今湖北孝感）人，其祖先可以追溯到南朝陈的第四个皇帝陈顼的第六个儿子宜都王陈叔明。陈叔明之后裔陈伯宣，唐时曾避难福建泉州，与马总善同注《史记》。后游历庐山，并就此定居在德安。陈伯宣在唐僖宗时，曾得到皇帝的旌表。南唐时，再次被旌表，并免去徭役。江州陈氏传到北宋的陈昉，此时已经是十三世同居了，长幼七百多口，上下和睦，人无闲言碎语。每次吃饭的时候，在大堂中群聚，小孩另外一席。家犬有一百多只，别置一槽共食。宋开宝初年，赵匡胤初平江南，当时的江州知州张齐上请仍旧免陈氏家族的徭役，赵匡胤答应了，这是宋代皇帝第一次关注江州陈氏。宋太宗太平兴国七年（982年），当时的江南转运使张齐贤再次上奏免除江州陈氏的杂科，这是朝

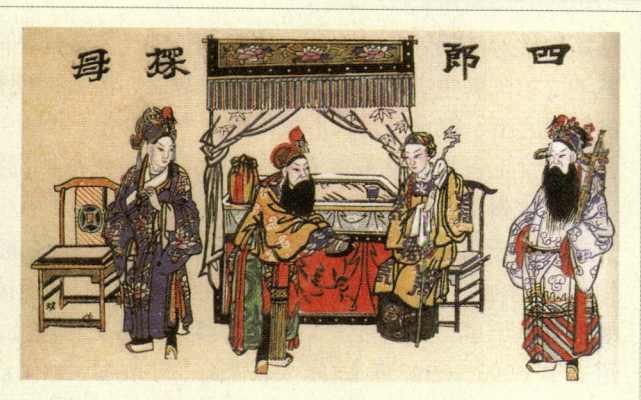

四郎探母　年画

　　四郎探母讲的是杨家四子杨延业的故事。宋辽交战中，因潘仁美从中作梗，杨家军损失严重，杨延业被辽兵擒获，在辽国隐姓埋名生活，后被辽主萧太后招为驸马，娶铁镜公主为妻。十五年后，佘太君奉命率大军至雁门关与辽军对垒，四郎闻听后，思母异常心切，后在铁镜公主帮助下取得出城令箭，顺利出关重见母亲。此年画据《杨家将演义》故事所作，相传四郎入辽是奉父临终之命到辽国境内当内应，然此一切佘太君全无所知，母子见面伊始，佘太君曾以投降不义之辞奚落四郎，最终给了四郎一个解释的机会。

贵妃晓妆图　仇英　明代

　　仇英的《人物故事图册》取材于历史故事、文人逸事、寓言传说和诗文寓意等，共计十幅。图为此册之一幅——《贵妃晓妆图》。画家将杨贵妃在华清宫对镜理鬓置于中心，将宫女奏乐、采花等情节统于同一画面，是宫廷嫔妃及宫女生活的一个真实写照。

廷第二次对江州陈氏的关注。这时掌管陈氏家族的是陈昉的弟弟陈鸿。到了陈鸿之弟陈兢主事时，由于人口越来越多，陈氏即使在朝廷减免徭役、杂科的情况之下，粮食已是入不敷出。宋太宗淳化元年（990 年），当时的江州知州康戬又上言兢家常苦食不足，宋太宗诏本州每岁贷粟二千石，这是朝廷第三次对江州陈氏的关照。陈兢死后，他的堂弟陈旭主事，陈旭只接受州里的贷粟的二千石的一半，陈旭通过节省的方式，勉强能够将粮食维持到秋季。为此有人劝陈旭，要他接受余下的粮食，再以高价卖掉，陈旭则说："朝廷以旭家群从千口，轸其乏食，贷以公粟，岂可见利忘义，为罔上之事乎？"至道初年（995—997 年），宋太宗派遣参知政事裴愈到江州赐御书给陈氏家族。裴愈从江州回来之后对陈氏家族的评价很高："言旭家孝友俭让，近于淳古。"宋太宗听说之后，就对身边的大臣谈到此事，当时的参知政事张洎也是非常赞赏陈氏家族的门风，就说："旭宗族千余口，世守家法，孝谨不衰，闺门之内，肃于公府。"当谈到陈旭只接受官府给予一半的贷粮时，宋太宗是"以远民义聚，复能固廉节，为之叹息"。到了宋真宗大中祥符四年（1011 年），陈旭被擢为江州助教，算是朝廷对陈旭的勉励。陈旭在任上有十三年，到陈旭死后，陈旭的弟弟陈蕴于仁宗天圣元年（1023 年）继承了江州助教的位置。陈蕴的侄子陈延赏、陈可两人，并举进士。不过，十三世同居的江州陈氏家族在陈蕴死后，由陈蕴的弟弟陈泰继事。这时事情发生了逆转，陈氏家族被朝廷责令析分，此事成了历史谜团。据《陈氏大成族谱》卷 1 的记载，

蚕织图

　　孝，是随着家庭结构的出现而出现的一种社会意识，其主要内容是指对父母的尊敬和供养。在中国传统的农业家庭中，男耕女织是家庭劳作的主要方式。夫妻之间只有辛勤劳作，创造大量财富，才能使老人无衣食之忧，安享晚年。图中描绘了江浙一带养蚕织户自"腊月浴蚕"到"下机入箱"的整个养蚕织帛的过程。画面以长房贯穿，养蚕织帛的各个场面相互独立，每个场面下有楷书文字注释。全图描绘翁媪长幼共七十四人，是一幅其乐融融的大家庭劳作画面。

宋代香炉

熏香就是将香草置于炉中燃烧，使之发出幽幽香气。早在汉代，人们就已经学会用熏香的形式发散香气，清洁室内空气。宋代时，最为兴盛并演变成一种社会的时尚。有的还在香炉上面置竹笼，人可以躺在竹笼上小憩，冬天起到御寒取暖的作用。今天在我国的某些少数民族地区的葬丧仪式中还存在熏香沐浴的习俗。

宋仁宗嘉祐七年（1064年），朝臣文彦博、范师道、吕海等人上疏，因陈泰家在朝野太盛，宜令析分。同年七月，在江南西路转运使谢景初、郡牧吕海等人的监督之下，将同居十三世的江州陈氏析分为二百九十一庄。陈氏的此次分庄，主要分布在中国南方，这也是为什么陈氏在今天虽然是中国第五大姓氏，但却是南方的第一大姓的原因。虽然《陈氏大成族谱》对江州陈氏家族的析分有记载，但此事无论是在正史还是在文彦博的文集《潞公文集》中，都没有相关的记载。由于资料的缺乏，陈氏析分的事还有不能解释的地方。

事亲笃孝是中国任何一个朝代都较为普遍的孝行，宋代也不例外，不过宋代有个叫郝戭的，因其特殊的孝行，加之他与当时的宰相吕公著（1018—1089年）、司马光（1019—1086年）熟悉而显得尤为突出一些。郝戭，字伯牙，石州定胡（今山西吴堡）人。家里贫困，竭力营养。有好心的人怜悯他，就贷给他钱数百万，让他取利息来养活自己，郝戭重谢这位好心人，却留着钱五六年不用，最后再返还给了人家。经过苦读，郝戭终于中了进士，调宛丘（今河南淮阳）尉、舞阳（今河南舞阳）主簿、通山（今湖北通山）令。郝戭在做通山令时，年龄只有四十多岁，正值壮年，他却做了一件出人意料的事。他上书朝廷，请求致仕，而他致仕的理由竟然是因父亲郝樵年轻时的梦想就是要中个进士做官，但现在父亲老了，一生的愿望不能够实现，作为儿子的郝戭来帮助父亲完成这个愿望。郝戭为父亲求官一事震动了朝野，朝廷任命郝戭为太子中允，要他先到朝廷接受新的任命，至于父亲的事情，等到了京城之后再说。于是，郝戭就将妻、子留在家，陪父亲到京城求官，经过一年的努力，朝廷对他为父求官的要求未能答应，理由是历朝尚无此先例可以遵循。郝戭只好再陪着父亲回老家，在回乡的途中，他的父亲郝樵死了。郝戭就自己造坟墓，埋掉了父亲。宋英宗治平年间，时翰林学士吕公著推荐郝戭为奉宁军推官，泾源经略使也奏请辟郝戭为幕府，但都被郝戭给回绝了："向所以未老致仕，欲官及亲也。既不能及，尚庶几以恩得赠，今则无及矣！"最后，郝戭笃行苦节，不仕而卒。死后，他的墓志铭是司马光所作。郝戭本来是北宋时期的地方上的一个小官吏，虽然后来被朝廷命为太子中允，但实际上未到任。然而，郝戭为父求官的孝行，虽史无前例，却感动了朝野，朝中上至宰相，下到一般的官员，多出面为他说话。司马光对郝戭自己辞官而为父亲求官的行为是积极赞赏的，就在郝戭辞官之后，司马光于仁宗嘉祐八

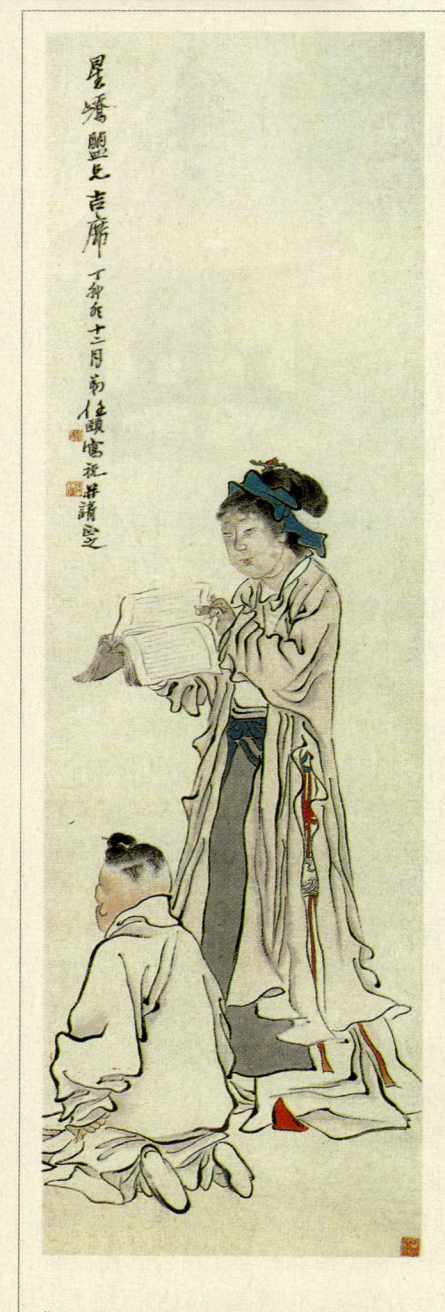

授书图　任颐　清代

此画人物用工笔重彩手法绘成，画家将传统文化与现实生活融在一起，极具新意。母教子在中国唐代非常盛行，教授内容无外乎做人要忠孝贤良以及要勤奋考取功名、报效国家之类，在授书过程中向子女传授社会准则和社会价值观。

年（1063年）八月曾作《送通山令郝戬序》：

通山郝明府，年四十余，父尝举进士，老而无成，以其志之不获也。虽子登进士第，仕至长吏，终歉歉不自足。明府亦以亲之不怡也，不以仕为荣，乃诣阙上书，请致仕而为其亲丐一官。朝廷虽嘉其意，以无故事不之许。明府将之官，戚戚若受谪者。且曰：通山道险远，吾亲必不肯行，将留妻子侍吾亲，而单车之官，至则复请，期于成吾志焉。明府于光母党也，光闻其言，瞿然惭曰：尝闻古之人仕以为亲，非为身也。若明府之仕，其真无意于身者邪？如光者禄既不及于亲，而又无补于君，役役然耗廪食以饱妻子，久留而不能去，得不为君子之罪人邪？呜呼！明府诚可颂，而砺世人矣。

从司马光的序言中可以看出，郝戬与司马光的母亲是同乡，司马光是山西涑水人，两家并不是太远，所以司马光对郝戬的孝行尤其注重，也是情理中的事。

至于吕公著推荐郝戬为奉宁军推官一事，因吕公著的著作已轶，具体的情况不知。不过，仍然有一些零星的资料可资证明。同一时期的安陆人郑獬（1022—1072年）在其著作《郧溪集》卷5中，有《太子中允郝戬可奉宁军节度推官制》一文，可知就在吕公著推荐郝戬为奉宁军推官时，郑獬也是在一旁附和吕公著，其文不长，转述如下：

翰林公著言，尔颜发尚壮，解绂而亟去者，丐一命以及其亲耳，凤怀不就，遽失荣养，衔血草次，捧土培坟，乡闾士子悉师其行义。今以外除，宜用甄擢①。夫旌一善人，而天下劝。兹正朕之所欲，闻何爱一郡从事，以褒善

---

①甄擢：甄，察举。擢，提拔。提拔之意。

人乎？需其课成，又将增秩以进之，夫如是天下其有不劝者哉？

有关郝戬辞官为父求官的事，虽然资料不多，但从做过宰相的吕公著、司马光都为这位小官吏出面说情，可知此事在当时是非常有影响的。

在《宋史》孝友传中，记载着三起寻母的感人的故事，其中，最为感人的当是朱寿昌辞官寻母的事了。从时间来看，朱寿昌寻母一事，比郝戬辞官替父求官在时间上要晚一二十年。与郝戬辞官替父求官一样，朱寿昌辞官寻母一事也是震动了朝野，司马光、苏轼等人都曾为朱的孝行所感动，并都撰文、诗表彰过朱寿昌的孝行。朱寿昌，字康叔，扬州天长（今江苏天长）人。其父名朱巽，真宗时的工部侍郎，朱寿昌因父亲的恩荫而做官，曾通判陕州、荆南，权知岳州，有善政。在富弼、韩琦为相时，曾派朱寿昌出使湖南安抚边民。知阆州（今四川阆中）时，朱寿昌成功地处理了当地的无恶不作的大姓雍子良，"郡称为神，蜀人至今传之"。后知广德（今安徽广德）军。朱寿昌的生母本刘氏，是朱巽的小妾。朱巽在京城东京做官时，刘氏正好怀着朱寿昌，朱寿昌出生后几岁就到父亲家，从此以后五十年不曾与生母刘氏见面。朱寿昌四处打听母亲下落都没有结果，为此，朱寿昌总是闷闷不乐，食不甘味，每次提到自己的生母，就会流下眼泪。为了找到生母，用尽了各种办法，像佛教中的灼背烧顶、刺血书佛经等，都使尽了，就是找不到生母。就在宋神宗即位初，与当年的郝戬一样，朱寿昌也是做出了一个惊人之举，与家人辞诀，弃官入秦寻母，走时对家里的人说："不见母，吾不返矣。"经过多方寻找，最后在同州（今陕西大荔）找到了生母。此时的生母刘氏已经七十多岁了，嫁给了党氏，已经有了几个儿子，朱寿昌就将他们一同迎回家。

翡翠五子登科　清代

"五子登科"是中国传统的吉祥图画和祝颂词，有功成名就、圆圆满满之意，多用以祝福祝寿。图中五子造型圆润喜气，手持之物各异，在材质上所用翡翠为福禄寿种翡翠，材质本身就象征吉祥如意，代表福禄寿三喜。此"五子登科"材质跟题材结合，喜上添喜，富有双层祝福含义。

从现有的资料来看，朱寿昌辞官寻母一事，比起郝戬辞官替父求官的事影响要大得多，此事不仅震动了朝野，而且还涉及政治斗争，王安石、司马光、苏轼等人都卷入了此事之中。应当说朱寿昌辞官寻母本是个人行为，是自己对母亲尽孝心。就在朱寿昌于熙宁三年（1070年）寻母之后，永兴钱明逸将此事奏闻给了朝廷，要求朝廷表彰朱寿昌的孝行。朝廷下诏书要朱寿昌赴阙朝见，准备授以官职。但就在此时，王安石正在进行改革，遭到朝廷中多数人反对。王安石的得意门生李定与朱寿昌一样，同是扬州人，正是这个李定，给王安石出了个难题。李定的生母死后，李定匿而不报，不为生母服孝，这在当时是违法行为。本来，王安石变法时，朝中大员司马光、宋敏求、苏颂等人纷纷攻击李定，目的是从侧面攻击王安石，这是熙宁三年上半年的事。但就在下半年，随着李定于嘉祐八年时不为生母服丧的旧事暴露，一时间，朝野上下都来攻击李定不孝，借此机会攻击王安石。王安石变法需要人来支持，尤其是像李定这样的坚定分子来支持自己，对此，王安石对反对变法者肯定的东西一概排斥。偏偏这时冒出来一个孝子朱寿昌，要朝廷授以京官，时任宰相的王安石深知，若是授以朱寿昌京官的话，那就是打了自己的耳光，给李定难堪。王安石坚决反对授朱寿昌京官，最后的处理结果是，授朱寿昌为河中通判。据司马光的《司马温公日录》记载，到河中任官，可能是朱寿昌自己的意思，原因是朱可以离同州近一些，因同州还有朱寿昌的同母弟妹。河中就是今天的山西永济，紧靠黄河，向西过黄河不远就可以到达同州，这样，朱寿昌就能够照顾到他的同母弟妹。

  由于当时特殊的政治背景，反对王安石改革者将朱寿昌作为典型宣扬，目的是贬低李定，借此攻击王安石本人。士大夫作诗表彰朱寿昌，结集《送朱寿昌诗》三卷，此诗集已经不传。由于此诗集的诗序是苏轼所作，苏轼也因此惹来了麻烦。苏轼在序言中对朱寿昌的孝行大加赞赏，据说李定看到了苏轼写的序言之后，非常痛恨苏轼，于是，赶紧参劾苏轼，说苏轼曾经作诗谤讪朝廷。好在神宗皇帝没有深究此事，只是将苏轼外放为黄州（今湖北黄冈）团练副使。当时的襄阳人魏泰在《东轩笔录》卷10中提到苏轼遭此打击的情景："轼素喜作诗，自是咋舌不敢为一字。"苏轼被贬官黄州团练副使是在神宗元丰二年（1079年），此时，离朱寿昌寻母、李定匿丧事发已经十个年头了，李定不忘旧怨，借机报复苏轼。有意思的是，后来朱寿昌也至鄂州，与苏轼有了公务上的关系，两人原本就有交情，现在两人关系更加密切，常

慈母图　钱慧安　绢本设色　清代

  钱慧安，清代画家，名贵昌，号双管楼，擅画人物、仕女、花鸟。此图绘一童子傍母而立，似乎在尊听母亲叮嘱。画家笔意道劲，态度闲雅，将伟大无私的母爱渲染得更加崇高。

常有书信往来。苏轼曾写过一首诗，赞扬朱寿昌的孝行，诗名《朱寿昌郎中少不知母所在刺血写经求之五十年去岁得之蜀中以诗贺之》：

嗟君七岁知念母，怜君壮大心愈苦。羡君临老得相逢，喜极无言泪如雨。不羡白衣作三公，不爱白日升青天，爱君五十着彩服①，儿啼却得偿当年。烹龙为炙玉为酒，鹤发初生千万寿，金花诏书锦作囊，白藤肩舆帘蹙绣。感君离合我酸辛，此事今无古或闻。长陵朅来见大姊，仲孺岂意逢将军。开皇苦桃空记面，建中天子终不见。西河郡守谁复讥，颍谷封人羞自荐。

至于元代的孝子孝行，此处不再详述，只是概括一下。《元史》孝友传共分上下，总计有各类孝子一百零四人，事亲笃孝的最多，计有四十二人，寻母、寻亲者计有八人，刲骨、卧冰等孝行的计有十人，居丧庐墓者计有二十九人，累世同居者计有七人，散财周急者有四人，孝悌者四人。《元史》中所录孝子在人数上虽然较《宋史》要多一些，但都不够突出。不过从类别上来看，元代的孝子孝行还是有自己的特色，元代出现过多起因战乱在父母生命遇到危险的时候，孝子欲代替父母受死的感人事迹。另一点相对突出的是，元代有多起寻母、寻亲的孝行，这都与当时不稳定的社会环境有着密切的关系。

清刻本《弃官寻母》

图中描绘的是朱寿昌跪拜生母，母亲伸出左手正欲扶挽儿子的场景。图中刻画的朱母，额头布满皱纹，手拄拐杖，说明年事已高，这与史书所记载的朱寿昌寻得生母时，生母已年有七十极为相符。朱寿昌不辞辛苦，千里寻母成为千古流传的佳话。

金代瓷枕

此为金代的生活用具，枕面呈椭圆形，上宽下窄，内部中空，枕面和枕壁刻有忍冬花图案。忍冬花具有清热解毒、散热祛火之功效，瓷枕带有祝身体健康，免受疾病侵袭之意。

---

①彩服：此处是用的周朝老莱的典故，老莱是二十四孝之一，在二十四孝中称做戏彩娱亲。老莱是春秋末年人，楚国隐士。相传隐居蒙山之阳，自耕而食，有孝行，年七十，常穿五色彩衣为婴儿状，以娱父母。楚王遣使召为相，其妻说："受人有者，必为人所制。"于是夫负妻戴，逃于江南。参见《高士传》《列女传》等书。

明清时的孝行

MINGQINGSHIDE XIAOXING

这一时期,刲股、割肝等孝行朝廷已不再提倡,而孝养、负骨还乡、保护祖坟、乞讨养母等则成为了孝行的主干。

明清时一般人的孝行,照例可以从《明史》《清史稿》的孝友传中看出。先来看明代的一般孝子孝行。《明史》孝友传中共录入孝子一百零三人,大致可以分为如下几类,葬亲庐墓者有十二人,闻丧殒命者一人,负骨还乡者三人,同居敦睦者二人,事亲尽孝者二十七人,刲股疗亲者十人,子代亲死者三十九人,万里寻亲者七人,输财赈济者二人。从《明史》孝友传的记载来看,明代孝子的孝行与以往的还是有一些细微的差异。明代累世同居者不如宋代那样突出,不过,明代子代亲死、万里寻亲的事迹,较宋代要多一些。至于刲股疗亲,明代在朱元璋登基后的早期阶段虽然表彰过,但朱元璋不久就明确地提出不予旌表,此后的明代朝廷基本上是不再认可刲股、割肝等这类孝行,虽然刲股等孝行在正史中的记载较

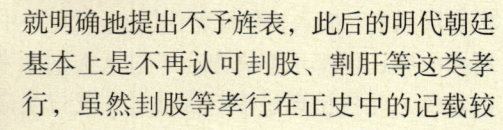

套料红西王母寿星瓶　清代

套料技术是在继承魏晋南北朝以来贴花、堆花等装饰手法的基础上营造多色玻璃效果的手段,这种技术具有颜色丰富、层次丰富、立体感强等优点,套料是在胎体上的二次着料,它装饰了原先工艺品上所涉及的剔刻、堆贴、抛光等技法,因此在制造工艺上要十分注重火候的控制、配方的调制。图中套料西王母寿星瓶,应为祝寿所用。

少，但在明代人的文集中则有大量的记载。在《明史》的记载中，有一项较为突出的孝行是负骨还乡葬亲人的孝行，此类记载在《明史》孝友传中共记载有三起，崔敏、刘镐和顾琇。在此，我们可以先简单地回顾一下中国历史上的负骨还乡的典型的事例。

正史中最早记载负骨还乡的是《北史》卷54的窦泰传。窦泰（？—536年）是东魏将领，字世宁，太安捍殊（今内蒙古固阳）人。其祖父窦罗是魏统万镇的将领，父亲窦乐在破六韩拔陵的叛乱之中战死。窦泰出生时，他的母亲做过一些奇怪的梦。等到窦泰长大之后，就将父亲的尸骸背负回家，交给了尔朱荣。就在东魏天平三年（536年），窦泰在与周文帝的交战中，战败自杀。

宋代也有负母骨葬的故事，此事记载在宋代庐陵（今江西吉安）人周必大（1126—1204年）的《文忠集》①卷78中。在《文忠集》中收录有《朝奉郎李君琥墓碣》一篇，注明此墓志铭的写作时间是在南宋宁宗嘉泰元年，即1201年。李琥是庐江（今安徽庐江）人，字西美，曾于吉安任税务官，后官至右承议郎。李琥在吉安任职期间，有善政。周必大最初是应李琥的儿子李游的要求给他的父亲写墓志铭，但一直没有时间。等到李琥、李游父子都故去之后，李琥的孙子再次来找周必大，要求写墓志铭，周必大再也不好推辞，因为这时离李游当初要周必大写墓志铭时已五十多年了。从墓志铭的内容来看，李琥在三十岁时南下，"兵火中负母骸南渡北溪"。将父母的骨骸随着家族的迁徙而随身带着，这种情况在中国历史上其实并不多见，在宋人的文集中，这确实是不多见的一例。

梅下赏月图　余集　清代

在中国古人的诗句中，月亮总是与思乡思亲联系在一起的。李白《静夜思》中诗句，"举头望明月，低头思故乡"便深刻表达了古代在外游子每逢月圆之际对家乡、对亲人的思念，以及不能回家探亲团聚的感伤。此图绘一士人反背双手，举头望月，旁边树木孤零凋谢，整个画面意境空旷苍茫，很好地衬托了士人思乡心境。

---

① 《文忠集》：宋代有两部《文忠集》，一是欧阳修的《文忠集》，共153卷。一是此处的周必大所撰写的《文忠集》，共有200卷。

不过，中国古人对死在故乡外的父母的尸骸通常是特别在意，做子女的通常都希望将父母的尸骸安葬在自己家族的坟墓上，若是父母死在了故乡的千里之外，子女将父母亲的尸骸运回家安葬就是理所当然的尽孝了。从《明史》的记载可以清楚地看出这一点。崔敏，字好学，襄陵（今山西临汾）人。出生只有四十天，他的父亲崔仕元出任四川绵竹尹，自此父子二人竟然三十年不曾见面。崔敏和母亲、兄弟在一起。元末战乱，崔敏的母亲、兄弟在一片混乱之中走失。战争结束之后，崔敏到陕西去寻找母亲，但未找到。于是，崔敏就直接由陕西进入四川，到绵竹寻找父亲。在绵竹，崔敏未能够找到父亲的坟墓，当地也没有人知道。崔敏不得不返回陕西，访问亲朋故旧才知道父亲所葬的地方。于是，崔敏再到绵竹，将他父亲的尸骸运回襄陵。当时的人都称崔敏是孝子。就在同一时期的刘镐，是江西龙泉①（今江西遂川）人。他的父亲刘允中，是洪武五年的举人，官凭祥（今广西凭祥）巡检，在任所就死去了。从江西的龙泉到广西的凭祥，中间还隔着湖南，距离上千里，刘镐因为道远家贫，无法将父亲的灵柩运回江西，为此常常悲泣。他父亲的朋友非常可怜他，就向广西监司说情，聘刘镐为临桂（今广西桂林）训导。这样，刘镐就假公事到凭祥去办丧事。但到了凭祥，却不知道父亲葬在何处。刘镐只是痛哭不已，而刘镐的父亲生前的一个属下知道刘允中的葬处，但已经调到了交址（今越南）。就在一个傍晚，刘镐凭着直觉，找

黄花梨镶铜交椅

椅子的形象最早追溯到汉魏时从北方传入的胡床，"椅子"的名称到唐代才出现。"交椅"也称做胡床，因两腿交叉而得名。明清两代，通常把带靠背椅圈称做交椅，不带椅圈的称"交机"。交椅可以折叠，携带方便。交椅通常为帝王所坐，是一种身份的象征。图中交椅用黄花梨木所制，仅以几根必要的线形构成，造型简练。

丐头出殡

此图描绘了天津某丐头去世后，其弟子及丐帮弟兄为其大张旗鼓出殡送葬的场景。丐头是乞丐中最有威望、最受尊敬的人，从画面中我们可以看到，乞丐们为了帮丐头办好这场丧事，都竭尽所有集资请僧道仪仗和吹鼓手。在一般人家看来虽然过于奢侈，难免引起世人嗤笑，但我们通常所说的亲情、孝道、友情通常在这样艰难的条件下才显得最真。此图出自《点石斋画报》。

---

①龙泉：宋代的地名。宋代有两个龙泉，一个是浙江丽水龙泉，今仍名龙泉，地处浙江西南。一个就是此处所说的龙泉，即今江西遂川，地处江西西南。

到了父亲的坟墓。打开坟墓之后，刘镐通过滴血验骨的方式，终于确定了父亲的尸骸，于是就背负回江西的龙泉安葬。明初还有一位负骨还乡的孝子顾琇。顾琇字季粟，吴县（今江苏吴县）人。洪武初年，顾琇的父亲充军到凤翔（今陕西凤翔），顾琇的母亲也就随行，而顾琇留在故乡。六年过去之后，顾琇的母亲死于凤翔，顾琇千里奔丧，背负母亲的尸骸，行程数千里。途中，睡觉的时候就将母亲的尸骸挂在屋梁上，过水的时候就将母亲的尸骸顶在头上。顾琇的父亲在充军期满之后回到吴县也死了，顾琇五天水浆不入口，不胜丧而死。《明史》孝友传中记载的这三个负骨还乡的事迹只是众多事例中的几个典型，从这些有限的记载中可以看出中国古人对自己亲人的尸骸是非常看重的。

正因为此，祖坟成了中国人社会生活中的一个重要的内容，是神圣不可侵犯的。清代李清馥在其著作《闽中理学渊源考》卷72中，记载着一起明代人庄用宾与倭寇争夺他父亲的尸骸的事，从这起事例中，我们可以看出古人对祖坟的态度。庄用宾（1504—1588年），晋江青阳人，明嘉靖时的进士，曾历任浙江安察司佥事等职。因性格耿直而得罪了上司，年仅三十一岁就辞去官职回原籍

青花云龙纹瓶　明代

青花瓷是一种白底蓝花的瓷器，它的烧制始创于唐代，元代已日臻成熟。明代的青花瓷瓷器制造在吸收前人基础上不断创新发展，宣德、成化两朝时成就最高，青花瓷图案纹饰也广泛起来。在民间青花瓷制造中，人们已经学会将"福、禄、寿、喜"等本不属于绘画题材的文字经过巧妙设计而制作在瓷器上，使其升华为具有装饰美的纹案形象。图为绘有云龙纹饰的青花瓷瓶。

婴戏图　陈洪绶　明代

佛教中每年农历的七月十五中元节都要举行盂兰盆会，用以追荐先祖、超度亡灵。这一天民间除了用新谷祭拜祖先外，还有斋僧拜忏、放焰火、放河灯等活动。成人祭祀祖先时，儿童则用砖瓦垒佛塔作拜佛游戏。图为孩童拜佛时的场景，或高举花瓶躬身贡奉，或双手合十静心许愿，还有一童子露臀卧跪，整个画面充满天真童趣。

乡一介，取予不苟，孝亲睦族，行乡约，开水利，邑人爱敬，乡评至今重之。此后的四十多年，绝意仕进，宦囊萧然，居晋江靠海，自嘉靖三十八年（1559年）起，成了倭寇的主要侵犯地区。庄用宾总是不顾个人安危，很好地组织民众抗倭，招募乡勇，杀了很多的倭寇，所以倭寇非常痛恨庄用宾。倭寇心生一计，就挖开庄用宾父亲的坟墓，带着庄

清朝孝子乞讨养母者

人 物	籍 贯	孝 行
方其明	安徽桐城	乃弃佣为丐,负母以出,得食必先母。
张乞人	顺天永清	父死,行乞以养母。
张长松	山东栖霞	无所事则乞诸邻里,母食已,乃食其馀。
荣孝子	河南遂平	父卒,无所居,奉母居栖流铺。出乞食,择所得供母,自食其馀。
哑孝子	云南昆明	家有母,老矣,行乞以养。得食必奉母,母食然后食。
武 训	山东堂邑	七孤贫,从母乞于市,得钱必市甘旨奉母。

用宾父亲的尸骸走了。庄用宾听说父亲的尸骸被倭寇盗取了,捶胸顿足,与弟弟庄用晦率领乡勇自小路袭击倭寇。倭寇在南安、双溪一线筑垒布防。为了夺回父亲的尸骸,庄用宾率领乡勇拼死搏斗,打败倭寇,连续击破倭寇的十三道防线,最终夺回了庄父亲的尸骸。倭寇穷追不舍,庄用晦殿后,最后与仆人一同战死。最终,在援军的增援下,打败了倭寇。这场争夺庄用宾父亲的尸骸的战事中,双方都付出了惨重的代价,庄用宾的弟弟庄用晦及仆人战死,倭寇被斩首一百多,被俘十四人。

至于明代其他孝子孝行的故事,就不再赘述。

《清史稿》孝友传共分为上中下三卷,收录了二百三十人。其中,复父仇有二十人,葬亲庐墓者二十一人,友悌者三十一人,同居敦睦者十人,闻丧殒命者五人,负骨还乡者十七人,事亲尽孝者七十一人,刲股、割肝者十五人,子代亲死者二十三人,万里寻亲者九人,输财赈济者八人。以上的分类并非是绝对的,有的孝子可能同时有几种孝行,一般只按照他突出的一面归类。很显然,若是从人数来看,《清史稿》中所记载的孝子的人数是二十五史中最多的,这可能是因为清代离我

双鹤图 边景昭 明代

此图取材于我国的瑞征之禽仙鹤,图中所绘的两只丹顶鹤,一只垂首觅食,另一只转首梳羽,造型优美,姿态悠然。在中国的传统文化中,仙鹤常常与苍劲挺拔的古松一起出现,是益年长寿的象征,老人去世后,人们常常以"驾鹤西归"来指称。

平安春信图(右) 郎世宁 清代

此图描绘了雍正皇帝与皇子弘历竹下赏梅的场景,两人均着汉服,生活气息浓重。在中国古代绘画中,父子单独相处的画面是极少见的。对于物质丰富、生活富足的帝王家而言,父子单独相处不管是商谈国家大事还是吟诗赏花、念叨家常,都要比寻常百姓家显得温馨。

第七章　日常生活中的孝行

寫真世寧擅繢我少
年時入室睹然者不
知此是誰
壬寅暮春沾毫

们今天近一些的原因。虽然数量最多，但并不能就此下结论说清代的人就更加讲孝养。《清史稿》中所记载的孝子的孝行，多数人的生平都过于简单，不过，其中仍有一些鲜明的事例。相比于以往的时代，清代孝子孝行中更为突出的是乞讨养母的事迹，此类孝子在《清史稿》中有六人，分别是方其明、张乞人、张长松、荣孝子、云南哑孝子、武训。

揉面图、奉食图　辽墓壁画

此两幅壁画发掘于北京的辽代赵德钧墓中，描绘了辽代贵族家庭厨婢揉面、奉食的场景，图中侍婢体态肥硕丰腴，带有明显的唐代仕女风格。在古代的平民家庭中，妇女不但要养蚕织布，还包揽着揉面、奉食等家务，甚至有的要下地耕田，以此辛勤劳作，全力奉养公婆姑舅。

戳纱绣寿山福海纹帷帐

"寿山福海"是象征吉祥如意的图案，其寓意是"寿比南山，福如东海"，多用来预祝福寿无边无际，源远流长。此图为清代的"寿山福海"纹帷帐，假山矗立于云海之中，图案造型装饰性极强。

这六人之中，最为著名的就是武七的故事。武七是山东堂邑（今山东冠县）武庄人，出身贫困，因在兄弟姐妹中排行第七，所以被称做"武七"。七岁那年，武七的父亲去世，武七只能够随着母亲乞讨，得到钱后，武七总是买些好吃的给母亲。母亲死后，武七稍微长大了一些，自十四岁开始，武七常常外出当雇工。但武七没有上过学，雇主就用假账来欺骗他，为此武七吃了许多哑巴亏，他最为遗憾的就是自己不识字。于是，武七做出了连他自己都不敢相信的决定，打算通过乞讨积攒钱来兴学。1859年，二十一岁时的武七开始了他的乞讨集资的生涯。他手中拿着一个铜勺，肩上背着个褡袋，穿着一身破烂的衣服，外出四处乞讨。他的足迹遍布了山东、河北、河南、江苏等省地。到了1886年，经过二十八年的乞讨，武七已经四十八岁了，他将乞讨的钱积存在富人那里放贷，这样积累了一大笔钱财，有田二百三十亩，积累的资金达三千八百多吊。于是，武七就用这些资金来办学，在当地的柳林镇的东门外建立起了第一所义学，名叫"崇贤义塾"。学校办起来之后，他又跪请当地的进士、举人到他办的义学任教，没有学生，他又挨家挨户地跪求那些贫寒的家庭将子女送到他办的义塾上学。经过武七坚持不懈的努力，当年就招到了五十多个学生，学费全免。

就在第一所义学办了两年之后，武七于1890年再次出资，在临清的杨二庄办起了第二所义学。又过了七年，武七通过乞讨，再加上地方上的官绅的帮助，武七在临清的御史巷办起了第三所义学。武七通过乞讨办学是一个奇迹，这在历史上是从未有过的。时任山东巡抚的张曜听说此事之后，就召见了武七，下令免去了武七所办的义学学田的徭役，并赏银二十。朝廷闻知此事之后，也给予武七以嘉奖，皇帝赐给武七名为"训"，这样，武七就变成了"武训"。

在二十五史中，将乞丐列入传记的只有《清史稿》，而这几个乞丐之所以能够名垂青史，就是因为他们都做了一件共同的事，以乞讨来孝养母亲。至于其他的几个乞讨孝养母亲的故事，此书就不再叙述了。

虽然前面已经谈到过刲股疗亲的典故，此处有必要就明清时期的特殊方面作一些解释。在明清时代，总体的情况是，刲股、割肝等孝行不在朝廷的表彰范围之内，但在明清史的孝友传中，仍然记载着刲股、割肝等孝行。明清两代与以往不同之处就是刲股者的年龄低龄化，《明史》中记载最小的刲股疗亲者是九岁，而《清史稿》所记载的最小者是七岁。

百福百寿朝凤寿纹　清代

中国从古至今，表示吉祥喜庆的图案除凤、龙、麒麟等瑞兽外，还包括富有情趣的百蝶、百花、百鸟、百寿、百福、百喜等图案，这些图案常常在锦帛、瓷器等手工艺品上出现，多用以赠人祝喜或祝寿。图为清代地方官员向朝廷进贡的寿礼，该织品针法细腻，异常华丽，尽显富贵吉祥之气。

《明史》中记载年龄最小的刲股者是夏子孝，安徽桐城人。就在夏子孝六岁时，他的母亲去世，夏子孝哀痛得像大人一般。九岁时，他的父亲得了重病，夏子孝向天祷告，希望父亲能够病愈，并刲股六寸，和汤进给父亲吃，他的父亲吃后很快就好了。第二天，父亲看到九岁的儿子疼痛难忍时，就问他原因，父亲这时才知道年仅九岁的儿子为了自己的病痛割股肉的事。官府很快就知道了此事，当时的桐城知府胡麟为了表彰夏子孝，特令将他的名字"夏恩"改为"夏子孝"。督学御史胡植令夏子孝入学做了诸生，并按月供应粮食。嘉靖末年，夏子孝的父亲死去，夏子孝庐墓侧，独居荒山，身无完衣，形容槁瘁。后来成为王阳明的杰出的弟子王畿、罗汝芳、史桂芳、耿定向等人的再传。

但是，明代真正年龄最小的刲股应当是明代中期的兰溪人胡应麟在其文集《少室山房集》卷35中的《题性天真孝卷（有序）》记载，序言称：惟孝使君①族子某，七岁而刲股救其亲，奇节也。闻者咸为诗，歌以美之，使君因杂集成册云。

　　焚香星月下，一脔冀亲延。
　　诳意挥刀日，才同扇枕年。
　　孤诚回大造，至性彻重泉。
　　莫以昌黎论，雌黄孺子贤。

胡应麟是明代中期著名的藏书家、文学家，与王世贞等人有密切的关系。虽然这个七岁的小孩指的是谁还有待考证，但序言中已经说得很清楚了，当时的文人士大夫为了表彰这位七岁的小孩的刲股孝行，曾大加赞赏，并为此出了一卷诗，胡应麟见到这卷诗后，也因此赋诗一首。

《清史稿》中的吕敦孚，算是正史中年龄最小的刲股疗亲者。吕敦孚，湖南永定（今湖南大庸）人。父亲吕孟卿，家里很贫困。吕敦孚的母亲生重病，想吃肉，吕敦

子孙满堂的欢聚

　　自古帝王家便是权力争夺的是非之地。在复杂的宫廷生活中，兄弟子侄之间的钩心斗角，相互猜测，使原本温馨的家庭浮上了阴冷的色彩。此图描绘的是乾隆与子孙侄辈欢聚的场景：孩童围绕乾隆戏耍说笑，是一幅其乐融融的家庭照，此种画景在古代帝王家是少之又少。

孚时年只有七岁，他到屠户那里去赊肉，但被屠户给拒绝了，吕敦孚就哭着回家了。在家里，每当听到母亲痛苦的呻吟声时，年仅七岁的吕敦孚就异常悲痛。吕敦孚就到厨房拿来菜刀在磨刀石上磨了一下，见到刀已经很锋利了，就在自己的右大腿上割下了一块四寸长的肉，交给年仅五岁的妹妹，叫她在火上熬汤。母亲喝了汤之后，病很快就好了。父亲从外回家之后，发现吕敦孚走路的时候右腿微跛，就掀起吕敦孚的裤脚，发现他在自己的腿上割下了一块肉，吕敦孚的父母亲抱起他痛哭不已。而吕敦孚则若无其事地说："毋然，儿固无所苦也。"乡里的人知道后，都称吕敦孚是"孝童"。吕敦孚长大之后成为了诸生，后来湖南学政温忠翰将此事上疏朝廷，不久，将吕敦孚提拔为华容（今湖南华容）训导。其实，吕敦孚的父亲吕孟卿也曾经刲股肉给自己的父亲治过病，只是这些事情年幼的吕敦孚不知道而已。

---

①使君：有两种意思，一是指对那些奉命出使的人的尊称。一是指刺史，汉朝称刺史为使君。此处应当是前一种意思。

第八章

孝经一部穷皓首

作为十三经中最短的经文，《孝经》一直颇受统治者的重视，历代学者都积极为《孝经》作注。唐玄宗、清顺治帝也替《孝经》作注释，并流传到今天。对《孝经》扩充的文字不计其数，劝孝诗文汗牛充栋。不只如此，《孝经》外传到高丽、日本，高丽、日本也有人对《孝经》作注释。其中，日本人山井鼎所注的《孝经》在中国还有一定的影响。

《孝经》的研究

XIAOJINGDEYANJIU

自《孝经》问世以来，人们对它的研究历代不绝。从皇帝到士大夫，热衷此道者甚众，注、疏、章句解诂，可谓洋洋大观矣。

孔融让梨图

孔融，东汉时期的文学家，鲁国（今山东曲阜）人，字文举，家学渊源，是孔子的二十世孙。他以其刚直耿介、知书达理、博学多闻为人所称赞，从小就才智敏捷，懂得礼仪。在一次父亲给了他一个最大梨子后，他毫不犹豫地让给了自己的兄弟，此图描绘的就是这个故事。

汉代对《孝经》的研究

建元五年，汉武帝接受了董仲舒"罢黜百家，独尊儒术"的建议，设五经博士，《孝经》、《论语》、《孟子》、《尔雅》被罢。虽然《孝经》被置于五经之外，但《孝经》的地位并没有就此下降，《孝经》仍然是太子、诸王的必读书目，地方学校也必须得置《孝经》师一人。到东汉时，朝廷仍然提倡诗、书、礼、易、春秋五经的重要性，《论语》、《孝经》也是必读之书。不过，东汉开始有了七经的说法，在《后汉书·张纯传》卷65中说道："纯以圣王之建辟雍，所以崇尊礼义，既富而教者也。乃案七经谶、明堂①图、河闲古辟雍记、孝武太山明堂制度，及平帝时议，欲具奏之。未及上，会博士桓荣上言宜立辟雍、明堂，章下三公、太常，而纯议同荣，帝乃许之。"据张纯传来看，他的学问非同一般，以博学著称，"纯在朝历世，明习故事。建武初，旧章多阙，每有疑义，辄以访纯，自郊庙婚冠丧纪礼仪，多所正定。帝甚重之，以纯兼虎贲中郎将，数被引见，一日或至数四"。原来，朝廷中关于宗庙祭祀等活动，其仪式都是出自张纯之手。奇怪的是，在"七经"的注释中，所注是"七经谓诗、书、礼、乐、易、春秋及论语也"，没有《孝经》一书，显然这里是写错了，其中的《乐》本该是《孝经》，因为《乐》早就失传了。

西汉时，《孝经》研究共有十一家，五十九篇，主要是今文孝经，其重要人物有长孙氏、博士江翁、少府后仓、谏大夫翼奉、安昌侯张禹等。汉武帝末，在鲁共王怀孔子宅，欲以广其宫。而得《古文尚书》及《礼记》《论语》《孝经》凡数十篇，皆古。古文孝经因此而出现，这样，就有了今文、古文孝经之间的争论。西汉时，《孝经》虽然有十一家，但其成果都没有传下来。到了东汉，在《孝经》的注释之中，最为引人注目的是翟酺的《孝经纬》一书，是书虽然也已经失传，但其中的篇目《孝经援神契》《孝经钩命诀》两部分内容，被后世广泛地引用，尤其是在类书中，我们见到了一些重要内容，为我们理解东汉时"孝经学"研究的特征提供了重要的依据。据《后汉书》卷48载："翟酺，字子超，广汉雒人也。四世传诗。酺好老子，尤善图纬、天文、历算。以报舅雠，当徙日南，亡于长安，为卜相工，后牧羊凉州。遇赦还。仕郡，征拜议郎，迁侍中。……着《援神》《钩命解诂》十二篇。"翟酺的《孝经纬》是东汉时产生的七纬之一，当时影响较大的七纬是

讲经图　拓片　汉代

《孝经》有今文、古文两种。《今文孝经》十八章，相传秦始皇焚书坑儒时，《孝经》被河间人颜芝隐藏起来，汉代时重新见世。《古文孝经》，为汉武帝时鲁恭王破孔子壁所得，二十二章，用蝌蚪文字作注。汉代时今古文并存。图为汉代画像石、画像砖中的讲经场面。

董仲舒

董仲舒，西汉著名的儒学家、哲学家。汉武帝时，提出"罢黜百家，独尊儒术"，为武帝接纳。其学说以儒家宗法思想为本，杂以周朝以来阴阳五行说，把神权、父权、夫权结合在一起，提出"三纲""五常"封建伦理思想，在很大层面上体现了儒家孝道思想。

---

①明堂：一般认为是古先王议政的地方。但关于明堂到底是什么，争议很多。王国维在《明堂庙寝通考》说过，"古制中之聚讼不决者，未有如明堂之甚者。"明堂从汉朝之后的两千多年的时间内，其渊源、功能、形制等一直众说纷纭、莫衷一是。

《易纬》、《书纬》、《诗纬》、《礼纬》、《乐纬》、《春秋纬》、《孝经纬》。东汉时，对于几部著名的经书，都有经有纬的说法，纬就是对经文的解释，只是这种解释带有谶纬①的迷信色彩。谶纬的解释，有着强烈的时代感，那就是汉代时所特有的解释经学著作的方式。汉代以后，鲜有用谶纬的方式来解释经学的了。虽然后世将谶纬之学视为迷信，但却常常引用这些谶纬著作来说明问题。从总体的情况来看，《孝经》在汉代的研究成果大都没能传下来。

孝 假

唐代制度，对于应当缴纳赋税的成年男丁，当遇到父母死亡的时候，就免去他们的差科，叫做孝假。此制度始于唐玄宗天宝元年（742年）正月初一，据唐玄宗的《改元天宝赦》中："侍老八十以上者，宜委州县官每加存问，仍量赐粟帛。侍丁者，令其养老。孝假者，矜其在丧，此王政优容，俾申情礼。"照此规定，后周太祖时，也有类似的制度，成年男丁，若罹凶礼，则不征其赋者也。

皇帝研究《孝经》

魏晋南北朝之时，《孝经》的研究，是中国历史上的第一个高潮，这一时期最重要的特征是皇帝参与研究《孝经》。皇帝积极参与《孝经》的研究，大都取得成果，如晋元帝有《孝经传》，晋孝武帝有《总明馆孝经讲义》，梁武帝有《孝经义疏》，梁简文帝有《孝经义疏》，北魏孝明帝有《孝经义记》等。梁武帝的《孝经义疏》撰写完后，于"纪中大通四年三月，侍中领国子博士萧子显上表，置制旨孝经助教一人、生十人，专通高祖所释孝经义"。可见，梁武帝的《孝经义疏》成为一门独立的学问。皇帝除了积极

---

①谶纬：是神学和经学的混合物。谶是一种预卜吉凶的隐语，它往往有图有文，所以叫"图谶"。汉代有许多方士化的儒生用神学的观点对儒家经典加以解释，从而产生了许多的解释经文的著作，时称"纬书"。《四库全书总目提要》有"纬者，经之支"的说法。谶要早一些出现，纬稍晚一些。到了汉朝，谶、纬开始合二为一了。

北齐校书图

此图记录的是北齐天保七年，文宣帝高洋命樊逊、高乾和等十一人勘校五经诸史的故事。画卷人物分为三组，中间一组人物最为集中，他们有的执笔批卷，有的低头沉思，神态各异，表情刻画精微。史书所指的"六经"应为《诗》《书》《礼》《易》《乐》《春秋》六篇。秦始皇焚书坑儒之时，《乐经》散失，故汉代多言"五经"。在汉代"五经"的基础上，经过历朝历代的发展和演变逐渐形成为今天国学中所谓的十三经，其中《孝经》等的校对勘误应该也是在图中所绘的场景中进行的。

乳姑不怠　王震　清版画

唐夫人乳姑不怠的孝传故事，受到历代儒家文人推崇，自古以来，以艺术形式对其诠释的现象屡见不鲜。图为清代版画中描绘的这一故事，人物安排似在庭院，又似在室内，场地描绘欠清晰。

参与研究《孝经》外，有的皇帝亲自去讲《孝经》。《晋书》记载有两个皇帝曾讲《孝经》，如晋穆帝讲《孝经》，事见《晋书》卷8载，"永和十二年（356年）二月辛丑，帝讲《孝经》"，第二年，也就是"升平元年（357年）三月，帝讲《孝经》。壬申，亲释奠于中堂"。到了晋孝武帝时，孝武帝于宁康三年（375年）"九月，帝讲《孝经》"。其他如宋武帝、文帝、梁武帝、北魏宣武帝、孝明帝等都曾亲自讲《孝经》。

北魏孝文帝南迁，是中国历史上一个意义重大的事件，史学界通常将北魏南迁视为是少数民族汉化的典型。就是在这次南迁中，除了表面上将都城迁到了洛阳之外，一件更为重要、更深层意义的事件促使孝文帝命人将《孝经》翻译成鲜卑文："又云魏氏迁洛，未达华语，孝文帝命侯伏侯可悉陵，以夷言译《孝经》之旨，教于国人，谓之《国语孝经》。"

至于唐代《孝经》的研究，前面已经谈到了唐玄宗的御注《孝经》一事，此处就不再赘述。

学者对《古文孝经》的研究

到了宋代，《孝经》研究进入了一个新高潮。中国学术在宋代进入疑古时代。此时的学术完全不同于唐代之前的学术，唐代之前就是我们通常所说的信古时代，对古典文献中的记载坚信不移。自宋代始，学术界开始对文献古籍的记载产生了怀疑，这一学术风格，无疑也影响到了对《孝经》的研究。宋代研究《孝经》最重要的成就主要体现在《古文孝经》的研究上。在谈这个问题之前，有必要简单地回顾一下《古文孝经》的传播情况。自从汉武帝末出现了《古文孝经》以来，提倡的人主要有刘向、刘歆父子，之后是东汉桓谭、班固、许冲等人。颜师古注曾引用桓谭《新论》的话："《古孝经》一千八百七十二字，今异者四百余字。"那么，今文、古文孝经到底区别在哪里呢？大致有三个方面的不同，第一是在章节的划分上，今文十八章，而古文二十二章，其中古文的《庶人章》一分为二，《曾子敢问章》(今《圣治章》) 一分为三；再就是古文较今文多出一章 (即《闺门章》)。第二是在字数上的差别：今文一千七百九十九字，古文一千八百二十二字。第三在内容上有小差别，《汉志》说"父母生之续莫大焉""故亲生之膝下"两句"古文字读皆异"。正是由于《孝经》存在今古文之分，这就涉及到使用哪个版本的问题。唐玄宗使用的是今文孝经，至今还保存在十三经注疏中。宋朝开始，学者则将重点放在古文孝经的研究上。

北宋司马光是第一个为古文孝经作注的人。据《四库全书总目提要》载："谨按《古文孝经指解》一卷，宋司马光撰，范祖禹又续为之说。宋中兴《艺文志》曰：自唐明皇时，排毁古文，以《闺门》一章为鄙俗，而古文遂废。至司马光，始取古文为指解，又范祖禹进孝经说札子曰：仁宗朝司马光在馆阁为《古文指解》表上之。"司马光作《古文孝经指解》后，又有范祖禹续写，范祖禹曾与司马光一同撰写过《资治通鉴》，两人在学术观点上较为一致。司马光在其《古文孝经指解序》中，交代了为何要撰写《古文孝经指解》的缘由，司马光有幸见到朝廷秘阁中所藏的郑玄注《孝经》、唐玄宗的御注《孝经》，独独古文孝经没有注文，故司马光就特为古文孝经作注。

周朝建立者武王

周武王之父文王非常孝顺，武王继承父亲的德行和遗志，兴师讨伐昏庸无道的商纣王，推翻商朝统治，建立了西周王朝。在孔子看来，周武王继承并完成父亲的遗志是大孝。图为周朝建立者武王躬身像。

宋人主要以研究古文孝经而著称，著名的著作，除了司马光的《古文孝经指解》外，其他还有多人对古文孝经作注，如洪兴祖的《古文孝经序赞》、季信州的《古文孝经指解详说》、袁甫的《孝经说》及冯椅的《古孝经辑注》等。

在宋朝众多的古文孝经著作中，朱熹的《孝经勘误》是有必要探讨的。朱熹的著作，是历史上《孝经》研究的一个里程碑。朱熹于孝宗淳熙十三年（1186年），年五十七时，主管华州云台观时所作，朱熹"取古文孝经，分为经一章，传十四章，又删削经文二百二十三字。自此以后，讲学家务黜郑，而尊朱，不得不黜今文孝经，而尊古文，酿为水火之争者，遂垂数百年"。这话应当怎样理解呢？原来，司马光虽然早就给古文孝经作了注文，但并没有说今古文孝经的谁是谁非，只是客观地注释而已。到了朱熹作注之时，朱熹就干脆指出，今文孝经是伪书，古文孝经才是真经。朱熹的做法是：将古文《孝经》前七章（今文为前六章）合并，作为经文。他对今文孝经提出了怀疑："疑所谓《孝经》者，其本文止如此……盖经之首统论孝之终始，中乃敷陈天子、诸侯、卿大夫、士、庶人之孝，而末结之曰：'故自天子以下至于庶人，孝无终始而患不及者，未之有也。'首尾相应，次第相承，文势连属，脉络贯通，同为一时之言，无可疑者。……故今定此六、七章为一章。"至于剩下的十五章，朱熹将它们划分为十四传，以为这十五章"则或者杂引传记以释经文，乃《孝经》之传也"。最后的结果是，朱熹建议将整部《孝经》的经文删去223字，以圈记标明，但实际上并未删去。这就是朱熹所处理《孝经》的方式。朱熹的做法，得到了部分人的认同。这就难免引起了今文孝经与古文孝经之争。

元代朱申著《孝经句解》，他的目的就是调和今文孝经与古文孝经两派

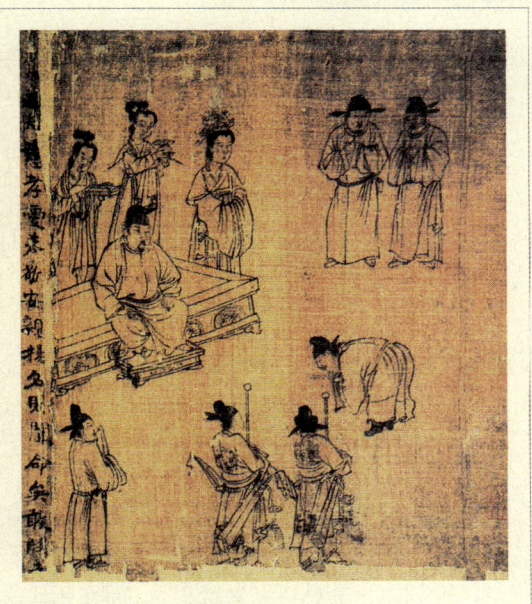

孝经图　李公麟　宋代

两汉时注重孝道，东汉时最甚。汉政府制定一系列措施来标榜孝道，如让天下人诵《孝经》，通过举孝廉选拔官员等，还通过旌表孝子顺孙来宣传孝道，汉代诸帝均将重孝养老视为治国方略中的重要环节。图为北宋画家李公麟所绘《孝经图》。

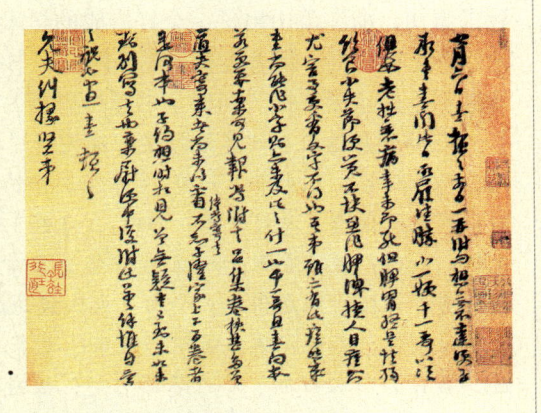

七月六日帖　朱熹　宋代

朱熹对《孝经》的研究，打破了唐末至北宋以来的研究状态，他对今文孝经提出质疑，并对古文孝经进行大幅度删除和编改，使疑经与编外传成为两大学术研究潮流。图为朱熹书法《七月六日帖》。

乾隆《石刻蒋衡书十三经于辟雍序》　织绣

　　乾隆五十年，命蒋衡将所书的十三经刊于北京国子监辟雍中，是我国现存的唯一一部完整的石刻十三经。乾隆帝亲自为之作序，详细地叙述了十三经的流传经过及对其的增补。图为乾隆帝序的绣品。

的矛盾，可惜做得不是很成功，其"首题晦庵先生所定古文孝经句解，而书中以今文章次标列其间，其字句又不从朱子刊误本，亦殊糅杂无绪。《通志》堂经解刻之，盖姑以备数而已"。而在元代学术上自成一家的，号称草庐学案的抚州崇仁人吴澄①，则对朱熹的《孝经勘误》持否定态度，吴澄著有《孝经定本》，以为"本今文，以疑古为伪故也"。

　　朱熹之《孝经勘误》可视为南宋时期《孝经》史上的代表作，吴澄的著作《孝经定本》，可以视为是元朝的中国《孝经》史上的杰作。两人的著作之出名，还有一个因素，他们两人分别是宋、元不同时代学术上的巅峰人物。到了清初，浙江萧山出了一个好辩驳的学术名家，这就是毛奇龄②，他以新论、怪论而著称，他著述有《孝经问》一书，对朱熹和吴澄两人的观点，毛奇龄都不能认同。据《四库全书总目提要》称：

　　是编皆驳诘朱子《孝经勘误》及吴澄《孝经定本》二书，设为门人张燧问，而奇龄答。凡十条，一曰：《孝经》非伪书；二曰：今文古文无二本；三曰：刘炫无伪造《孝经》事；四曰：《孝经》分章所始；五曰：朱氏分各经传无据；六曰：经不宜删；七曰：《孝经》言孝不是效；八曰：朱氏、吴氏删经无优劣；九曰：闲居侍坐；十曰：朱氏极论改文之敝。然其第十条，乃论明人敢诋刘炫，不敢诋朱，吴附，及朱子之尊二程过于孔子，与所标之目不相应，盖目为门人所加，非奇龄所自定，故或失其本旨也。

　　虽然毛奇龄以好辩驳著称，毛的观点也未必就是正确的，但不同的观点，总体上有助于将问题弄清，故《孝经》之是非，还有必要进一步探讨。

---

　　①吴澄：元朝著名的经学家。字幼清，晚年字伯清。元抚州崇仁（今属江西）人。因其居所号"草庐"，故被后来的学者称为"草庐先生"。曾官至翰林学士。主持修纂过《英宗实录》。其学问主要著述周敦颐、二程等，并兼采朱（熹）、陆（九渊）等学说。著述有《吴文正公集》《草庐精语》等著作。

　　②毛奇龄：清代著名的学者、文学家、藏书家。萧山市（今浙江省杭州市）人。字大可，一字齐于。原名甡，字初晴。一般称他为"西河先生"。康熙年间，举博学鸿词，授检讨，与修明史，但以病乞归，自此不复出。平生著述颇丰，以好辩论、好为新论而著称。其文不可一世，与同期的毛先舒、毛际可齐名，时称"浙中三毛"。所著文集，多收入《四库全书》中。

五服制度

名　称	丧　期	服丧对象
斩衰	服丧三年	子为父、母；为继母、慈母、养母、嫡母、生母；为人后者为所后父、母；子之妻同。女在室为父、母及已嫁被出而反者同；嫡孙为祖父、母或高、曾祖父、母承重；妻为夫，妾为家长同。
齐衰	服丧一年	嫡子、众子为庶母；子之妻同；子为嫁母、出母；夫为妻；嫡孙祖在为祖母承重。
大功	丧期九个月	祖为孙及孙女在室者；祖母为诸孙，父、母为诸子妇及女已嫁者；伯、叔父、母为侄妇及侄女已嫁者；为人后者为其兄、弟及姑、姊、妹在室者；既为人后，于本生亲属皆降一等；为人后者之妻为夫本生父、母；为己之同堂兄、弟及同堂姊、妹在室者；为姑、姊、妹已嫁者；为兄、弟之子为人后者；女出嫁为本宗伯、叔父、母；为本宗兄、弟及其子；为本宗姑、姊、妹及兄、弟之女在室者；妻为夫之祖父、母及伯、叔父、母。
小功	丧期五个月	为伯、叔祖父、母，为同堂伯、叔父、母及同堂姊、妹已嫁者；为再从兄、弟及再从姊、妹在室者；为同堂兄、弟之子及女在室者；为从祖姑及堂姑在室者；祖为嫡孙妇；为兄、弟之孙及孙女在室者；为外祖父、母；为母之兄、弟、姊、妹，及姊、妹之子；为人后者为其姑、姊、妹已嫁者；妇为夫兄、弟之孙及孙女在室者；为夫之姑、姊、妹、兄、弟及夫兄、弟之妻；为夫同堂兄、弟之子及女在室者；女出嫁为本宗堂兄、弟及姊、妹在室者。
缌麻	丧期三个月	祖为众孙妇；祖母为嫡孙、众孙妇；高、曾祖父、母为曾、玄孙，为乳母；为族曾祖父、母，族伯、叔父、母；为族兄、弟及族姊、妹在室者；为族曾祖姑及族祖姑、族姑在室者；为兄、弟之曾孙及曾孙女在室者；为再从兄、弟之子及女在室者；为祖姑、堂姑及再从姊、妹出嫁者；为姑之子、舅之子；为两姨兄、弟；为妻之父、母；为婿；为外孙及外孙女；为兄、弟孙之妻；为同堂兄、弟之妻；为同堂兄、弟子之妻；妇为夫高、曾祖父、母；为夫伯、叔祖父、母及夫祖姑在室者；为夫堂伯、叔父、母及堂姑在室者；为夫同堂兄、弟及同堂兄、弟之妻；为夫同堂姊、妹；为夫再从兄、弟之子及女在室者；为夫同堂兄、弟之女已嫁者；为夫同堂兄、弟子之妻与孙及孙女在室者；为夫兄、弟孙之妻及兄、弟之孙女已嫁者；为夫兄、弟之曾孙及曾孙女在室者；女已嫁为本宗伯、叔祖父、母及祖姑在室者；为本宗从伯、叔父、母及堂姑在室者；为本宗堂兄、弟之子及女在室者。

《孝经》与诗文

XIAOJINGYUSHIWEN

为了将忠孝的观点推广到全民，历代政府都非常重视将《孝经》的内容通俗化、现实化，将《孝经》衍变成直观的、易懂的历史故事、诗文，历代政府都将此项工作作为重大的事件来做。

为了将忠孝的观点推广到全民，历代政府都非常重视将《孝经》的内容通俗化、现实化；将《孝经》衍变成直观的、易懂的历史故事、诗文。

历代推广孝行、表彰孝行的行为，首先表现在正史的传记中。如范晔的《后汉书》有《列女传》。《列女传》虽然不是专写孝行的，但其中也涉及到一些著名的孝行故事，如二十四孝中东汉姜诗（涌泉跃鲤）的故事，我们在前面已经谈到，但《后汉书》将姜诗的妻子列在列女传中，以表彰姜诗妻的孝行。《后汉书·列女传》中还有一个

表现儿童谦让美德的儿童游戏

《孝经》、《三字经》、《千字文》等都是我国古代蒙学教育的重要读物，多用来对儿童进行启蒙教育和启迪心智。图中描绘的是姐弟二人在院中围小圆凳玩"推枣磨"游戏的场面。这种游戏充分体现了中国传统的谦让美德。

> **德行语录**
>
> 要当以忠孝、和顺、仁信为本,若德行不修,而但务求玄道①无益也。
>
> 《管子·戒第二十六》卷十
>
> 【注释】 ①玄道:玄一般指道教的三玄,即《周易》《老子》《庄子》。道是指的道家学说中所谓的最高的宇宙准则。
>
> 【译文】 应当以忠孝、和顺、仁信作为根本,如果道德不修的话,而去追求玄道,是不可能的。

著名的人物,也是前面谈到过的会稽曹娥。《后汉书》虽然没有孝友传的名称,但其中的卷39中的"刘赵淳于江刘周赵",实际上就是后来正史中的孝友传。在这一传的序言中,范晔引用了孔子与子路讨论孝的一句话:"故言能大养,则周公之祀,致四海之祭;言以义养,则仲由之菽,甘于东邻之牲。夫患水菽之薄,干禄以求养者,是以耻禄亲也。"

正史中,首列孝友传的是《晋书》,其中收录了李密等十四位孝子的孝行。在以后的正史中,绝大部分都单列孝友传。正史中的孝子的孝行,是中国古代宣传孝行的主要材料,起着榜样的作用,影响了古代政治、社会生活达两千多年之久。

汉代"千秋万岁"瓦当

汉代文字瓦当在汉代瓦当中占极大一部分,文字内容多表达统治者的意愿,如"千秋万代""汉并天下"等。此图为汉代的陵墓用瓦,瓦当刻字"千秋万岁",为岁月长久之意,是祝寿之辞。

与此相对应的,是各种各样的劝孝诗、劝孝文、劝孝歌等,对《孝经》进行扩大解释、阐述历时两千多年。

朱熹的主要成就在学术研究上,但他也比较重视蒙学一类的读物。前面我们已经谈到他的《孝经勘误》一书,那是纯粹的学术著作。不过,朱熹与弟子刘子澄俩同辑录过蒙教书《小学》,主要是辑录历代典籍中关于伦理道德格言以及忠臣孝子的事迹。此书并非专门的只讲孝道,而是针对启蒙时期的广泛的道德教养,孝悌忠信是其重要的教育内容之一,故开始的第一句话便是:"古者,初年入小学,只是教之以事如礼、乐、射、御、书、数,及孝弟忠信之事。自十六七入大学,然后教之以理,如致知格物,及所以为忠信孝弟者。"

女孝经图　佚名　绢本设色　宋代

《女孝经》为唐代侯莫陈邈(三字复姓)妻邓氏撰,她因侄女被册封为永王妃,作此书以戒之。历述了不同阶层的妇女应该遵守的妇道,以及侍奉公婆、丈夫等人的原则。全书共为十八章,内容多宣扬男尊女卑的封建礼教。《女孝经图》画前九章内容,依次为:一、开宗明义章,二、后妃章,三、三才章,四、贤明章,五、事舅姑章,六、邦君章,七、夫人章,八、孝治章,九、庶人章。

《三字经》与劝孝

　　《三字经》传为南宋王应麟[①]撰,但作者到底是谁,尚存在争议。《三字经》虽然早在南宋末就已经出现,但在文献中,较多地提到《三字经》则是在明代之后。明万历的《宁海县志》载,薛国让曾注解有《启蒙三字经》,这条资料是目前能见到的最好的关于《三字经》的注释,从这条资料中,给我们一些相关的信息,那就是在明代,《三字经》是作为一般小孩的启蒙读物的。据明王世贞的《弇州四部稿续稿》卷138中的《徐文贞公行状下》载:今上为皇太子时,甫五龄,遇公等于御道西,召公谓曰:"先生每辛苦。"公等顿首谢,因谓:殿下茂龄,宜读书进学。皇太子顾公而曰:"我已读《三字经》矣。"又曰:"先生每请回。"如是者再,睿音琅然,不摄不骤。公出,而以手加额曰:"宗社万世庆也,老臣即归死瞑矣。"这里所谓的皇太子,就是小时候的穆宗,这里的徐公,就是徐阶。徐阶是世宗、穆宗时大学士,嘉靖三十一年至隆庆二年(1552—1568年)任此职,字子升,松江华亭(今上海松江县)人。嘉靖四十一年,徐阶将一同共事的严嵩赶下台,自任首辅。但五年之后,高拱取代了徐阶而任首辅。此处,徐阶见到时年仅五岁的朱载垕(后来的穆宗)读《三字经》时朗朗上口,就感觉到明朝有了未来。《三字经》

[①]王应麟(1223—1296年):南宋著名的学者、文献目录学家。庆元鄞县(今浙江宁波)人,字伯厚。淳祐中及进士第。官至礼部尚书兼给事中。以直言著称,无意于仕宦,辞官专意著述。作品有《玉海》《困学纪闻》《通鉴地理通释》《深宁集》等。

中有部分内容是有关孝道方面的教诲，除了说教之外的文字，其中有两个孝行方面的故事，其一是"香九龄，能温席，孝于亲，所当执"，此句说的是汉朝黄香①温席的故事。另一是"融四岁，能让梨，弟于长，所当知"，说的就是东汉孔融②让梨的故事。

《女诫》中，也有女子孝道训教方面的内容，它是中国第一部女诫方面的书，一般认为是《汉书》的作者班固的妹妹班昭所作，教女人如何做孝女孝媳。《女论语》的作者是唐朝才女宋若莘、宋若昭姊妹，其中有两章是宣讲女人如何做到孝道的，《事父母章》、《事舅姑章》。《女训》是明蒋太后著，蒋氏是大兴人。弘治五年，被册封为兴王妃，生世宗朱厚熜而被尊为章圣皇后。是书共十二章，其中的《孝舅姑》一章是专讲媳妇孝敬公公婆婆的。较为引人注目的是《女二十四孝图说》，书成于清代，但作者无考，显然是仿照《二十四孝图》而来。女二十四孝分别是：汉代有三人，"上书赎罪"的淳于意之女缇、"纺织养姑"的陈孝妇、"投江抱父"的曹娥；唐代有"代父从军"的木兰、"乞丐养姑"的张李氏、"冒刃卫姑"的郑卢氏、"手刃父仇"的谢小娥；宋代有"孝比王祥"的崔志女、"斫虎救母"的聂瑞云、"雷赦凤孽"的顾张氏、"智释父兄"的詹氏女；元代有"为母长斋"的葛妙真；明代有"典衣疗姑"的王周氏、"童媳善谏"的刘兰姐、"剖肝救姑"的王陈氏、"糟糠自甘"的夏王氏、"劝父改业"的陆氏女、"为母解冤"的程瑞莲、"劝母留女"的杨秀贞、"孝妇却鬼"的赵王氏、"分家劝夫"的吴孙氏、"诚孝度亲"的张素贞；清代有"直言谏父"的王兰贞、"劝母止虐"的刘氏女。该书直到1936年尚有刻本，由自号"对凫老人"的学者捐资重刻，缘由是"近来亡媳关怀此事，临终时特嘱诸孙捐印此书，分送女界以销宿障而广孝思，故叙其缘起如此"。其他的像《弟子规》、《幼学琼林》、《小儿语》、《老学究语》、《女三字经》、《女小儿语》、《张氏母训》等书，内中都有训孝的内容，在此就不再一一详述了。

名人孝行

历史上，名人的孝行对后世产生了很大的影响。著名的名人孝行诗文有

---

①黄香：东汉文学家。字文疆。江夏安陆（今属湖北）人。年九岁失母，以孝著称，后世将他收入二十四孝之一。黄香博学经典，精究道术，文章称于一世。初为郎中，后拜尚书郎，累迁至尚书令。殇帝延平元年，卒于家。据《后汉书·文苑》本传谓其"所著赋、笺、奏、书、令凡五篇"。然其文多亡，今存文六篇，清严可均辑入《全上古三代秦汉三国六朝文》。

②孔融（153—208年）：汉末文学家，"建安七子"之一。鲁国（治今山东曲阜）人，字文举。孔丘后裔。辟司空掾，拜中军侯，迁虎贲中郎将。因忤逆董卓而被贬官，出为北海相，故称孔北海。为人恃才负气，多次轻慢曹操，被曹操所杀。享有文名，著述多已散佚，明人辑有《孔北海集》。

男十忙　山东潍县杨家埠年画

儒家的道德伦理教育中最具温情的应属"孝道"，同时，儒教孝道的内容非常严肃和广泛，要求子女要绝对服从父母，一切要听父母的安排。清代律法《清律辑注》中有规定："一户之内，所有田粮，家长主之；所有钱财，家长专之。"

唐王刚的《劝孝篇》、宋邵雍的《孝父母三十二章》及《孝悌歌十章》、真德秀的《泉州劝孝文》、明黄佐的《泰泉乡礼文》、清潘天成的《孝悌歌》、清姚廷桀的《教孝编》等。邵雍在前面谈到过，他是北宋著名的道学家，他在出生时，慈乌满庭，这种情况，通常会给出生的人带来运气。邵雍后来果然成为了北宋时期著名道学家。慈乌的出现通常意味着孝，邵雍不独学问是一流的，他还是一个有孝行的人，邵雍积极参与著述劝孝诗文，他的《孝父母三十二章》中有：

谁说形容似去年，今年亲发白如棉。
却悉前面无多路，急早承欢在膝前。
亲老如何不健餐，多因心血已枯干。
劝君好顺爹娘意，天大恩情仔细看。
亲老龙钟甚不宜，要人陪伴要人依。
身边今有何人在，孝顺儿孙可得知。
父母而今病可怜，愿儿常在卧床边。
纵然暂出房门外，还要亲人在面前。

真德秀的《泉州劝孝文》。真德秀是南宋著名的学者，籍贯是建州浦城（今福建浦城），在地方做官时，就对有孝行的人大力表彰，积极劝导乡民重孝、从孝，著《泉州劝孝文》，文中既有孝者，也有不孝者。

真德秀在泉州做郡守时，治下发生了割肝割股的几起孝行，但也有一起不孝之事，就是那个吴良聪，被父母诉到了真德秀那里。所以，真德秀作为地方官，对于自己的辖区内出了这种不孝之子，感到"日夕惭惧、无地自容"。

真德秀对刲股疗母的行为大加表彰,并亲自置备酒席,以示宾礼之意,而对于吴良聪,则是打板子二十,髡发并拘役一年,以示惩戒。真德秀的劝孝文,就是在这种背景之下写的。他自当职以来的第一件事,就是劝孝,希望辖区之内,看到这篇劝孝文之后,能家家慕效,还淳朴之俗。

明代著名藏书家,广东香山(今中山)人黄佐,著有《劝孝文》。黄佐(1490—1566年),字才伯,号希斋,晚号泰泉。正德五年(1510年)乡试第一,十五年(1520年)进士。"其学恪守程朱,尝与王守仁论知行合一之旨,数相辨难。守仁亦称其直谅,然不以聚徒讲学名,故翛然于门户外焉。"显然,黄佐是当时知名的学者,他著有《泰泉乡礼》,在卷3中有《劝孝文》一篇,是他在广西提学佥事之后,乞休家居时所著,前有序言曰:

是以世之不孝者,或毙于雷,或死于疫。后世衰弱,都受天刑,呜呼!王法可幸免,天诛不可逃。为人子者,可不孝乎?为此,诚恐村峒俚民及猺獞等,未能知悉,理合先行劝谕,每朔望誓于里社,有不孝者,明神诛殛,今录《劝孝文》一道,开具于后。

这篇序言中说的似乎颇有一些迷信色彩,说不行孝的人,要么就遭雷击,要么就遭瘟疫,也就是说,不孝之人,即使逃过了王法,也别想躲过天罚。其中有一条规定,很值得注意,就是每月的朔(初一)和望(每月的十五)这

真德秀

真德秀,字景元,又字希元,福建浦城人,人称"西山先生",南宋著名的学者。早年曾师从朱熹弟子詹体仁,为朱熹的再传弟子。真德秀著有《泉州劝孝文》,与当时邵雍的《孝父母三十二章》《孝悌歌十章》、赵景纬的《训孝文》等体现孝悌精神的家训家礼、乡规民约的劝孝诗文一起,将宋代孝道训教推向普遍化。

德行语录

子游①问孝。子曰:"今之孝者,是谓能养。至于②犬马,皆能有养。不敬,何以别乎?"

《论语·为政第二》

【注释】①子游:孔子的学生。②至于:就是。

【译文】子游问孔子孝是什么,孔子回答说:"现在一般人所说的孝多是指能够赡养父母。其实就是狗马之类的动物也能够得到人的饲养。赡养父母,如果不怀着恭敬之心,赡养父母与饲养狗马之类的动物有什么区别呢?"

两朝贤后故事册（之三）
两朝贤后故事册（之四）
焦秉贞　清代

孝道是古代女子所必须具有的品德，也是女子教育的重要内容。自东汉《女诫》开始，有唐代的《女孝经》《女论语》，明代《内训》《女小儿语》《闺范》《闺戒》等专讲男尊女卑、三从四德，在家孝父母，嫁后孝公婆的教育书籍。古代贤后顺妃、孝女故事多被载入典籍，为后世女子做教育典范。

两天，要求社里的人聚集在一起宣誓。《劝孝文》中有些非常具体的规定，如：

每日早起，带子弟向父母前作一揖，送上新茶一盅，早饭、午饭、晚饭都请父母上坐，与妻子旁边看照饮食。父母夜睡，先去床前看一看。每出门，与父母说知，作一揖，归来，亦作一揖。如无父母，早起即去阴灵神座前作一揖，有茶有饭，都去供养，如在生前一般。如父母要作歹事，小心劝谏。

清代潘天成的《孝悌歌》。潘天成（1654—1727年），字锡畴，江南溧阳（今属江苏）人。寄籍桐城，为安庆府学生。《溧阳志》载，其幼与父母避仇，结果走失，年十五，乞食行求，遇于江西界，百计迎归，佣贩以养，备极艰苦。以其间读书讲业，竟为绩学，年七十四，迄穷饿以死。潘天成著述有《铁庐集》一书，其中有《孝悌歌》四则：

圣贤为学学为人，要学为人要识仁。仁体弥纶无限量，只从孝弟见天真。为学无非复性初，性初浑浑是空虚。……漫言孝弟是常行，今古乾坤赖此成。贤圣帝王垂大业，俱从孝弟尽真情。孔颜乐处果如何，只在家中养太和。约礼博文为底事，爱吾爹妈敬吾哥。

潘天成本身就是著名的孝子，其传在《清史稿·孝义》卷498中，其学问出自高攀龙的高足、宜兴人氏汤之锜之门。潘天成在学术上无甚成就，其做人则是身体力行，可为万世师。《瞿源涞集》有《潘孝子传》，叙述颇详。盖潘天成天性真挚，笃志苦行，故文章亦如其人。当时操觚之士，未必重之。而身后之名昭如日月，洵足为圣朝扶植纲常，砥砺名节而尤难。其出自寒门，食贫终老，古之所为独行君子者，其天成之谓乎？

《孝经》的外传
XIAOJINGDEWAIZHUAN

《孝经》在海外的传播，主要是在朝鲜和日本这两个国家。朝鲜长期受中国文化的影响，这种影响是从唐朝开始，这既表现在唐朝与朝鲜之间的战争，又表现在文化上的交往。朝鲜半岛的三国之中，高丽王朝受唐朝的影响最大，高丽也使用汉字，依照唐朝的制度，制定本国的治国之策。高丽曾从唐朝引进"三史"，即《史记》、《汉书》、《后汉书》，"五经"一度是高丽朝廷的教材，也是高丽国民教化的教材。

《孝经》在高丽的传播

从新旧五代史的记载来看，高丽学者对《孝经》等书有一定的研究。五代时，常来朝贡。每次新的国君登基，必请命中国，中国常优答之。高丽地产铜、银。周世宗的时候，遣尚书水部员外郎韩彦卿，以帛数千匹市铜于高丽以铸钱。周世宗显德六年（959年），高丽王昭遣使者贡黄铜五万斤，高丽俗知文字，喜读书，"昭进《别叙孝经》一卷、《越王新义》八卷、《皇灵孝经》一卷、《孝经雌图》一卷。别叙介绍孔子生平及弟子事迹。《越王新义》以越王为问，目若今正义，皇灵述延年、辟谷，雌图载日食星变，皆不经之说"。这些都是高丽学者对中国古籍在注释上的贡献。

到了宋朝，徽宗宣和六年（1124年），高丽入贡，朝廷遣给事中路允迪报聘，徐兢以奉

《孝子传》 古抄本 日本阳明文库收藏

据研究，该《孝子传》原本应当出自中国唐代以前的传本。全书收录孝子故事四十五则，其中保留了在中国国内现存古籍中已经失传的一些孝子材料，另一方面对研究中国六朝时期众多《孝子传》的编纂情况提供了史实资料。

议郎为国信使提辖人船礼物官,因撰《高丽图经》四十卷,还朝后,诏给札上之。诏对便殿,赐同进士出身,擢知太宗正事,兼掌书学,后迁尚书刑部员外郎。这个徐兢是瓯宁人,从他所撰写的内容看,有两处资料值得注意,一是卷3中称,在高丽的都城的坊市命名中,有个坊门叫做"孝义"的。一处是卷17中,提到高丽有个靖国安和寺中的一些匾额,是由徽宗御书的,其中的西门叫"孝思院",即是徽宗亲书。

朝鲜半岛三国之一的百济①,也是接受唐朝文化影响较多的。据《朝鲜史略》卷2载:"百济王璋薨谥曰武。太子义慈立,义慈幼有孝友之行,时号东海曾子。"这个义慈王,事亲以孝,兄弟以友,故获得"东海曾子"之称号。

明朝弘治年间,宁都人董越以右春坊右庶子兼翰林院侍讲,同刑科给事中王敞出使朝鲜,董越等人在朝鲜待了一个多月,回国之后,著述有《朝鲜赋》,据《朝鲜赋原序》载:"弘治元年春,先生圭峰董公以右庶子兼翰林侍讲,奉诏使朝鲜国,秋八月归。复使命首尾留国中者不旬日,于是宣布王命,延见其君臣之暇,询事察言,将无遗善。余若往来在道,有得于周爱谘访者尤多。于是,遂罄其所得,参诸平日所闻,据实敷陈,为使《朝鲜赋》一通,万有千言。其所以献纳于上,前者率皆此意,而士大夫传诵其成编,莫不嘉叹以为凿凿乎可信,而郁郁乎有文也。""其最可道者,国有八十之老,则男

---

①百济:朝鲜古国,位于朝鲜半岛西南部。公元1世纪兴起于汉江下游,与中国交往较早。7世纪中期,与高句丽联合进攻新罗。660年,被唐与新罗联军所灭,其地归唐朝安东都护府所管辖。676年,新罗统一朝鲜,其地又归新罗所辖。892年,新罗悟成将甄萱在珍州(今全罗南道光州)起义,攻下半岛西南部(百济故地),并于900年时,定都在守山州(今全罗北道全州),这就是百济国。936年,后百济国为高丽王朝所灭。

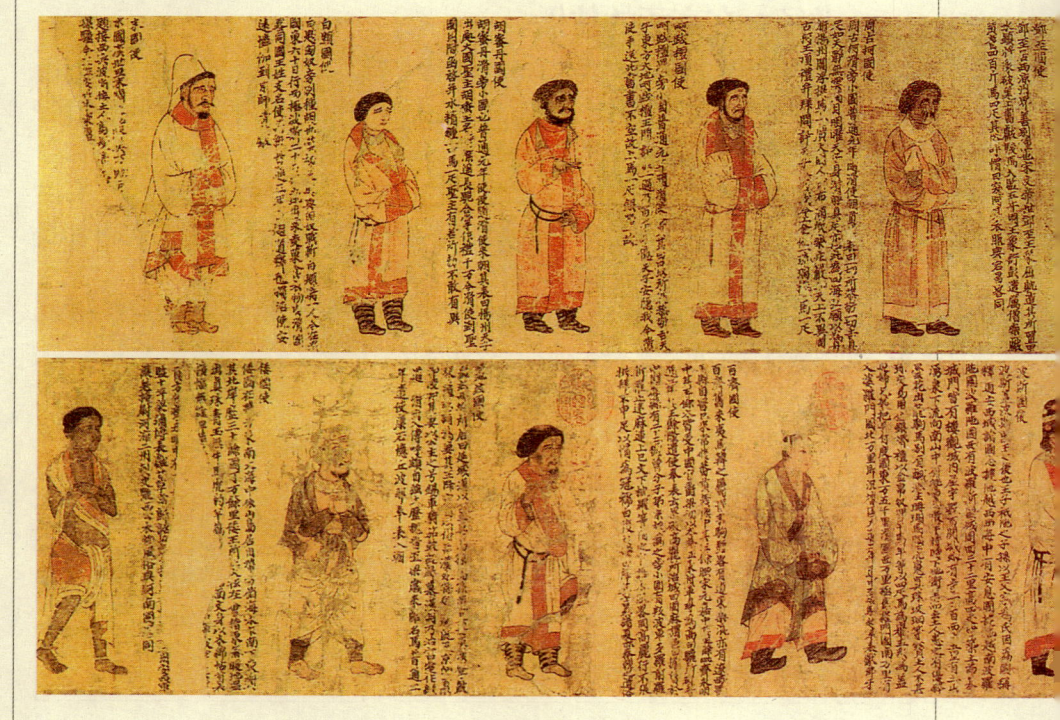

德行语录

天下皆以孝悌、忠顺之道为是①也,而莫知察孝悌、忠顺之道而审行之。是以天下乱,皆以尧舜之道②为是而法③之。

《韩非子·忠孝第五十一》卷二十

【注释】①是:正确。②道:治国之道。③法:效法。
【译文】天下都认为孝悌、忠顺的治国之道是正确的,却没有谁认真地考察孝悌、忠顺的治国之道是如何施行的。因此,当天下混乱之时,就都将尧舜的治国之道作为治国的法宝。

女皆锡燕以覃其恩(董越自注:每岁季秋,王燕八十之老人于殿,妃燕八十妇人于宫),子有三年之丧,虽奴仆亦许行以成其孝(董越自注:国俗丧必三年,且尚庐墓,奴仆例许行百日之丧,有愿行三年者亦听)。"从董越的所见来看,朝鲜的养老政策,尤其是三年丧期的做法,完全是效法中国的,可见朝鲜受中国文化的影响之大。

《孝经》何时传入日本,尚不能确定,推测应当是在唐代,原因在于唐代在日本与中国的交流较多,日本的使节频繁地到中国,在中国的留学生也较多。不过,单就《孝经》来说,日本的文献资料中没有直接提及。据《续日本纪》载,日本女皇孝谦天皇特别推崇孝道,重视《孝经》,提出了以孝治国,并于太平宝字符年(757年,相当于肃宗至德二年)下诏书曰:"古者治国安民,必以孝理。百行之本,莫先于兹。宣令天下,家藏《孝经》一本,精勤诵习。"显然,这是受了十四年前唐玄宗的"诏天下家藏《孝经》,精勤教习"影响,仿照了唐朝的做法。

日本皇族也将《孝经》作为必读书目。到了淳和天皇长十年(833年),日本皇太子的必读书《孝经》成为了定制,此后的日本,历朝皆如是。

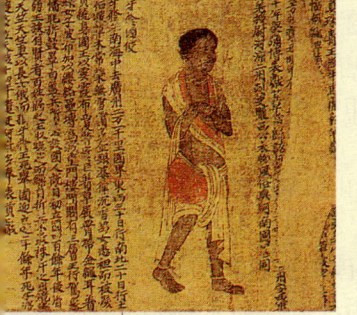

山井鼎注《孝经》

唐玄宗的御注《孝经》在日本清和天皇贞观二年(860年,即唐僖宗咸通元年)传入日本。高丽人对《孝经》的

职贡图 萧绎 宋摹本 梁代

此图描绘了当时各国外交使者肖像。原图共三十五国使,包括述滑国、波斯、百济等国使臣,人物旁边撰文叙述使者所在国家及国家风情,对研究当时各国历史风俗与中外关系提供了宝贵资料。

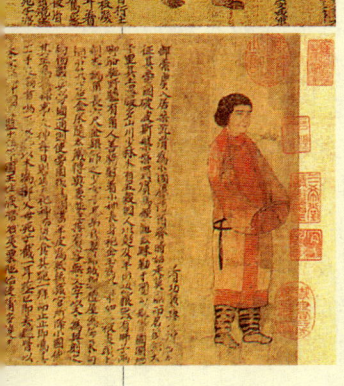

鉴真第六次东渡图

鉴真是中国唐代最为著名的高僧、医学家，他的几次东渡让中国唐代的文化在日本产生了及其深远的影响，把中国封建礼教带到了日本。此图描绘的是鉴真第六次东渡日本，正等待上船的情景。

二十四孝故事之卧冰求鲤

王祥为母卧冰求鲤的故事，在民间孝道教育中广为流传。图为日本佚名所绘的卧冰求鲤，王祥赤裸胸膛，双手交于胸前，一腿屈膝，斜躺于冰上，画家对王祥的刻画，忽略了解衣襟的情节。此外远山、树木等周围环境的刻画带有明显的浮世绘特色。

研究没有流传下来。不过，在《四库全书》中，收录有日本人山井鼎注的《七经孟子考文补遗》共计206卷："原本题西条掌书记，山井鼎撰，东都讲官物观校勘。详其序文，山井鼎先为考文，而观补其遗也，皆不知何许人。验其版式、纸色，盖日本国所刊，凡为《易》十卷、《书》十八卷、《诗》二十卷、《礼记》六十三卷、《论语》二十卷、《孝经》一卷、《孟子》十四卷，别《孟子》于七经之外者。考日本自唐始通中国，殆犹用唐制欤？前有凡例，称其国足利学有宋版《五经正义》一通，又有古本《周易》三通、《略例》一通、《毛诗》二通、《皇侃义疏》一通、《古文孝经》一通、《孟子》一通。又有足利本《礼记》一通、《周易》、《论语》、《孟子》各一通。又有正德嘉靖万历崇祯《十三经注疏》本、崇祯本，即汲古阁本也。其例首经，次注，次疏，次释文，专以汲古阁本为主，而以诸本考其异同。凡有四目曰：考异；曰：补阙；曰：补脱；曰：谨案。所称古本为唐以前博士所传。足利本乃足利学印行活字板，今皆无可考"。

对于这个日本山井鼎所注的《七经孟子考文补遗》，四库馆臣在写提要时有许多疑惑，因为有许多的问题无法弄清。一般的看法是，《易》《书》《诗》、《礼记》、《论语》、《孝经》、《孟子》，在日本流传的这七经，应当是宋代以前的古本。有关此事，《宋史》中本身就有记载，日本奈良东大寺高僧奝在宋太宗雍熙元年（984年）到中国，带来了《孝经》及《越王〈孝经〉新义》，宋太宗当时命将之藏到秘阁。这两本书，"皆金缕红罗缥水晶为轴。《孝经》即郑氏注者"。显然，日本高僧带来的是今文孝经，日僧奝带到中国

来的郑氏注的《孝经》，意义重大，原因是自唐玄宗御注《孝经》之后，虽然他主要是依据今文经，但随着御注一出，郑注和孔注都不太受重视，所以，到了宋代，由日本传过来这么一个注本，当然是了不起的事。

日本欢迎鉴真

鉴真东渡日本，在日本讲律受戒得到日本人民的热烈欢迎。其东渡日本具有重要的意义，不仅将儒家孝道思想带入日本，而且在日本修建寺庙，宣传佛法。图为鉴真在日本受欢迎的场面。

至于日本传到中国的古文孝经，则有两种。一是这个山井鼎所注的《孝经》，据山井鼎之《孝经》前面的《古文孝经序》称："独于古文孔安国传阙而不载。今其可见者，才有朱熹较定古文及刊耳，不足证也。由是观之，则古文孔传，唐宋以来中华所不传，而吾邦独存焉。今以世所梓行本校之，足利古本是为其元本也。但展转书写，致有少异耳，乃此本所得于隋，而唐以前所传者，亦明矣。至于其真伪不可辨，则至之末学微贱，所不敢辄议也。"但是，这个山井鼎注本，仍与中国所藏的孔氏本有差异，与朱熹所刊之古文《孝经》也不相同，无法判明谁是谁非，只能互存。还有一本从日本传到中国的古文孝经，至于此本，据《四库全书总目》卷32载："旧本题汉孔安国传，日本信阳太宰纯音。据卷末乾隆丙申，歙县鲍廷博新刊跋称，其友汪翼沧附市舶至日本，得于彼国之长崎澳。核其纪岁干支，乃康熙十一年所刊。前有太宰纯序，称：古书亡于中夏，存于日本者颇多。昔僧奝然适宋，献郑注《孝经》一本，今去其世七百余年，古书之散逸者，亦不少。而孔传古文孝经，全然尚存，惟是经国人相传之久，不知历几人书写，是以文字讹谬，鱼鲁不辨。纯既以数本校雠，且旁采他书，所引苟有足征者，莫不参考，十更裘葛，乃成定本。其经文与宋人所谓古文者，亦不全同，今不敢从彼改此。"这本由汪翼沧从日本带回中国的古文孝经，与宋人所谓的古文孝经之间，也是不同，故只能并存，以待研究。

从以上的事例中，不难看出，日本不独藏有许多中国古籍，且日本人对中国经学，包括《孝经》等，多有他们自己的见解，反过来，亦可作为中国经学研究的参考。

附 录

孝 经

开宗明义章第一

仲尼居①，曾子侍②。
子曰："先王有至德要道，以顺天下，民用和睦，上下无怨，汝知之乎？"
曾子避席③曰："参不敏，何足以知之？"
子曰："夫孝，德之本也，教之所由生也。复坐④，吾语汝。
"身体发肤，受之父母，不敢毁伤⑤，孝至始也。立身行道，扬名于后世，以显父母，孝之终也。
"夫孝，始于事亲，中于事君，终于立身⑥。"
大雅⑦曰："无念尔祖，聿（yù）修厥德⑧。"

【注　释】
①仲尼居：居，闲居，无事在家闲坐。
②曾子侍：曾子，孔子的弟子。侍，侍奉。
③避席：离席而起。
④复坐：复，重新、再。因曾参回答问题时站立，故让其坐下。
⑤不敢毁伤：《礼记·曲礼上》："孝子不服暗，不登危，惧辱亲也。父母存，不许友以死。"意思是，身体皮肤是父母所给，如伤其身，必然引起父母伤心，因此说"不敢毁伤"。
⑥这三句的意思是：孝子行孝行从侍奉父母开始。中，指中年。事君，出仕做官。终于立身：终，指老年时。
⑦大雅：《诗经》雅诗分大雅、小雅。大雅是反映上层贵族生活的诗章。
⑧无念尔祖，聿修厥德：无，发声词，无义。念，想念。尔，你。尔祖，你的祖先。聿修厥德：聿，发声词，无义。厥，代词，指文王。意思是要成王继承其祖先文王的德行。

天子章第二

子曰:"爱亲者不敢恶于人,敬亲者不敢慢于人①。爱敬尽于事亲②,而德孝加于百姓,刑于四海,盖天子之孝也。

《甫刑》③云:"一人有庆,兆民赖之。"

【注 释】

①爱:郑玄注:"博爱也。"即广泛地爱。亲,父母。恶,厌恶。意思是:天子作为爱自己父母的人,就应该扩大这种爱,去爱天下的父母。慢,怠慢。

②爱敬尽于事亲:爱敬,对母亲尽孝称为爱,对父亲尽孝称为敬。尽,竭尽全力。

③《甫刑》:《尚书》篇名。

诸侯章第三

在上不骄①,高而不危②。制节谨度③,满而不溢④。高而不危,所以长守贵⑤也。满而不溢,所以长守富⑥也。

富贵不离其身,然后能保其社稷,而和其民人⑦,盖诸侯之孝也。

诗云:"战战兢兢,如临深渊,如履薄冰。"

【注 释】

①在上不骄:在上,指诸侯。诸侯为列国之君,处在最高位置。骄,自满、无礼。

②高而不危:接上句,意为诸侯居于一国最高位,如不自高自满,就没有危险。

③制节谨度:制节,节制用度。郑玄注:"费用约俭,谓之制节。"谨度,谨,谨慎;度,法度,指礼仪规范、典章制度。

④满而不溢:满,指钱帛多;溢,过多,指生活奢侈。

⑤守贵:指守住诸侯的地位。

⑥守富:守住财富。

⑦而和其民人:和,使动用法,"使……和睦"的意思。民人,即人民。

卿大夫章第四

非先王之法服不敢服①,非先王之法言②不敢道,非先王之德行不敢行。是故非法不言,非道不行,口无择③言,身无择行,言满天下④无口过,行满天下无怨恶。

三者备矣,然后能守其宗庙,此卿大夫元孝也。
诗云:"夙夜匪懈⑤,以事一人。"

【注释】
① 非:不,不是。先王之法服:先王制定的各个等级的人所穿服饰的规定。不敢服:服,作动词,穿。
② 法言:符合礼法的言辞。
③ 择(yì):讨厌的意思。
④ 言满天下:比喻话说得很多。
⑤ 夙夜匪懈:夙,早晨。匪同"非"。懈,松懈。此句引自《诗经·大雅·烝民》。

士章第五

资于事父以事母,而爱同①;资于事父以事君,而敬同。故母取其爱,而君取其敬,兼之者,父也。

故以孝事君则忠②,以敬事长则顺③。忠顺不失,以事其上,然后能保其禄位,而守其祭祀④,盖士之孝也。

诗云:"夙兴夜寐,无忝尔所生⑤。"

【注释】
①资于事父以事母,而爱同:资,取,拿。意思是要以侍奉父亲之心去侍奉母亲,使母亲也受到与父亲一样的爱戴。下句类推。
②故以孝事君则忠:意思是用对父母的孝心去侍奉君王就能做到忠诚。
③以敬事长则顺:长,长上、长辈,今之上级。顺,服从。
④守其祭祀:守护住祭祀先祖的权力。
⑤无忝(tiǎn)尔所生:忝,羞辱。尔所生,生养你的人。意思是不要让生养你的父母受辱。

庶人章第六

用天之道①,分地之利②,谨身节用③,以养父母④,此庶人之孝也。
故自天子至于庶人,孝无终始,而患不及者⑤,未之有也。

【注释】
①用天之道:用,利用,顺应。道,自然规律。
②分地之利:分,区别。利,利益,权益。

③谨身节用：谨，谨慎。谨身，自身言行要谨慎。节用，节约用度。
④以养父母：养，供养、赡养。
⑤患不及者：患，忧虑、担心。不及，赶不上，做不到。

三才章第七

曾子曰："甚哉！孝之大也。"

子曰："夫孝，天之经也，地之义也①，民之行也。天地之经，而民是则之②。则天之明，因地之利，以顺天下。是以其教不肃而成③，其政不严而治。先王见教之可以化民也，是故先之以博爱，而民莫遗其亲④。陈之以德义，而民兴行。先之以敬让，而民不争。道之以礼乐，而民和睦。示之以好恶，而民知禁⑤。"

诗云："赫赫师尹，民具尔瞻⑥。"

【注 释】

①天之经也，地之义也：经，原则、规律。义，适宜，公正合理。
②而民是则之：是，指示代词，指前文之"天地之经"。则，效法，遵循。
③是以其教不肃而成：是以，因此。其，天子诸侯。肃，指用严厉的手段强制百姓接受。
④而民莫遗其亲：遗，遗弃、遗忘。亲，父母。
⑤而民知禁：禁，禁止，即不许做违法之事。
⑥赫赫师尹，民具尔瞻：意思是民众都在注视着你的行为。

孝治章第八

子曰："昔者明王①之以孝治天下也，不敢遗②小国之臣，而况于公、侯、伯、子、男③乎？故得万国之欢心。以事其先王。

子曰："治国者不敢侮于鳏寡④，而况于士民⑤乎？故得百姓之欢心，以事其先君⑥。

治家者不敢失于臣妾⑦，而况于妻子⑧？故得人之欢心，以事其亲⑨。

夫然，故生则亲安之，祭则鬼享之⑩。是以天下和平，灾害不生，祸乱不作。故明王之以孝治天下也如此。"

【注 释】

①明王：英明的君王。
②遗：遗忘，不放在心上。
③公、侯、伯、子、男：指周代的五等爵位。
④鳏（guān）寡：老而无妻为鳏，老而无夫为寡。

⑤士民：士人和庶民。
⑥先君：指诸侯国的已死国君。
⑦失于臣妾：失，失礼，言行不符合礼仪。臣妾，男仆为臣，女仆为妾。
⑧妻子：妻子和儿子。
⑨以事其亲：事，侍奉。亲，指父母老人。
⑩夫然：夫，发语词，如此、如果、这样。生：指父母活着时。享：同"飨"。

圣治章第九

曾子曰："敢问圣人之德，无以加于孝乎①？"

子曰："天地之性，人为贵。人之行，莫大于孝。孝莫大于严父，严父莫大于配天，则周公其人也。

"昔者，周公郊祀后稷以配天。宗祀文王于明堂以配上帝。是以四海之内，各以其职来祭。夫圣人之德，又何以加于孝乎？

"故亲生之膝下②，以养父母日严③。圣人因严以教敬，因亲以教爱④。圣人之教，不肃而成，其政不严而治，其所因者，本也。

"父子之道，天性也。君臣之义也。父母生之，续莫大焉⑤。君亲临之，厚莫重焉。

"故不爱其亲而爱他人者，谓之悖德。不敬其亲而敬他人者，谓之悖礼。以顺则逆，民无则焉⑥。不在于善，而皆在于凶德⑦。虽得之，君子不贵⑧也。

"君子则不然，言思可道，行思可乐⑨，德义可尊，作事可法，容止可观，进退可度，以临其民。是以其民畏而爱之，则而象之⑩。故能成其德教，而行其政令。"

诗云："淑人君子，其仪不忒⑪。"

【注 释】

①无以加于孝乎：意思是：有比孝道更重要的吗？
②膝下：膝盖以下，指人在幼年之时。
③以养父母日严：养，奉养。日严，一天比一天更为孝敬父母。
④教敬、教爱：圣人教导人们要敬畏父母，爱戴父母。
⑤续莫大焉：续，传接。指传宗接代。
⑥民无则焉：则，规矩。
⑦凶德：混乱无法，违背道德。
⑧不贵：贵，重视，赞赏。不贵，鄙视，看不起。
⑨言思可道，行思可乐：说话要符合道义，行为要使人高兴。
⑩则而象之：则，准则。象，模仿。
⑪其仪不忒（tè）：忒，差错。

纪孝行章第十

子曰:"孝子之事亲也,居则致其敬①,养则致其乐,病则致其忧,丧则致其哀,祭则致其严②,五者备矣,然后能事亲。

"事亲者,居上不骄,为下不乱,在丑不争③。居上而骄则亡。为下而乱则刑④。在丑而争则兵。三者不除,虽日用三牲⑤之养,犹为不孝也。"

【注 释】
①居则致其敬:居,家居。致,极尽力,尽量。
②祭则致其严:严,庄重、肃穆。
③在丑不争:丑,众。
④刑:刑法。
⑤三牲:举行宴会或祭祀时用猪、牛、羊三牲称为一个太牢,是很高的奉养。

五刑章第十一

子曰:"五刑①之属三千,而罪莫大于不孝。要君者无上②,非圣人者无法③,非孝者无亲④,此大乱之道也。"

【注 释】
①五刑:墨、劓、刖、宫、杀五种刑法。
②要君者无上:要,强求、要挟。无上,目无尊长。
③非圣人者无法:非,责难、诋毁。
④非孝:非议,不赞成。无亲:不可亲近。

广要道章第十二

子曰:"教民亲爱,莫善于孝。教民礼顺,莫善于悌①。移风易俗,莫善于乐。安上治民,莫善于礼。

"礼者,敬而已矣②。故敬其父则子悦,敬其兄则弟悦,敬其君则臣悦。敬一人而千万人悦,所敬者寡而悦者众,此之谓要道也。"

【注 释】
①教民礼顺,莫善于悌:顺,顺从、顺序。悌:也作弟。

②敬而已矣：意思是，礼的含义说到底就是一个敬字。

广至德章第十三

子曰："君子之教以孝也，非家至而日见之也①。教以孝，所以敬天下之为人父者也。教以悌，所以敬天下之为人兄者也。教以臣，所以敬天下之为人君者也。"

诗云："恺悌君子，民之父母②。"非至德，其孰能顺民如此其大者乎？

【注　释】

①非家至而日见之也：非，不是。家至，到家，意思是一家一户拜访。日见之，每天都见到。

②恺悌君子，民之父母：恺悌，和善，平易。

广扬名章第十四

子曰："君子之事亲孝，故忠可移于君①；事兄悌，故顺可移于长②；居家理，故治可移于官。是以行成于内③，而名立于后世矣。"

【注　释】

①故忠可移于君：移，转移。古人把忠于君看成是孝行的一种。

②长：指年长者。

③是以行成于内：行，行为，指在家中的孝行。内，家庭之内。

谏诤章第十五

曾子曰："若夫慈爱恭敬，安亲扬名，则闻命矣①。敢问子从父之令，可谓孝乎？"

子曰："是何言与？是何言与？昔者，天子有争臣三人，虽无道，不失其天下。诸侯有争臣五人，虽无道不失其国。大夫有争臣三人，虽无道，不失其家。士有争友，则身不离于令名②。父有争子，则身不陷于不义。故当不义③，则天不可以不争于父，臣不可以不争于君，故当不义则争之，从父之令，又焉得为孝乎。"

【注　释】

①则闻命矣：闻，听到。命，命令、指教。因曾子是孔子的学生，故用此谦辞。

②争：通"诤"，能直言规劝的朋友。不离，不失。令名，好名声。

③故当不义：当，面对。

感应章第十六

子曰："昔者明王，事父孝，故事天明①；事母孝，故事地察②，长幼顺，故上下治。天地明察，神明彰矣。

"故虽天子必有尊也，言有父也；必有先也，言有兄也。宗庙致敬③，不忘亲也。修身慎行，恐辱先也。宗庙致敬，鬼神著矣。孝悌之至，通于神明，光于四海，无所不通。

诗云："自西自东，自南自北，无思不服④。"

【注 释】
①故事天明：天，指天子。明，明察。
②故事地察：事地，祭祀地神。察，明察。
③宗庙致敬：在祭祀祖先的宗庙表达崇敬之意。
④服：归附，服从。

事君章第十七

子曰："君子之事上也，进思尽忠，退思补过，将顺其美①，匡救其恶，故上下能相亲也。"

诗云："心乎爱矣，遐不谓矣。中心藏之，何日忘之②。"

【注 释】
①将顺其美：将德政推行到各地去。
②这四句的意思是：民众心中爱戴那位忠君爱民的君子，即使现在无法当面向他诉说，但心中对他的爱戴永远不会忘记。

丧亲章第十八

子曰："孝子之丧亲也，哭不偯①，礼无容②，言不文③，服美不安④，闻乐不乐，食旨不甘，此哀戚之情也。三日而食，教民无以死伤生，毁不灭性⑤，此圣人之政也。丧不过三年，示民有终⑥也。

"为之棺椁衣衾而举之⑦，陈其簠簋而哀戚之⑧。擗踊⑨哭泣，哀以送之；卜其宅兆⑩，而安措⑪之。为之宗庙，以鬼享之⑫。春秋⑬祭祀，以时思之。

"生事爱敬，死事哀戚，生民⑭之本尽矣，死生之义⑮备矣，孝子之事亲终⑯矣。

【注释】

①偯（yǐ）：哭丧时发出的余声。
②礼无容：容，仪容。无容，指在办丧事时不必如平常一样讲究仪容。
③言不文：文，文饰，修饰。不文，不加修饰。
④服美不安：服，作动词"穿"。不安，心中不安。意思是：办丧事时，如果穿着华美的服装心中不安。
⑤毁不灭性：灭性，违背人性。孝子不能因丧亲而作贱自己身体，以死伤生则违背人性。
⑥示民有终：示，展示，给人看。
⑦为之棺椁（guǒ）衣衾而举之：为，制作。棺，棺材，用以装殓死者。椁，外棺，套在棺材外起保护作用。举之：举起，抬起。
⑧陈其簠（fǔ）簋（guǐ）而哀戚之：陈，陈列、摆放。木制的盛放粮食的器皿用于祭祀。
⑨擗（pǐ）踊（yǒng）：擗，哭丧时以手拍胸；踊，跳跃、顿足。
⑩卜其宅兆：宅，阴宅。兆，墓区。
⑪安措：安置。
⑫以鬼享之：人死为鬼。鬼享，在宗庙立神立牌位祭祀。
⑬春秋：代指四季。
⑭生民：人民。
⑮死生之义：生前尽奉养之义，死后尽安死葬祭祀之礼。
⑯终：结束。

特别说明

　　该书在编排时选用了中国近、当代画家陈云彰先生、王震先生、王弘力先生及另一些画家的与该书内容相关的画作，因编排时间紧促，未能与作者联系上。请以上作者与我社联系，我们将按规定足额付酬，并致谢意。